DIE EXPLOSIVSTOFFE

MIT BESONDERER BERÜCKSICHTIGUNG

DER NEUEREN PATENTE

FÜNFTES HEFT

CHLORATSPRENGSTOFFE

VON

DR. RICHARD ESCALES

HERAUSGEBER DER ZEITSCHRIFT FÜR DAS GESAMTE SCHIESS- UND SPRENGSTOFFWESEN

MIT ZAHLREICHEN FIGUREN

LEIPZIG

VERLAG VON VEIT & COMP.

1910

DIE EXPLOSIVSTOFFE

MIT BESONDERER BERÜCKSICHTIGUNG

DER NEUEREN PATENTE

BEARBEITET

VON

DR. RICHARD ESCALES

FÜNFTES HEFT

CHLORATSPRENGSTOFFE

LEIPZIG

VERLAG VON VEIT & COMP.

1910

CHLORATSPRENGSTOFFE

VON

Dr. RICHARD ESCALES

MIT ZAHLREICHEN FIGUREN

LEIPZIG
VERLAG VON VEIT & COMP.
1910

Druck von Metzger & Wittig in Leipzig.

Vorwort.

Das erste Heft dieses Werkes war dem Schwarzpulver — also Mischungen von Kali- oder Natronsalpeter mit Schwefel und Kohle — gewidmet; Heft 2 behandelte die Salpetersäure-Ester der Zellulose, Heft 3 die Salpetersäure-Ester des Glyzerins; in Heft 4 wurde ein Überblick über die Ammonsalpetersprengstoffe gegeben; Heft 6 soll die durch Einwirkung von Salpetersäure auf aromatische Kohlenwasserstoffe entstehenden Nitrokörper (Pikrinsäure, Trinitrotoluol) behandeln, Heft 7 die aus den Zellulosenitraten mit oder ohne Beimengung von Glyzerinnitraten erzeugten rauchlosen Pulver. Die in Heft 8 zu besprechenden Initialsprengstoffe (Fulminate und Azide) sind zwar nicht direkt Salpetersäurederivate, aber auch stickstoffhaltige Verbindungen. Überall finden wir also Salze, Ester oder Derivate der Salpetersäure bzw. stickstoffhaltige Verbindungen als wesentliche Bestandteile der Schieß- und Sprengmittel. Im Gegensatz dazu wird im vorliegenden Heft 5 ein Überblick über die Chloratsprengstoffe gegeben, richtiger ausgedrückt über Chlorat- und Perchloratsprengstoffe. —

Bei den Explosivstoffen handelt es sich bekanntlich nicht darum, den Stoff an und für sich zu benutzen; vielmehr ist letzterer wertvoll als Träger einer gewissen Energie, deren Auslösung in der Willkür des Verbrauchers liegen muß. Wir können Energie an den Stickstoff ketten, indem wir Luftstickstoff mit Hilfe des elektrischen Stromes in Nitrate überführen; es scheint aber ebensogut möglich, durch elektrische Energie die Alkalichloride in Chlorate und Perchlorate überzuführen und diese als Energieakkumulatoren zu verwenden. Wenn letzteres erst neuerdings geschieht, so liegt der Grund dafür einmal darin, daß die Nitrate sich bisher in großen Mengen in der Natur fertig gebildet vorfanden (bes. Natronsalpeter), während wir bei den chlorsauren und überchlorsauren Salzen im wesentlichen auf künstliche Herstellung angewiesen sind, die wirtschaftlich vorteilhaft erst seit Umsetzung der Kraft des fließenden Wassers in elektrische Energie möglich ist. Zum anderen haben Chloratmischungen — wegen des lockerer gebundenen Sauerstoffs — in bezug auf Handhabungssicherheit früher sehr zu wünschen übrig gelassen, doch scheint es jetzt gelungen, diese Schwierigkeit bei Sprengstoffen mit Kalium- und Natriumchlorat zu überwinden; Ammoniumchlorat dagegen ist zu gefährlich. Bei den Perchloraten sind das Kalium- und Ammoniumsalz zu wachsender Bedeutung für die Sprengstoffindustrie gelangt.

Den sog. Nitroglyzerinen ähnliche Ester würden bei der Überchlorsäure von praktischer Bedeutung werden können, wenn nicht eine sehr große Empfindlichkeit gegen Wasser vorhanden wäre; Zelluloseperchlorate konnten überhaupt nicht dargestellt werden, weil die Hydrolyse den Bildungsvorgang überwiegt.

Nachstehend ist das bisher bekannt gewordene Tatsachenmaterial zusammengestellt; möge diese Arbeit zur weiteren Durchforschung des Gebietes anregen.

München, Ende August 1910.

Der Verfasser.

Inhalt.

Erster Abschnitt.

Geschichtliches.

Der schwedische Chemiker Scheele hatte durch Erhitzen von Salzsäure mit Braunstein im Jahre 1774 das Chlor entdeckt; Lavoisier gab letzterem die Bezeichnung „oxydierte Salzsäure", da er die Einwirkung des Braunsteins zwar richtig deutete, aber nicht erkannte, daß der aus dem Braunstein (Mangansuperoxyd) freiwerdende Sauerstoff sich mit dem Wasserstoff der Salzsäure vereinigt und Chlor frei wird. Berthollet setzte die Versuche fort und erhielt im Jahre 1786 beim Einleiten von „oxydierter Salzsäure" (Chlorgas) in eine heiße konzentrierte Ätzalkalilösung neben Chlorkalium noch ein zweites Salz, welches beim Erhitzen sehr leicht Sauerstoff abgab; er nannte es „überoxydiert salzsaures Kali". Dieses Salz wurde später als das Kaliumsalz der Chlorsäure erkannt und als Kaliumchlorat oder chlorsaures Kali bezeichnet.

Schon der Entdecker des Salzes, der französische Chemiker Claude Louis Graf von Berthollet (geboren am 9. Dezember 1748 in Tailloire in Savoyen, gestorben am 6. November 1822 in Arcueil bei Paris) kam auf den Gedanken, das neue Salz an Stelle von Kalisalpeter zur Erzeugung von Schießpulver zu verwenden; er teilt hierüber folgendes mit:[1]

„Einige Zeit nachdem ich in den Annales de Turin angezeigt hatte, daß das überoxydiert salzsaure Kali ein Schießpulver geben könne, welches besondere Eigenschaften besäße, machte ich bei mir Vorbereitungen zu diesem Schießpulver. Ich hatte damals Gelegenheit, Herrn de Bullion zu sehen, welcher, da er schon mehrere Versuche über die Fabrikation des gewöhnlichen Schießpulvers angestellt hatte, sich erbot, auch das zu bereiten, mit dem ich mich beschäftigte; ich nahm sein Anerbieten mit Dank an und kam mit ihm überein, das neue Pulver in den gewöhnlichen Verhältnissen zusammenzusetzen, nur aber das Verhältnis des Schwefels etwas zu verringern. Bald nachher überschickte er mir eine Probe von diesem Schießpulver, das er schon probiert hatte, und

[1] Annales de Chimie Bd. IX, S. 22.

welches an Stärke das beste Schießpulver aus dem Arsenal übertraf. Diese Angaben veranlaßten die staatliche Pulverregie, beim Minister auszuwirken, dieses Schießpulver zu fabrizieren und seine Eigenschaften zu untersuchen."

Die Versuche wurden in der französischen Staatspulverfabrik in Essonnes vorgenommen und zwar in einer Stampfmühle; in diesen Mühlen erfolgt die Bearbeitung der Pulvermasse durch fortgesetzte heftige Stöße, indem eine — mit Hebedaumen besetzte und durch ein Wasserrad angetriebene — Welle abwechselnd Stempel hebt und sie dann in mörserartige Aushöhlungen eines Klotzes, worin sich das Pulver befindet, fallen läßt. Bei den Versuchen in Essonnes mit Chloratpulver, das gegen Stoß besonders empfindlich ist, erfolgte schon am ersten Tage eine Explosion, durch welche zwei Personen getötet wurden; ohne einen günstigen Zufall wären auch Berthollet und Lavoisier dabei verunglückt.[1]

Berthollet ließ sich durch die Katastrophe von Essonnes von weiteren Versuchen mit seinem Salze nicht abschrecken; er schreibt darüber:

„Lavoisier und ich säumten nicht zu untersuchen, ob es nicht möglich sei, den Ereignissen vorzubeugen, welche aus der Leichtigkeit entspringen, mit der dieses Schießpulver sich bei einer starken Erschütterung entzündet; wir sahen bald, daß es keine so lange Bearbeitung und so

[1] Im „Journal de Paris" vom 31. Oktober 1788 erschien darüber folgender Bericht eines „Augenzeugen und Sachverständigen":

Die Leiter des Pulverwesens hatten erfahren, daß Herr Berthollet einen Stoff entdeckt, der geeignet wäre, ein allen bisherigen weit überlegenes Schießpulver zu liefern und konnten nicht umhin, einen Fabrikationsversuch damit zu machen. Am 27. Oktober, um 6 Uhr, ging man daran: 16 Pfund Pulversatz wurden in den festgesetzten Mischungsverhältnissen abgewogen, die Kohle sorgfältig befeuchtet und genau um 7 Uhr begann das Stampfen; man bemerkte bald, daß sich der Pulversatz in dem Mörser zu stark zusammenballte und setzte noch 4 Pfund Satz mit gut befeuchteter Kohle hinzu. Um $8^1/_4$ Uhr fand man das Pulver schon weiter fortgeschritten, als man erwartete und entfernte sich, um zu frühstücken (Herr und Frau Lavoisier, Herr Berthollet, der staatliche Kommissar Herr v. Chevraud mit Tochter, Pulveringenieur Lefort u. a.). Nach einer Viertelstunde kehrte man zurück; Fräulein v. Chevraud ging mit Herrn Lefort voran; die anderen verweilten eine Zeitlang in einem andern Teil der Fabrikanlage: als sie sich um $8^3/_4$ Uhr auch an den Ort des Versuchs begeben wollten und kaum einige Schritte zurückgelegt hatten, ertönte ein starker Knall und eine Rauchwolke erhob sich; man eilte an Ort und Stelle, fand das Stampfwerk völlig zerstört und Herrn Lefort und Fräulein v. Chevraud auf dreißig Fuß Entfernung fortgeschleudert und schrecklich verstümmelt. Herrn Lefort war ein Bein fortgerissen, das andere nebst einer Hand zerschmettert; derselbe hatte auch ein Auge und die ganze Kopfhaut verloren und lebte nur noch wenige Minuten; Fräulein v. Chevraud, gleichfalls vielfach verwundet, starb noch vor ihm.

heftiges Stampfen als das gewöhnliche Schießpulver erfordert. Man macht es sehr leicht auf einem marmornen Tische mit einem Reibestein, so wie man Farben reibt; den Teig muß man immer wohl befeuchtet halten; zweistündiges Reiben ist hinreichend, es trocknet sehr leicht durch freiwilliges Verdunsten und es körnt sich, wenn es auf dem gehörigen Punkt ist, auf die gewöhnliche Weise. Royer hat zu verschiedenen Malen dergleichen Schießpulver bereitet und es in verschiedenen Verhältnissen angefertigt, um es zu den von uns vorgeschlagenen Proben zu gebrauchen. Man sieht, daß dieses Schießpulver ungeachtet seiner schrecklichen Wirkungen mit weniger Gefahr bereitet werden kann als das gewöhnliche.“

Berthollet hatte in den Gemengen von Kaliumchlorat, Kohle und Schwefel letzteren Bestandteil schon etwas vernachlässigt, da Schwefel bei seiner Verbrennung weniger Wärme entwickelt als Kohlenstoff (69·3 : 97·6); später ließ man den Schwefel ganz weg, um die Empfindlichkeit zu verringern. Zahlreiche Erfinder beschäftigten sich mit dem Problem, ein „vollkommen gefahrloses“ Chloratpulver herzustellen; statt Holzkohle wurden eine Reihe von Stoffen (Steinkohle, Kolophonium, Stärke, Reismehl, pulverisierte Galläpfel, Holundermark usw.) mit chlorsaurem Kali gemischt. Über die erste Epoche der Chloratpulver finden sich nähere Angaben in einem Buche der französischen Pulverfabrikationskommissare Bottée und Riffault.[1]) — Im Jahre 1850 empfahl Augendre ein aus 2 Tln. Kaliumchlorat, 1 Tl. Zucker und 1 Tl. Ferrocyankalium (Blutlaugensalz) zusammengesetztes „weißes Pulver“; der Autor sagt darüber:[2]

„Man pulverisiert jede der drei Substanzen für sich allein und mischt sie dann durch Handarbeit untereinander. Bei größeren Mengen befeuchtet man das Gemisch mit 2 bis 3 % Wasser und stampft es in einem Bronzemörser mit einer Holzkeule oder in einem Holzmörser mit einer Metallkeule. Die Vermischung braucht nicht so innig zu sein wie bei dem gewöhnlichen Pulver, eine Viertelstunde Stampfen genügt für kleinere Mengen. Man körnt wie gewöhnlich und trocknet an der Luft. — Das Pulver entzündet sich, gekörnt oder in Mehlform, sehr leicht durch die Berührung mit einem rotglühenden oder brennenden Körper; seine Flamme ist größer als die des gewöhnlichen Pulvers, der Rückstand gering. Um durch einen Schlag von Eisen auf Eisen zur Explosion zu kommen, muß es sehr trocken sein; die Richtung zwischen zwei polierten Körpern bringt diese Wirkung nie hervor, ebensowenig ein Schlag von Holz auf Holz oder von Holz auf Metall. Die Dazwischenkunft von Kohle- oder Schwefelteilchen in Pulver oder eine Vermischung mit gewöhnlichem Schwarzpulver muß aber sorgfältig vermieden werden, da sonst durch Reibung Unglücksfälle entstehen können.“

---

[1] Traité de l'art de fabriquer la poudre à canon. Paris 1811. — Deutsch von F. Wolff, Anweisung das Schießpulver zu bereiten. Berlin 1816.

[2] Compt. rend. XXX, S. 179.

Die Chloratpulver sollten hauptsächlich als Treibmittel Verwendung finden; es zeigte sich aber bald, daß sie in den Schußwaffen einen schwer zu entfernenden, hygroskopischen und daher die Rostbildung befördernden Rückstand hinterließen; außerdem entsteht bei Zersetzung des Kaliumchlorats in der Hitze stets etwas freies Chlor, das einige Prozent der entwickelten Gase betragen und das Metall des Gewehrlaufes stark angreifen kann. Zur Verwendung für Sprengzwecke stand der größeren Wirkung, welche man beim Ersatz des Kalisalpeters durch Kaliumchlorat erhoffen konnte, ein höherer Preis des Chlorats gegenüber. Trotzdem wurden eine Reihe von Chloratmischungen vorgeschlagen, die aber nichts wesentlich Neues enthalten und die alle schwarzpulverähnliche, also direkt zur Entzündung bzw. explosionsartigen Verbrennung gelangende Gemenge darstellen.

Eine grundsätzliche Neuerung war die Verwendung des Kaliumchlorats zur Herstellung indirekter, durch Initialsprengstoff (Knallquecksilber) zur Detonation zu bringender Sprengstoffe. P. A. Blake[1] hat im Jahre 1869 zuerst Gemische von Kaliumchlorat und pulverisiertem Schwefel durch Sprengkapseln oder Sprengröhren zur Detonation gebracht; eingehender hat sich dann der in England lebende deutsche Chemiker Hermann Sprengel (geb. am 29. August 1834 in Schillerslage bei Hannover, gest. am 14. Januar 1906 in London) mit den indirekten Chloratsprengstoffen befaßt. Sowohl Blake als Sprengel wandten die bahnbrechende Erfindung Alfred Nobels,[2] Nitroglyzerin bzw. Dynamit durch eine Knallquecksilbersprengkapsel zur Detonation zu bringen, bei Chloratmischungen an, nachdem vorher F. A. Abel und E. O. Brown[3] die Initialzündung bei Schießbaumwolle und J. Ohlsson und J. H. Norrbin[4] bei Ammonsalpetersprengstoffen dieselbe mit Erfolg eingeführt hatten. Diese Neuerungen sind, wie Sprengel selbst bemerkt, sämtlich als die natürliche Weiterentwicklung von Nobels Entdeckung anzusehen, „daß die Detonation explosiver Körper, welche entweder nicht entzündlich sind oder entzündet werden können ohne zu explodieren, durch Selbstzersetzung eines kleinen Teiles ihrer Masse erreicht werden kann, indem so eine einleitende Explosion erzeugt wird, welche sich von selbst überträgt“ und daß Sprengkapseln vermöge „der plötzlichen Erzeugung eines sehr intensiven Druckes oder Stoßes“ die Detonation des Nitroglyzerins usw. bewirken.

[1] Engl. Pat. 1143 und 2500 A.D. 1869.
[2] Engl. Pat. Nr. 1813 (20. Juli 1864) und engl. Pat. Nr. 1345 (7. Mai 1867).
[3] Engl. Pat. Nr. 3115 (10. Oktober 1868).
[4] Schwedisches Pat. vom 31. Mai 1867.

Hermann Sprengel nahm die englischen Patente Nr. 921 vom 6. April 1871 und Nr. 2642 vom 5. Oktober 1871, von denen speziell das letztere die Initialzündung durch eine detonating fuse oder percussion cap hervorhebt, während das erstere Patent die Sicherheitsmaßregel betrifft, die Chloratmischung (z. B. Kaliumchlorat mit Nitrobenzol) erst an der Verbrauchsstelle zu bereiten, bis dahin aber das Chlorat (den Sauerstoffträger) und das Nitrobenzol (oder anderen verbrennlichen Stoff) getrennt zu halten. Auch von letzterer Neuerung hat man praktischen Gebrauch gemacht, doch steht sie an Wichtigkeit hinter der Anwendung des Detonationsprinzips bei Chloratsprengstoffen

Hermann Sprengel.

weit zurück. — Sprengel hat, ausführlicher als in seinen Patentbeschreibungen, seine Untersuchungen in einer größeren Mitteilung[1] veröffentlicht, der wir folgendes entnehmen:

Ist die Explosion der Schießbaumwolle und des Nitroglyzerins nur die plötzliche Verbrennung des Kohlenstoffes und Wasserstoffes auf Kosten des von den drei Molekülen Stickstoffdioxyd gelieferten Sauerstoffes, so können Mischungen hergestellt werden, welche mehr verfügbaren Sauerstoff enthalten als diese kräftigen Explosivstoffe und welche daher letztere in ihrer Wirkung übertreffen sollten. Sprengel setzte verschiedene Mischungen von oxydierenden und brennbaren Kör-

[1] Journal of the Chemical Society of London 26 (1873), 796. Deutsch (übersetzt von Pleus) in Zeitschr. Schieß-Sprengstoffe 1907, S. 184, 206.

pern dem heftigen Stoße einer Zündkapsel aus, und zwar waren die Mischungen in solchen Mengenverhältnissen hergestellt, daß sich die darin enthaltenen Verbindungen theoretisch gegenseitig vollständig oxydieren und reduzieren mußten. In allen Versuchen wandte Sprengel jene Form von Zündkapseln an, welche in Abel und Browns Patent beschrieben worden ist und welche aus einem konischen Metallröhrchen von der ungefähren Gestalt einer Federpose besteht, 5·6 cm lang ist und 0·65 g Knallquecksilber enthält. Eine solche Kapsel wurde über das eine Ende einer Lunte oder eines Bergwerks-Sicherheitszünders geschoben und das eingekapselte Ende wurde dann in einigen Fällen frei, in anderen mit einem dünnen, 10 cm langen und am Ende zugeschmolzenen Glasrohr umgeben, in die als explosiv angesehene Mischung gesteckt. Durch das Anzünden des anderen Endes der Zündschnur wurde das Fulminat zur Detonation gebracht, seine Umhüllung zerschmettert und seine Energie der explosiven Mischung mitgeteilt, welche sich in einer offenen, weithalsigen Glasflasche befand und 20 bis 100 g auf einmal enthielt.

Sprengel untersuchte zunächst Mischungen von Salpetersäure mit Nitrobenzol, von Pikrinsäure mit Nitrobenzol und andere Gemische, bei denen vollständige Vergasung erfolgt, weiterhin aber Gemenge von Kaliumchlorat mit verbrennlichen Stoffen, die uns hier speziell interessieren; es seien daher die diesbezüglichen Mitteilungen Sprengels wörtlich wiedergegeben:

„Kaliumchlorat liefert detonierende Explosivstoffe, wenn man es mit fast jeder beliebigen organischen Substanz mischt. Da das Mischen des Kaliumchlorats mit verbrennbaren Substanzen, wenigstens mit festen, eine bekanntermaßen gefährliche Operation ist, so habe ich mich, um jede Reibung zu vermeiden, brennbarer Flüssigkeiten bedient, welche gefahrlos aufgesogen werden, wenn man poröse Kuchen oder Würfel aus Kaliumchlorat hineinlegt. Diese Würfel oder Kuchen können durch Pressen des gepulverten und mit etwas Wasser angefeuchteten Chlorates in Formen hergestellt werden. Nach dem Trocknen backen sie so fest zusammen, wie der Stück-(Würfel-)Zucker; ihre Porosität hängt von der Feinheit des Pulvers und dem Grade der Zusammendrückung ab, welchen sie erfahren haben; letztere müssen dem Volumen der Flüssigkeit angepaßt werden, welche aufgesogen werden soll. Bei Zündung mit 0·65 g Knallquecksilber zeigte sich folgendes Verhalten verschiedener Mischungen:

Kaliumchlorat	+	Schwefelkohlenstoff:	sehr heftige Explosion;
„	+	Nitrobenzol:	sehr heftige Explosion;
„	+	Gemenge gleicher Teile Benzol und Schwefelkohlenstoff:	heftige Explosion;
„	+	gesättigte Lösung von Naphtalin und Schwefelkohlenstoff:	heftige Explosion;
„	+	Lösung von Phenol in Schwefelkohlenstoff:	sehr gute Explosion;

Kaliumchlorat	+ Gemenge von $^3/_4$ Petroleum und $^1/_4$ Schwefelkohlenstoff:	gute Explosion;
„	+ gesättigte Lösung von Schwefel in Petroleum oder Benzol:	keine gute Explosion;
„	+ Benzol (ohne Schwefel):	keine Explosion.

Die absorbierte Flüssigkeit muß also eine gewisse Menge einer Schwefel- oder Nitroverbindung enthalten.

Obgleich die Benzolmischung (ohne Schwefel) nicht explodierte, so weist doch die große Ähnlichkeit zwischen Schlag und Detonation darauf hin, daß alle Substanzen, welche durch Schlag zur Explosion gebracht werden können, auch durch Detonation genügend kräftig explodieren werden. Ich fand in der Tat, daß, wenn ich die Zündkapsel mit Schießbaumwolle umgab, ihre so verstärkte und vervielfältigte Detonationskraft genügte, um Kaliumchloratmischungen, welche weder Schwefel noch Nitroverbindungen enthielten (wie Mischungen mit Benzol, Phenol, Petroleum), zur Explosion zu bringen. Es wurden 50 g wiegende Kuchen versucht, die mit großer Kraft explodierten, wenn sie unbegrenzt der Detonation von 15·8 und 7 g Schießbaumwolle ausgesetzt wurden. — Die Reaktion, welche sich zwischen Kaliumchlorat und Benzol abspielt, kann in ihrer einfachsten Form folgendermaßen dargestellt werden:

Zusammensetzung vor der Explosion		Vermutliche Zusammensetzung nach der Explosion: fest	gasförmig
$5\,KClO_3 + C_6H_6$	=	$5\,KCl$	$+ 6\,CO_2 + 3\,H_2O$
$613 + 78$	=	373	$+ 264 + 54$
$88{\cdot}71\,\% + 11{\cdot}29\,\%$	=	$53{\cdot}98\,\%$	$+ 38{\cdot}21\,\% + 7{\cdot}81\,\%$."

Die Sprengelschen Arbeiten erregten großes Aufsehen; man interessierte sich aber zunächst weniger für die Kaliumchloratmischungen, als für Gemenge von hochkonzentrierter Salpetersäure mit verbrennlichen Substanzen; Sprengel hatte seine Arbeit mit der Notiz geschlossen:

„Last not least können wir, um die Gefahr einer Selbstentzündung der Mischungen während ihrer Fabrikation, Lagerung und Beförderung zu vermeiden, den oxydierenden und den brennbaren Teil gesondert aufbewahren, bis ihre chemische Vereinigung nach unserm Willen stattfinden soll. Ich weiß wohl, daß dieser Weg schon früher angegeben worden ist und daß man ihn als unausführbar verlassen hat; aber früher waren sowohl der Sauerstoffträger als der Brennstoff feste Körper; jetzt haben wir zwei Flüssigkeiten oder eine Flüssigkeit und einen festen Körper, was ihre Mischung erleichtert."

Man bemühte sich nun, Gemenge von sehr starker Salpetersäure und organischen Stoffen, die erst kurz vor dem Verbrauch vereinigt wurden, in die Sprengtechnik einzuführen; Hellhof (D.R.P. 12122 und 17822) stellte den „sauren Sprengstoff"

Hellhofit, Turpin (D.R.P. 26936) einen ähnlichen Sprengstoff Panklastit her; es ist von Interesse, daß in der staatlichen Versuchsstrecke für wettersichere Sprengstoffe in Neunkirchen in Preußen, welche im September 1885 unter Leitung von Margraf ihre Arbeiten begann, einer der erst untersuchten Sprengstoffe ein von Schmidt und Bichel hergestelltes Gemenge von Salpetersäure und Nitrobenzol war, das sich auch als zündungssicher gegenüber Grubengas erwies, aber als zu unhandlich befunden wurde und deswegen keine Aufnahme fand. — Den Gedanken, Sauerstoffträger und verbrennliche Substanz erst für die Verwendung zusammenzubringen, nahm man auch für Kaliumchlorat als Sauerstoffträger später wieder auf und die französische staatliche Pulverregie hat neuerdings einen derartigen Sprengstoff zugelassen, der als Promethée oder Type O No. 3 bezeichnet wird und der aus Kaliumchlorat (mit Zusatz von etwas Mangansuperoxyd) als „comburant" einerseits und einem Gemenge von Nitrobenzol, Terpentinöl und Naphta als „combustible" andererseits zusammengesetzt wird. Es ist aber zu verstehen, daß der Bergmann, Steinbrucharbeiter oder sonstige Sprengtechniker wenig geneigt ist, seinen Sprengstoff selbst aus zwei Bestandteilen an Ort und Stelle zu fabrizieren; der Konsument will eine fertige Sprengpatrone haben. Es muß auch besonders darauf aufmerksam gemacht werden, daß eine solche Herstellung an Ort und Stelle als eine Fabrikation von Sprengstoffen aufgefaßt wird und demgemäß auch den auf die Herstellung, den Besitz und die Verwendung von Sprengstoffen bezüglichen Vorschriften unterliegt, bzw. gesetzlich unzulässig ist. So wird der Gedanke, erst kurz vor dem Verbrauch einen Sauerstoffträger und eine verbrennliche Substanz zusammenzumischen, wohl kaum jemals in der Sprengtechnik in größerem Umfange zu Geltung gelangen, obwohl er vor und nach Sprengel häufig in der Patentliteratur zum Ausdruck kommt; für die Einführung der Chloratsprengstoffe an sich haben die Bestrebungen, Fabrikations- und Transportsicherheit durch getrennte Herstellung und Versendung der Bestandteile zu erhöhen, entschieden verzögernd gewirkt, da sie von dem einzig richtigen Weg abhielten, unempfindliche fertige Chloratsprengstoffe herzustellen. Denn die Sachlage war folgende: Mischungen von Chloraten mit verbrennlichen Substanzen sind Sprengstoffe, aber sie sind so empfindlich, daß Reibung, Stoß und Wärme leicht eine unbeabsichtigte Explosion herbeiführen. Solange man darauf ausging, direkte, (also ohne Sprengkapsel) zur explosionsartigen Verbrennung zu bringende Chloratsprengstoffe herzustellen, solange war auch die Gefahr der spontanen

Explosion vorhanden und eine Zulassung von Chloratsprengstoffen zum allgemeinen Verkehr ausgeschlossen. Nachdem aber Sprengel indirekte, also nur durch Sprengkapsel detonierende Chloratsprengstoffe angegeben hatte, konnte man auf direkte Zündungsempfindlichkeit für den Gebrauch verzichten; die Aufgabe bestand jetzt gerade darin, Chloratsprengstoffe herzustellen, die gegen Reibung, Stoß und Wärme unempfindlich sein sollen, durch Zündschnurzündung nicht zur explosionsartigen Verbrennung gelangen, sondern nur noch bei Anwendung einer Sprengkapsel detonieren. Sprengel hat sich die Aufgabe, unempfindliche Chloratsprengstoffe herzustellen, nicht gestellt, obwohl er dazu auf Grund seiner Neuerung, Chloratsprengstoffe durch Initialimpuls zur Detonation zu bringen, hätte geführt werden können; die Idee der getrennten Herstellung und Versendung hat ihn offenbar von dem praktisch allein richtigen Wege abgelenkt. — Die Entwicklung der Elektrochemie hat dann der Frage der Chloratsprengstoffe eine größere Bedeutung dadurch gegeben, daß die Erzeugung billiger Chlorate ermöglicht wurde. Corbin in Chedde (Hochsavoyen, Frankreich) hatte in den Jahren 1895/96 eine elektrolytische Chloratfabrik eingerichtet, die bald bedeutende Mengen Kalium- und Natriumchlorat regelmäßig fabrizierte; um hierfür Verwendung zu finden, griff man die Chloratsprengstoffe auf. In den später noch ausführlicher zu erwähnenden Patenten der Société chimique et d'explosifs Bergès Corbin & Co. sowie des mit dieser Gesellschaft zusammenarbeitenden Ernest Auguste George Street in Paris, die im Jahre 1897 genommen wurden, sind dann Verfahren beschrieben worden, Chloratsprengstoffe in beständiger, gegen Schlag und Wärme wenig empfindlicher Beschaffenheit unter Wegfall der bisher mit ihrer Fabrikation verknüpften Gefährlichkeiten herzustellen; durch Zusatz von verdickten Ölen werden die einzelnen Chloratteilchen so eingehüllt, daß Reibung vermieden wird; dieses Verfahren ermöglicht auch die Verwendung des billigeren Natriumchlorats, da durch die Umhüllung der Chlorat-Partikelchen die hygroskopischen Eigenschaften des Natriumsalzes nicht in Erscheinung treten. Die in der Wärme hergestellten Mischungen geben beim Erkalten feste, formbare Massen, welche nach dem Ort ihrer Erzeugung Cheddite genannt werden. Auch von anderer Seite wurden dann ähnliche Sprengstoffe vorgeschlagen. Girard verwendet statt konsistenter Öle niedrig schmelzende Doppelverbindungen aromatischer Nitro- und Azokörper; Bonnet gebraucht Fettsäuren, Lheure Paraffin, Louis ein Gemisch von tierischem Fett und Nitrokohlenwasserstoff, Thomas Dinitrotoluol (event. mit

Kollodiumwolle gelatiniert). Turpin hatte schon in den Jahren 1881 und 1883 Sprengstoffe aus 80 % Kaliumchlorat mit 20 % Steinkohlenteer und Holzkohle als poudres à double effet vorgeschlagen; im Jahre 1888 gab er als Zusammensetzung seines Duplexit an: 70 % Kaliumchlorat, 10 % Holzkohle, 10 % Teer und 10 % Dinitrobenzol; diese Sprengstoffe waren aber sowohl durch Sprengkapsel als durch Zündschnur zur Explosion zu bringen. Turpin nannte seine Sprengstoffe später Pyrodialyte und fügte (1898), um solche wettersicher, d. h. für Kohlengruben verwendbar zu machen, Karbonate und andere gasentwickelnde Salze hinzu, auch in Form von Doppelsalzen, die teils einen explosiven, teils einen durch Gasentwicklung abkühlenden Bestandteil enthielten. Im Jahre 1900 gab dann Turpin einen durch direkte Flammen nicht mehr entzündbaren Chloratsprengstoff an, den er ebenfalls Pyrodialyt nannte und der aus 85 % Kaliumchlorat und 15 % Harz in der Weise hergestellt wurde, daß man das Gemenge mit $2^1/_2$ % Alkohol in einer Trommel mit Glaskugeln behandelte und dann körnte. Frhr. von Schleinitz fand (1902), daß bei der mechanischen Behandlung des Gemenges mit Alkohol ein teigiger, für die Fabrikation unangenehmer Zustand entsteht; er überbraust ein Gemenge von Kaliumchlorat mit reinem (oder vorheriger Salpetereinwirkung unterworfenem) Harz und Kochsalz, das in dünner Schicht ausgebreitet ist, mit etwas Alkohol, die Masse geht dann beim Trocknen direkt in einen kornförmigen Zustand über; die Sprengstoffabrik Kriewald bringt derartige Chloratsprengstoffe als Silesia, bzw. Kohlensilesia in den Handel. Auch Steele hat unempfindliche Chloratsprengstoffe angegeben, die aus Kaliumchlorat und nitriertem, bzw. oxydiertem Harz oder Stärkemehl bestehen; seit 1908 ist in England für Kohlengruben ein Sprengstoff Colliery Steelite zugelassen, der aus 74 Tln. Kaliumchlorat, 25 Tln. oxydiertem Harz und 1 Tl. Rizinusöl zusammengesetzt ist.

Was die Perchlorate betrifft, welche noch beständiger sind als die Chlorate und bei denen auch das Ammonsalz stabil ist, so hatte schon Nobel gelegentlich seinen Dynamiten Perchlorate, bes. Kaliumperchlorat beigemengt. Bergès Corbin & Co. (Street), Turpin, Girard, Bonnet usw. erwähnen in ihren Patenten neben den Chloraten auch die Perchlorate. Praktisch wichtig wurden Sprengstoffe, die auf Basis eines Gemenges von Kaliumperchlorat und Ammonsalpeter aufgebaut sind. Es liegt ja nahe, die verhältnismäßig schwachen Ammonsalpetersprengstoffe durch Chlorate oder Perchlorate zu verstärken. Da aber Kalium- bzw. Natriumchlorat und Ammonsalpeter unter Bildung von selbstzersetzlichem Ammonchlorat aufeinander einwirken können und daher Chloratmischungen grundsätzlich keine Ammoniaksalze enthalten dürfen, so hat man Sprengstoffe mit Ammonsalpeter und Kaliumperchlorat hergestellt. C. E. Bichel (Sprengstoff-Aktiengesellschaft Carbonit) bringt derartige Sprengstoffe als Permonite (Gesteinspermonit, Wetterpermonit) in den Handel; ähnlich zusammengesetzt sind die Alkalsite der Rheinischen Dynamitfabrik und der Dynamit-Aktiengesellschaft vorm. Alfred Nobel & Co., sowie die Persalite der Westfälisch-Anhaltischen Sprengstoffabrik-Aktiengesellschaft.

Weiterhin sind von Interesse Sprengstoffe mit Ammonperchlorat, da dasselbe lauter vergasbare Bestandteile enthält. Alvisi schlug im Herbst 1895 einen direkten, schwarzpulverähnlichen Sprengstoff (Manlianit) vor, ein Gemenge von Ammonperchlorat, Schwefel und Cannelkohle, sowie einen indirekten, dynamitähnlichen (Cannel-coal-Powder), eine Mischung von Ammonperchlorat mit Cannelkohle. Carlson erhielt in Deutschland (vom September 1896 ab) ein Patent auf „Sprengstoffe, bestehend aus einer Mischung von Ammoniumperchlorat mit brennbaren Stoffen"; als letztere sind angegeben Holzkohlenpulver, Rohrzucker, Dinitrobenzol, Petroleumrückstände, Naphtalin, Paraffin, Holzmehl usw. Turpin hat im Jahre 1898 auch Pyrodialyte mit Ammonperchlorat angegeben. Eingehender hat sich die Firma Bergès Corbin & Co. mit diesem Gebiet beschäftigt, indem dieselbe den Chedditen auf Basis von Kalium- oder Natriumchlorat analoge Cheddite mit Ammonperchlorat herstellt; da Ammonperchloratsprengstoffe bei ihrer Explosion Salzsäure entwickeln, so wurden im Jahre 1906 von Bergès Corbin & Co. Patente genommen, wonach bei Verwendung eines Gemenges von 45 bis 55 Tln. Perchlorat und 40 bis 30 Tln. Kalioder Natronnitrat der Übelstand der Salzsäureentwicklung vermieden werden soll; einem analogen Zweck haben die Patente von Pieper sowie von Kilburn. Der in Belgien hergestellte wettersichere Sprengstoff Yonckite enthält Ammonperchlorat, Ammonsalpeter, Natronsalpeter, Trinitrotoluol und Kochsalz.

Im Jahre 1899 hatte Escales vorgeschlagen, allen Sprengstoffen zur Erhöhung ihrer Brisanz Aluminium in pulverisiertem Zustande beizufügen, da dieser Stoff bei seiner Oxydation eine große Wärme entwickelt und dadurch die Explosionsgase stark ausgedehnt werden. Im Jahre 1904 hat Bowen, im Jahre 1908 Palmer den Aluminiumzusatz nochmals speziell für Ammonperchloratsprengstoffe empfohlen.

Es ist für die Verwendung eines Sprengstoffes von größter Bedeutung, ob dieser zum Eisenbahntransport zugelassen wird und, wenn dies der Fall, ob man den Sprengstoff in beliebigen Mengen als Stückgut befördern kann (wie die handhabungssicheren Ammonsalpetersprengstoffe), oder ob der Sprengstoff in besonderen Wagenladungen verschickt werden muß (wie die Dynamite und wie Schwarzpulver); im allgemeinen neigt man mehr dazu, die Chlorat- und Perchloratsprengstoffe der letzteren Klasse zuzuteilen, wodurch natürlich die Versendung erschwert wird.

Nach der neuen deutschen Eisenbahnverkehrsordnung vom 23. Dezember 1908 ist zwischen der ersten Gruppe (unbeschränkter Stückgutverkehr) und der dritten Gruppe (nur ganze Wagenladungen) noch eine zweite Gruppe Sprengstoffe eingeschaltet, die in Mengen bis zu 200 kg als Stückgut, bei Aufgabe in größeren Mengen aber nur in Wagenladungen befördert werden. Dieser zweiten Klasse sind eine Anzahl von Chlorat- und Perchloratsprengstoffen zugeteilt, so daß man also Versendungen vornehmen kann, ohne gleich ganze Waggons verfrachten zu müssen; andererseits ist die Beschränkung auf 200 kg unbequem. Wenn eine Fabrik nur einen Bahnhof zur Verfügung hat, so steht ihr nach jeder Richtung täglich nur ein Stückgutwagen zur Verfügung, so daß nur insgesamt 400 kg pro Tag zur Annahme auf der Bahn präsentiert werden können.

Zum Schluß sei noch erwähnt, daß schon Berthelot auf die Äther der Überchlorsäure hingewiesen hat. Bei der Salpetersäure benutzen wir bekanntlich nicht nur die Salze (Kali-, Natron-, Ammonsalpeter), sondern auch die Ester mit Glyzerin, Zellulose usw. (Nitroglyzerin, Nitrozellulose). Da die Chlorsäure $HClO_3$ unbeständig ist, so hat man von der recht beständigen Überchlorsäure $HClO_4$ neuerdings esterartige Verbindungen hergestellt, z. B. Monochlor-monoperchloratohydrin

$$(CH_2Cl—CHOH—CH_2)ClO_4,$$

also einen der Salpetersäureverbindung

$$CH_2Cl—CHOH—CH_2)NO_3$$

entsprechenden Glyzerin- (bzw. Monochlorhydrin-) Ester.

Die Überchlorsäureester scheinen sehr sprengkräftig und ziemlich unempfindlich zu sein, werden jedoch durch Wasser sehr leicht zersetzt, so daß ihre praktische Verwendbarkeit fraglich erscheint; immerhin wird man den weiteren Arbeiten von K. A. Hofmann und seinen Schülern über Überchlorsäureester mit Interesse entgegensehen.

Zweiter Abschnitt.

Die Herstellung der Chlorate.

A. Herstellung des chlorsauren Kalis auf chemischem Wege.

Nach Gay-Lussac[1] sättigt man eine Lösung von 1 Tl. Kalihydrat in 3 Tln. Wasser vollständig mit Chlorgas und läßt sie einige Tage stehen; dann erhitzt man zur Zersetzung des unterchlorigsauren Kalis (bei Gegenwart überschüssigen Chlors); es finden folgende Reaktionen statt:

a) $6\,KOH + 3\,Cl_2 = 3\,KCl + 3\,KOCl + 3\,H_2O$ (bei unter 20°),

b) $3\,KOCl = 2\,KCl + KClO_3$ (bei über 30°);

zusammengesetzt ergibt sich die Gleichung:

$$6\,KOH + 3\,Cl_2 = 5\,KCl + KClO_3 + 3\,H_2O.$$

Da nach diesem Verfahren $^5/_6$ des teuren Ätzkalis in die geringerwertige Form von Chlorkalium übergeführt werden, so schlug Liebig[2] vor, statt des Ätzkalis den billigeren Ätzkalk $Ca(OH)_2$ zu verwenden und Chlorgas bis zur Sättigung auf gebrannten Kalk einwirken zu lassen, der mit Wasser zu einem dünnen Brei angerührt ist; von den hierbei entstehenden Verbindungen (chlorsaurer Kalk und Chlorcalcium) wird die erstere durch von Anfang an dem Ätzkalk zugefügtes Chlorkalium (auf 3 Mol. $Ca(OH)_2$: 1 Mol. KCl) in chlorsaures Kali umgesetzt; nach dem Filtrieren hat man dann eine Lösung von chlorsaurem Kali und Chlorcalcium, woraus durch Abdampfen und Kristallisieren das erstere gewonnen wird. Ähnlich arbeitet man in der chemischen Praxis, läßt jedoch das Chlor zunächst auf Kalk allein einwirken und setzt erst nachträglich das Calciumchlorat mit Chlorkalium um.

a) Darstellung des Chlors. Man verwendet zweckmäßig die Salzsäuregase der Sulfatfabrikation und setzt dieselben nach dem Deaconverfahren mit dem Sauerstoff der Luft unter Vermittlung von Kupferchlorid in Wasser und Chlor um.

b) Darstellung von Calciumchlorat. Das Chlor erzeugt bei der Einwirkung auf Ätzkalk zuerst unterchlorigsauren Kalk, der sich bei Zufuhr von mehr Chlor unter Wärmeentwicklung in chlorsauren Kalk und Chlorcalcium umsetzt, ohne dabei mehr Chlor aufzunehmen; ein Chlorüberschuß ist aber nötig, um die Umsetzung in Chlorat ohne großen Sauerstoffverlust eintreten zu lassen. Zum ganzen Prozeß ist auch eine gewisse Wärme nötig, die aber sowohl bei der ersten Reaktion $2\,CaO + 4\,Cl = CaCl_2 + Ca(OCl)_2$, wie bei der folgenden $3\,Ca(OCl)_2 = Ca(ClO_3)_2 + 2\,CaCl_2$

---

[1] Liebigs Annalen 43, 153.

[2] Ann. Pharm. 41, 307.

von selbst auftritt; äußere Wärmezufuhr ist nicht erforderlich. Nach Jurisch wurde in einer englischen Fabrik die Chloratlauge bei Weldon-Chlor 35 bis 40°, bei Deacon-Chlor 25 bis 30° warm; erheblich über 40° sollte man nach Jurisch nicht gehen, weil sonst Verlust durch Sauerstoffentwicklung eintritt. — Lunge und Landolt[1] stellten fest, daß die Umwandlung von Hypochlorit in Chlorat durch Hitze allein ein sehr ungünstig verlaufender Prozeß ist; nach dreistündigem allmählichen Erwärmen auf 60° ist sie noch kaum nennenswert und wird erst nach weiterem einstündigen Erwärmen auf 70° deutlich, bei 90° nach zwei Stunden stärker; aber selbst nach weiterem zweistündigen Erhitzen zum wirklichen Kochen zeigen die Versuche, daß nicht viel über $^1/_4$ des Chlors zur Chloratbildung verwendet ist. Sowie die Chloratbildung eintritt, zeigt sich auch schon eine Bildung von überschüssigem Chlorid, was nur unter Sauerstoffentwicklung vor sich gehen konnte und am Ende überwiegt sogar diese Reaktion; während 27% des ursprünglichen Chlors zur Chloratbildung verwendet worden waren, waren 30% unter Sauerstoffverlust in Chlorcalcium übergegangen. — Ganz anders stellte sich die Sache beim Erwärmen einer mit freiem Chlor gesättigten Chlorkalklösung. Schon beim Einleiten des Chlors in der Kälte, bei 15°, wurden 70% zur Chloratbildung verbraucht, dann allerdings auch bei langem Stehen kaum mehr, und auch bis 40° nur unbedeutend mehr. Bei allmählichem weiteren Erwärmen bis zum Siedepunkte wurde dann die Umwandlung in Chlorat ganz vollständig, und zwar trat auch nach zweistündigem Kochen kein merklicher Sauerstoffverlust ein, der also durch das überschüssige freie Chlor verhindert wurde. Bei einer weiteren Versuchsreihe begnügte man sich nicht mit der einmaligen Sättigung mit freiem Chlor, sondern leitete während der ganzen Dauer des Prozesses fortwährend Chlorgas ein; die Umwandlung in Chlorat wurde jedoch dadurch keineswegs beschleunigt. Lunge und Landolt folgern daher, daß zur Herbeiführung einer möglichst günstigen Umwandlung von Hypochlorit in Chlorat weder Temperaturerhöhung allein, noch Chlorüberschuß allein genüge, vielmehr beide zusammenwirken müssen; daß ferner ein großer Überschuß von Chlor keinen Nutzen, eher Schaden bringt. Im großen braucht man keine künstliche Temperaturerhöhung, sondern nur die durch die Reaktion selbst entstehende. Sehr schädlich ist die Erhitzung ohne Anwesenheit vom überschüssigem Chlor, weil dann viel Sauerstoff entweicht und Chlorid gebildet wird, was durch den Überschuß von Chlor verhindert zu werden scheint. — Die Einwirkung des Chlors auf Ätzkalk erfolgt in Absorptionsgefäßen aus Gußeisen, in denen sich eine Welle mit Rührarmen bewegt. Mindestens drei Gefäße sind zu einer Batterie vereinigt; das frische Chlor tritt zunächst in das Gefäß I, dann in das zweite usw.; ist im ersten Gefäß die Chloratbildung beendet, so geht das frische Chlor zunächst in Gefäß II, dann in das dritte usw., während I frisch beschickt wird. An die Batterie schließt man der Sicherheit halber eine kleine Chlorkalkkammer, die

---

[1] Chem. Ind. 1885, 343.

sämtliches unabsorbierte Chlor aufnimmt; das hierbei sich ergebende Produkt wird statt frischen Kalkhydrats mit verwendet. Die Absorptionsgefäße werden bis 25 cm unter dem Deckel mit Wasser gefüllt, wozu man so viel Kalk gibt, daß die resultierende Calciumchloratlauge eine Konzentration von nicht mehr als 16° Bé (sp. Gew. 1·125) oder höchstens 17° Bé (1·134) zeigt. Besonders gut arbeitet nach Lunge eine Absorptionseinrichtung in der Fabrik von A. R. Péchiney in Salindres (Südfrankreich); wir geben nachstehend die Lungeschen Angaben darüber: Die (für zehn Tonnen pro Woche dienende) Batterie besteht aus fünf Gefäßen (*A*, *B*, *C*, *D*, *E*) von der Form von Halbzylindern mit gerade aufsteigenden Seitenwänden, etwa 1,7 m breit, 2 m hoch und 2 m lang. Durch die beiden geraden Endwände geht eine horizontale Rührwelle, deren Schaufeln bis über den Flüssigkeitsspiegel hinausragen und die dahin wirken, das Chlor unter die Oberfläche der Kalkmilch zu treiben; die Welle läuft in einfachen, mit Hanf gedichteten Stopfbüchsen. Die Gefäße bestehen aus Gußeisen und sind von einem 5 cm abstehenden schmiedeeisernen Mantel umgeben, der zur Wasserkühlung dient. Von den Gefäßen stehen die untersten *A* und *B* auf demselben Niveau, *C*, *D* und *E* sind staffelförmig höher aufgestellt und alle sind so miteinander verbunden, daß man den Inhalt jedes oberen in das nächste untere einlaufen lassen kann. Das frische Chlorgas tritt immer nur in *A* oder *B* ein und zwar fast immer nur in *A* und dann weiter durch *B*, *C*, *D* und *E*; nur dann, wenn *A* abgelassen wird, geht es gleich nach *B* und von da weiter. Sobald der Inhalt von *A* fertig ist, wird er durch einen Bodenhahn abgelassen; dann öffnet man alle Verbindungshähne zwischen den fünf Gefäßen und läßt gleichzeitig in das oberste, *E*, frische Kalkmilch einfließen, so daß der Inhalt jedes Gefäßes in das nächst vorhergehende gedrängt wird. Bei der Absorption des Chlors löst sich der Kalk nach und nach auf; da, wo frisches Chlor einwirkt, tritt Erwärmung ein, die Reaktion ist dann in 12 bis 24 Stunden beendet. Letzteres ist der Fall, wenn eine Probe sich schnell und vollständig ab setzt, nicht mehr nach unterchloriger Säure, sondern nur noch nach Chlor riecht und Lackmuspapier sofort bleicht; die Laugen sind infolge Bildung von übermangansaurem Salz oder im Kalk enthaltenen Mangan rosa gefärbt. Die erhaltene Lösung sollte theoretisch auf ein Molekül chlorsauren Kalk fünf Moleküle Chlorcalcium enthalten; erfahrungsgemäß sind es aber stets 5½ bis 6 Moleküle Chorcalcium. Nach erfolgter Einwirkung läßt man den Inhalt des betreffenden Gefäßes durch einen am Boden angebrachten großen Hahn in die Absatzkästen laufen und beschickt das Gefäß sofort wieder mit frischem Wasser bzw. Waschwässern und Kalk.

c) Klären der Chloratlaugen. Die Absatzkästen, aus gußeisernen Platten zusammengesetzt, stehen unter den Absorptionsgefäßen; sie fassen je den vollen Inhalt eines der letzteren. Nach Absetzen des Schlammes gelangen die Laugen in die Verdampfpfannen; durch Notieren des Flüssigkeitsstandes vor und nach dem Ablaufen erfährt man das Volumen, woraus der spätere Chlorkaliumzusatz zu berechnen ist; ev. verwendet man auch besondere Meßgefäße. Der Schlamm wird mit Wasser ausgewaschen und dann entfernt, die Waschwässer dienen zur Beschickung der Absorptionsgefäße bei b.

d) Verdampfen der Chloratlaugen und Umsetzen mit Chlorkalium. Die klaren Laugen, die Calciumchlorat und Chlorcalcium enthalten, werden nun in die Abdampfpfannen eingelassen, die zweckmäßig aus Schmiedeeisen als sog. Brotpfannen konstruiert sind. Da die Lauge im Laboratorium auf Chloratgehalt analysiert und da ferner ihr Volumen gemessen ist, kann man den nötigen Chlorkaliumzusatz berechnen; man darf jedenfalls nicht zu wenig Kalisalz anwenden, da sonst unverändertes leichtlösliches Calciumchlorat in den Mutterlaugen bleibt; nach Lunge ist ein Überschuß von 3% über die berechnete Menge Chlorkalium zu empfehlen. Das Eindampfen erfolgt entweder direkt bis auf 39,5° Bé (spez. Gew. 1·35), worauf man kristallisieren läßt; andere Fabriken dampfen zunächst nur mäßig ein (auf 30·5 bis 33° Bé, spez. Gew. 1·250 bis 1·275), lassen kristallisieren und verdampfen die Mutterlauge dann nochmal auf 40° Bé.

Nach dem D.R.P. 15493 (vom 10. März 1881) der Firma A. R. Péchiney u. Co. scheidet man vor dem Zusatz des Chlorkaliums aus der chlorsauren Kalk und Chlorcalcium enthaltenden Lösung zunächst die hauptsächlichsten Mengen Chlorcalcium aus. Entweder wird die Lösung von 25° Bé auf 48° Bé konzentriert, dann bis auf 10° C. erkalten lassen und zentrifugiert; man erhält dann eine Lösung, die auf 1 Mol. Calciumchlorat nur noch 1·2 Mol. Chlorcalcium enthält; oder man setzt der ursprünglichen Lösung (1 chlorsaurer Kalk : 5·6 Chlorcalcium) von 25° Bé Kalk zu, und zwar 3 Mol. Kalk auf 1 Mol. Chlorcalcium; man erhitzt dann auf 80° und läßt gleich darauf erkalten, wobei sich ein Gemisch von basischen Calciumchlorüre mit überschüssigem Kalk abscheidet; das Filtrat enthält auf 1 Mol. chlorsaurem Kalk noch etwa 2 Mol. Chlorcalcium. Man kann das zweite Verfahren auch mit dem ersten kombinieren, bzw. nach dem ersten anwenden und erhält so eine Lösung, die auf 1 Mol. chlorsauren Kalk nur noch ungefähr 0·3 Mol. Chlorcalcium enthält. (Aus den basischen Chloriden erhält man durch Zersetzen mit warmem Wasser auch noch chlorathaltige Laugen.) Die Lösungen mit wenig Chorcalciumgehalt lassen bei Umsetzung des Calciumchlorats mit Chlorkalium erhebliche größere Mengen Kaliumchlorat auskristallisieren, als wenn sämtliches Chlorcalcium noch zugegen ist.

e) Kristallisation des Rohsalzes. Hierzu verwendet man zweckmäßig gußeiserne Gefäße und zwar große flache Schalen oder auch oblonge Gefäße mit abgerundeten Ecken, die etwas über dem Boden aufgestellt und mit einem Zapfen im Boden zum Auslassen der Mutterlauge versehen sind; letztere werden analysiert, ehe man sie ganz fortlaufen läßt. Die ausgeschiedenen Rohsalzkristalle kommen in die Abtropfkästen, die aus Holz mit einem durchlöcherten Doppelboden angefertigt sind. Nach dem Abtropfen der Mutterlauge wäscht man mit etwas Wasser nach, doch nicht zu viel, da man sonst Chlorat verliert. Es empfiehlt sich nicht, die Mutterlauge noch weiter einzudampfen, nachdem bei 39,5°

bzw. 40° Bé die größere Menge Chlorat auskristallisiert ist; denn die Mutterlauge enthält eine unverhältnismäßig große Menge Chlorcalcium, das sich gleichzeitig mit der relativ kleinen Menge Chlorat abscheiden würde; allerdings bleiben so 25 bis 30% chlorsaures Kali in der Mutterlauge.

f) Umkristallisieren (Raffinieren) des Rohsalzes; dasselbe erfolgt entweder in kontinuierlicher Weise oder indem man Auflösen und Kristallisation trennt.

α) Bei der kontinuierlichen Methode verwendet man einen 12 m langen, 2,3 m breiten und 0,45 m tiefen, mit Blei ausgefütterten Holzkasten, der durch Scheidewände in drei Abteilungen (Auflöse-, Scheide- und Kristallisierraum, *A*, *B* und *C*) getrennt ist; Raum *C* ist weitaus der größte. In *A* kommt das auf einem Sieb oder in einem Sacke befindliche Rohsalz, das durch indirekten Dampf in der von *C* herüberkommenden Mutterlauge aufgelöst wird. Die Arbeit ist kontinuierlich; die in *A* sich mit Rohkristallen sättigende Mutterlauge wird nach *B* gepumpt, dort filtriert, fließt durch *C*, wo sie erkaltet und reines Salz auskristallisieren läßt und kehrt durch einen Heber gerade in dem Maße, wie sie gebraucht wird, nach *A* zurück. Von Zeit zu Zeit, wenn die Mutterlaugen zu unrein geworden sind, muß man sie in die Abdampfpfannen für Rohsalz zurückpumpen und frisches Wasser in das ganze Gefäß geben. Das in C angesammelte reine Salz wird jede Woche einmal durch Ausbaggern mit einer Schaufel von Hartholz oder Kupfer entfernt.

β) Auflösen in besonderen Gefäßen und langsame Kristallisation. Das Rohsalz wird in eisernen oder hölzernen, mit Bleifutter versehenen Zylindern mit Wasser oder Dampf aufgelöst; man bringt die Lösung auf 17° Bé = 1·125 spez. Gew., heiß gemessen. Man löst bei völliger Siedehitze auf und filtriert durch einen Leinwandseiher und nochmals durch einen Spitzbeutel beim Einlaufen in die Kristallisiergefäße, gußeiserne Tröge, die auf einem Steinboden stehen; man läßt 8 bis 9 Tage, im Sommer 14 Tage das Reinsalz auskristallisieren. Die Kristalle bringt man in große Spitzbeutel, welche in hölzernen Gestellen hängen oder in Abtropfkästen mit Siebboden und wäscht solche mit Dampfwasser, um anhaftendes Chlorcalcium zu entfernen; oder aber man hat schon beim Umkristallisieren zu 10 Hektoliter der heiß hergestellten Lösung 2·5 kg Soda gegeben, wodurch nicht nur Chlorcalcium, sondern auch verunreinigendes Chlorblei als Karbonate ausgefällt werden und mechanisch suspendiertes Eisenhydroxyd mit zu Boden gerissen wird.

Abgeänderte chemische Verfahren zur Chloratherstellung. Nach dem D.R.P. 92474 von Hargreaves läßt man Chlor direkt auf Kaliumverbindungen einwirken, aber nicht auf gelöstes Kaliumhydroxyd, sondern auf Kaliumsulfat oder noch besser auf Chlorkalium, dem wasserhaltige Magnesia oder Kalk zugesetzt ist; es entsteht eine dickteigige Masse, die mit Wasser behandelt wird, wobei Chlormagnesium bzw. Chlorcalcium in Lösung geht, während das schwerer lösliche Kaliumchlorat zurückbleibt.

Chloratfabrikation mit Magnesia. Muspratt und Eschellmann haben in dem D.R.P. 26698 ein Verfahren beschrieben, wonach das Chlorgas nicht in Kalkmilch, sondern in mit Wasser angerührte Magnesia geleitet wird. Die entstehende Lösung von Magnesiumchlorat und Chlormagnesium wird mit Chlorkalium erhitzt und dadurch eine Lösung von Kaliumchlorat und Chlormagnesium erhalten, aus welcher man den größten Teil des Kaliumchlorats durch Auskristallisierenlassen gewinnt. Die abfallenden Laugen werden weiter erhitzt und dabei das noch in Lösung verbliebene Kaliumchlorat ausgefüllt; die verbleibende nur noch Chlormagnesium enthaltende Mutterlauge wird eingedampft und erstarren gelassen, das feste $MgCl_2$ dann auf Magnesia und Salzsäure, bzw. Chlor verarbeitet. — Nach dem Zusatzpatent 27730 wird die Absorptionslauge, welche 1 Äquivalent Magnesiumchlorat : 5 bis 5·5 Chlormagnesium enthält, durch Eindampfen bis zu 30 bis 40° Bé konzentriert und dann abkühlen gelassen, wobei Magnesiumchlorid auskristallisiert; die restierende Lauge enthält dann noch 4 Äquivalente Magnesiumchlorid auf 1 Äquivalent Magnesiumchlorat; durch Chlorkaliumzusatz erhält man Magnesiumchlorid und Kaliumchlorat, von letzterem kristallisiert die Hauptmasse aus, während 5 bis 10% in der Mutterlauge bleiben, die durch Eindampfen mit Salzsäure zersetzt werden; man neutralisiert dann mit Magnesiumcarbonat und Dampf ein; das resultierende Chlormagnesium wird auf Magnesia und Chlor verarbeitet.

Chloratdarstellung mit Zinkoxyd. Bayer hat in dem D.R.P. 81804 vorgeschlagen, das Chlorgas in Zinkoxyd zu leiten, wobei als Nebenprodukt das besser verwendbare Chlorzink resultiert. Das zur Absorption dienende Zinkoxyd muß möglichst frei sein von Eisen, Mangan, Arsen und Antimon. Man fügt gleich zu dem mit Wasser aufgeschlämmten Zinkoxyd die theoretisch erforderliche Menge Chlorkalium (auf 3 ZnO : 1 KCl). Vor dem Einleiten erwärmt man auf 95 bis 98° C., um Ausscheidung von basischem Zinkoxychlorid zu verhindern und um möglichst viel Zinkoxyd in alkalische Lösung zu bringen, wozu auch genug Wasser vorhanden sein muß; ein Überschuß von letzterem ist aber zu vermeiden. Es scheint ohne Zwischenbildung von Hypochlorit direkt Chlorat gebildet zu werden. Nach dem Erkalten und Auskristallisieren des Kaliumchlorats wird die Lauge auf 60° Bé eingedampft und auf 0° abgekühlt, um noch mehr Kaliumchlorat abzuscheiden, Die Endmutterlauge, auf 70 bis 75° Bé eingedampft, gibt käufliches Chlorzink. — Nach Friedrich und Guye (Chem.-Ztg. 1904, 763) vollzieht sich die Abscheidung des Chlorates aus der Zinkchloridlösung mit einem Verlust von nur 4%, wenn man die Lösungen unter verminderten Druck eindampft; das Rohchlorat läßt sich durch einmaliges Umkristallisieren reinigen.

B. Theorie der Darstellung von Chloraten auf elektrochemischem Wege.[1]

I. Allgemeine Theorie der anodischen Vorgänge bei der Elektrolyse von Halogenverbindungen.

1. Das Anodenpotential. Die Halogene, also auch Chlor, geben solche Anionen, deren Eigenpotentiale bekannt sind; die bei der Elektrolyse von Halogenidlösungen herrschenden Anodenpotentiale liegen meist nicht bei Beträgen, welche einer reversiblen Abscheidung der Halogene entsprächen, vielmehr meist sehr beträchtlich darüber. Zweifellos ist der primäre Vorgang bei der Halogenidelektrolyse stets die Abscheidung von freiem Halogen.

2. Außer den Halogenionen sind an der Anode auch Hydroxylionen vorhanden; ferner treten letztere bei der Elektrolyse von Alkalihalogenid von der Kathode her in den Elektrolyten, während von der Anode her ihm freies Halogen zugeführt wird; man kann auch von vornherein freies Alkali dem Elektrolyten zusetzen. Stets ist dann die Gelegenheit zur chemischen Wechselwirkung von freiem Halogen mit Hydroxylionen gegeben; die hierbei entstehenden Hypohalogenite MOX und Halogenate MO_3X können als Produkte der Halogenidelektrolyse erscheinen. Gerade die Untersuchungen über letztere haben dazu geführt, den in der reinen Chemie zwar längst bekannten, aber wissenschaftlich noch nicht klargelegten Vorgang der Einwirkung von Halogenen auf Alkalien eingehend zu untersuchen.

a) Die Entstehung der Hypohalogenite. Wirkt ein freies Halogen auf Hydroxylionen ein, so könnte man erwarten

$$X_2 + 2OH' \longrightarrow 2X' + H_2O + O; \tag{1}$$

dies trifft beim Fluor zu; bei Chlor, Brom und Jod aber geht aus dem Halogenmolekül nur ein Atom in den Ionenzustand über, das andere aber tritt mit dem seiner Ladung verlustigen OH zu einer Molekel unterhalogeniger Säure zusammen

$$X_2 + OH' \longrightarrow X' + XOH; \tag{2}$$

die unterhalogenigen Säuren sind nun starke Oxydationsmittel und als solche elektromotorisch wirksam; steigert sich ihre Konzentration, so wird ihr Potential immer mehr das eines stärkeren Oxydationsmittels und schließlich gleich demjenigen, mit welchem das Halogen in den Ionenzustand übergeht und zum Verschwinden des Halogens und dem Entstehen von Halogenionen die treibende Kraft bildet; im Zustand der Gleichheit der beiderseitigen Potentiale ist der Vorgang beendet; die

---

[1] Nachstehende Ausführungen sind im wesentlichen nach dem Werke von Professor Dr. Fritz Foerster (Dresden): „Elektrochemie wäßriger Lösungen“ (Leipzig 1905) referiert; Herr Geh. Hofrat Prof. Dr. Foerster hat die Freundlichkeit gehabt, dieses theoretische Kapitel selbst durchzusehen.

Einwirkung von Chlor, Brom und Jod auf Alkalien führt also zunächst zu dem Gleichgewicht

(3) $$X_2 + OH' \rightleftarrows X' + XOH,$$

das bedingt ist durch das Gegeneinanderwirken der freien Halogene und der unterhalogenigen Säuren. Letztere sind nun nicht nur Oxydationsmittel, sondern auch Säuren und gehen als solche unter der Einwirkung von Alkalien (Hydroxylionen) mehr oder weniger vollständig in ihre Salze, die Hypohalogenite, über. Die Neutralisation ist, mit Rücksicht auf den schwach sauren Charakter, keine vollständige, sondern führt zum hydrolytischen Gleichgewicht

(4) $$XOH + OH' \rightleftarrows XO' + H_2O.$$

Da nun im Gleichgewicht (3) stets OH' neben XOH verbleiben, wird sich auch Gleichgewicht (4) stets neben Gleichgewicht (3) einstellen und die Einwirkung eines Halogens auf Alkali führt insgesamt zu den beiden, gleichzeitig eintretenden Gleichgewichten

(5) $$\begin{cases} X_2 + OH' \rightleftarrows X' + XOH \\ XOH + OH' \rightleftarrows XO' + H_2O \end{cases}$$

Die für die Einwirkung von Chlor auf Alkali früher benutzte Gleichung

(6) $$Cl_2 + 2\,NaOH \longrightarrow NaOCl + NaCl + H_2O$$

ist zweckmäßig durch die Gleichungen (5) zu ersetzen. Unter keinen Umständen aber entsteht bei der Einwirkung von Halogenen auf Alkali unmittelbar etwas anderes als unterhalogenige Säure, bezw. Hypohalogenit. Die früher verbreitete Auffassung, daß unter Umständen dieser Vorgang auch unmittelbar zu Halogenaten führen könne, ist mit den bisher erkannten Tatsachen unvereinbar.

b) Entstehung der Halogenate. Die Halogenate entstehen stets und ausschließlich aus zuvor gebildeten Hypohalogeniten. Der Weg hierzu ist im wesentlichen der, daß unterhalogenige Säuren auf ihre eigenen Salze einwirken und sie dabei in Halogenate überführen

(7) $$2\,XOH + XO' \longrightarrow XO_3' + 2\,X' + 2\,H^{\cdot}$$

Die hierbei entstehende Halogenwasserstoffsäure setzt alsbald wieder unterhalogenige Säure in Freiheit:

(8) $$2\,X' + 2\,H^{\cdot} + 2\,XO' \longrightarrow 2\,XOH + 2\,X'$$

so daß deren Konzentration während des ganzen Vorganges dieselbe bleibt. — Die viel gebrauchte Gleichung

$$3\,X_2 + 6\,MOH \longrightarrow MO_3X + 5\,MX + 3\,H_2O$$

gibt keinen Einzelvorgang wieder, sondern zeigt nur die stöchiometrischen Verhältnisse, in denen das Halogenat zu dem ursprünglich erforderlichen freien Halogen und zu dem aus diesem auf dem Wege zum Halogenat sich bildenden Halogenid steht. — Daß die Gleichungen (7) und (8) dem wahren Sachverhalt entsprechen, lehrt der Umstand, daß z. B. eine schwach alkalische Hypochloritlösung, bzw. eine Lösung von unterchloriger Säure jede für sich recht beständig ist, eine Mischung beider aber alsbald Chlorat gibt.

Von Einfluß ist die Menge des Halogens (Chlor oder Brom), die auf zwei Äquivalente Alkali zur Wirkung kommt; bei Zusatz von unter einem Molekül Halogen entsteht nur Hypohalogenit; ist die Menge des zugetretenen Halogens gerade 1 Mol., so enthält die Lösung schon sehr kleine Mengen unterhalogeniger Säure neben Spuren von im Gleichgewicht (3) frei gebliebenen Halogen; bei Chlor ändert sich ein solches System nun sehr langsam. Wird aber der Halogenzusatz ein wenig weiter gesteigert, so tritt schnell Veränderung ein; denn mit der gegenüber dem Hypohalogenit vorhandenen, wenn auch geringen OH'-Konzentration kann das freie Halogen nicht existieren, es muß vielmehr unter Verbrauch eines Teiles dieser 'OH' unterhalogenige Säure bilden, womit die Bedingungen für schnelle Halogenatbildung gegeben sind. — Schon Gay-Lussac hatte (cf. Lieb. Ann. 43, 153) festgestellt, daß bei der Einwirkung von Chlor auf Alkali ein Überschuß von Chlor über das Verhältnis $Cl_2 + 2MOH$ zur Chloratbildung nötig ist, während ohne einen solchen Überschuß nur Hypochlorit entsteht. — Endlich treten die Gleichgewichte (5) wieder ein, wenn man unterhalogenige Säure und neutrales Halogenid aufeinander wirken läßt; da das bei der Gleichgewichtseinstellung

$$XOH + X' \longrightarrow OH' + X_2$$

entstehende Alkali alsbald Hypohalogenit bilden muß und dieses unter dem Einfluß des Überschusses an XOH Halogenat gibt, so folgt, daß die unterhalogenigen Säuren, zumal diejenigen des Chlors, bei der Einwirkung auf ihre Halogenide äquivalente Mengen freien Halogens und Halogenats liefern müssen, womit die längst bekannte Reaktion

(9) $$6XOH + X' \longrightarrow XO_3' + 6X' + 3H_2O$$

verständlich wird.

Ferner ist für die Chlorat- (Halogenat-) Bildung die Temperatur von Einfluß; ihre Steigerung beschleunigt in hohem Grade den Vorgang 7, so daß bei höherer Temperatur z. B. ein ganz kleiner Chlorüberschuß genügt, um Hypochlorit sehr schnell und sehr weitgehend in Chlorat zu verwandeln. Bei gesteigerter Temperatur ist aber noch ein anderer Weg zur Chloratbildung möglich, wenn auch gegenüber jenem von ganz geringer Geschwindigkeit; es findet dann nämlich auch in alkalischer Lösung — und zwar mit zunehmender Alkalität etwas schneller — auf einem noch nicht genau festgestellten, aber wahrscheinlich durch die Gleichung

(10) $$3XOM \longrightarrow XO_3M + 2XM$$

angedeuteten Wege auch Halogenatbildung statt; hierbei tritt aber stets gleichzeitig geringe Sauerstoffentwicklung ein

(11) $$2XOM \longrightarrow 2XM + O_2;$$

da diese beiden Vorgänge nur bei höherer Temperatur in Betracht kommen, so empfiehlt schon Gay-Lussac, die Anwendung heißer Alkalilaugen bei der Chloratherstellung zu vermeiden; man findet aber vielfach das gerade Gegenteil angegeben.

Zur Ermittlung der Alkalität oder Azidität einer Hypohalogenitlösung, die ebenfalls für deren chemisches Verhalten wichtig sind, zerstört man den Hypohalogenitsauerstoff durch Eintragen der zu titrierenden Probe in vorher neutralisierte, etwa 3%ige Wasserstoffsuperoxydlösung

(12) $$XOM + H_2O_2 \longrightarrow XM + H_2O + O_2;$$

dabei bleibt freies Alkali unverändert übrig, während unterhalogenige Säure in die leicht zu titrierende Halogenwasserstoffsäure übergeht:

(12a) $$XOH + H_2O_2 \longrightarrow XH + H_2O + O_2.$$

3) Allgemeine Theorie der Elektrolyse von Halogenidlösungen. Da das anodisch entwickelte Chlor und das kathodisch entstehende Alkali nicht gleichmäßig im Elektrolyten verteilt sind, so wird nicht überall sich Gleichgewicht (5) einstellen, sondern dicht an der Anode wird noch freies Halogen und in der Anodennähe auch noch in erheblichem Maße freie unterhalogenige Säure neben Hypohalogenit vorhanden sein, nahe an der Kathode aber freies Alkali neben Hypohalogenit. Damit ist aber in der Anodennähe die Möglichkeit der rein chemischen, sog. sekundären Halogenatbildung gegeben, indem Hypohalogenit in Halogenat übergeführt wird. Freilich ist die Schicht, in der an der Anode diesese Möglichkeit besteht, sehr schmal; da auch die Geschwindigkeit der rein chemischen Chloratbildung eine nur beschränkte ist, kommt diese Möglichkeit in neutraler Chloridlösung praktisch kaum in Frage.

Andererseits gestattet aber die Lage des Anodenpotentials bei der Chloridelektrolyse, daß die Anionen des Hypochlorits ClO' an der Anode zur Entladung kommen; im entladenen Zustand zersetzen sie wahrscheinlich Wasser unter Sauerstoffentwicklung, da die Produkte dieser Entladung nachweislich der Gleichung

(13) $$6\,ClO' + 3\,H_2O + 6\oplus \longrightarrow 6\,H^{\cdot} + 2\,ClO'_3 + 4\,Cl' + 3\,O$$

entsprechen; diese Entladung gibt also nicht nur Sauerstoff, sondern auch Chlorat. Man bezeichnet den durch Gleichung (13) wiedergegebenen Vorgang als den der anodischen Chloratbildung; durch ihn wird das Anwachsen des Hypochlorits beschränkt, welches reichlich entstehen müßte, wenn es lediglich durch die verhältnismäßig langsame Chloratbildung weiter umgewandelt würde. Ob daneben unter Umständen auch Chloratbildung durch primäre Oxydation durch den Elektrolytsauerstoff erfolgt, ist eine offene Frage; jedenfalls könnte es sich nur um einen Nebenvorgang handeln.

Bei der Elektrolyse von Alkalichloridlösungen gibt somit das anodisch primär entstehende Chlor mit dem gleichzeitig an der Kathode in äquivalenter Menge entstehenden Alkali im Elektrolyten zunächst Hypohalogenit; letzteres kann sich dabei aber nur in beschränktem Maße ansammeln und geht während des Stromdurchganges bald auf dem bezeichneten Wege in Chlorat über. Das Chlorat kann weiterhin vom Strom zu Perchlorat oxydiert werden; aber dieser Anodenvorgang findet nur in sehr geringem Umfange oder gar nicht statt, sobald noch größere Mengen von Halogenid anwesend sind. Unter dieser Voraussetzung sind die Chlorate, ähnlich auch die anderen Halogenate, die Hauptprodukte der Alkalichlorid-, bzw. überhaupt der Alkalihalogenidelektrolyse, natürlich immer vorausgesetzt, daß anodische und kathodische Produkte nicht voneinander getrennt gehalten werden.

Es werden also bei der elektrolytischen Herstellung von Halogensauerstoffverbindungen zunächst die auch zu deren rein chemischer Darstellung erforderlichen Stoffe, Alkali und freies Halogen, vom Strome geliefert; der große Vorteil der elektrolytischen Herstellung liegt also nicht in einer Energieersparnis gegenüber der rein chemischen Bildungsweise, sondern in der großen Bequemlichkeit, mit welcher man mit Hilfe des Stromes die erforderlichen Ausgangsmaterialien im richtigen Mengenverhältnis aus den in der Natur vorkommenden Halogeniden (KCl, NaCl) erzeugt. Ein weiterer erheblicher Vorteil ist der, daß die bei der Elektrolyse stets abfallenden Halogenide alsbald neues Ausgangsmaterial bilden; man kann daher durch den Strom eine gegebene Halogenidmenge sehr weitgehend in Halogenat umwandeln; die Elektrolyse bietet demnach den weitaus besten Weg zur Herstellung der Halogenate.

Dagegen ergab sich als Nachteil die leichte Reduzierbarkeit der anodischen Oxydationsprodukte, also besonders des in erster Linie entstehenden Hypochlorits an der Kathode. Man hat sich daher bemüht, diese Reduktionswirkung zu vermeiden, was auch Foerster und seinen Schülern gelang, indem dieselben Elektrolysierbedingungen ausarbeiteten, unter denen durch die Elektrolyse selbst ein auf der Kathode aufliegendes Diaphragma erzeugt wird. Bischoff und Foerster und ebenso F. Oettel[1] bewirkten durch Zusatz von Chlorcalcium die Ablagerung einer Kalkschicht auf der Kathode, wodurch dem Hypochlorit sozusagen der Weg zu dem an der Kathode in statu nascendi auftretenden Wasserstoff abgeschnitten wird. Das gebildete Kalkdiaphragma haftet aber nicht immer genügend fest auf der Kathode; Müller und Buchner[2] haben deshalb neuerdings sich bemüht, durch Zusatz von Schutzkolloiden, bes. Weizenstärke, ein besseres Haften herbeizuführen; ähnliche Wirkung haben auch die in dem D.R.P. 141 372 erwähnten Harze. E. Müller[3] hat dann in dem Zusatz von Kaliumchromat zum Elektrolyten das Mittel gefunden, die Reduktion vollständig zu unterbinden; es entsteht ein ideales, kaum sichtbares, aus einem Chromoxyd bestehendes Schutzdiaphragma auf der Kathode. Dadurch war einerseits zuerst die Möglichkeit gegeben, die anodischen Vorgänge ohne Störungen durch die kathodischen Er-

[1] Ztschr. Elektrochem. 1898, Hft. 20; 1899, Hft. 1.

[2] Ztschr. Elektrochem. 1910, S. 93.

[3] Ztschr. Elektrochem. 1899, S. 469; 1900, S. 398; 1902, S. 909. Im D.R.P. 110505 beschreibt Imhoff eine Anwendung des Chromatzusatzes, ohne die Art seiner Wirksamkeit klar erkannt zu haben.

scheinungen kennen zu lernen, andererseits die großen Vorteile bei der Elektrolyse für die Darstellung der Halogenate uneingeschränkt auszunützen.

II. Spezielle Theorie der elektrolytischen Darstellung von Hypochlorit und Chlorat.

1. In neutraler Lösung. Bei der Elektrolyse einer neutralen Alkalichloridlösung, in welcher die Elektroden ohne Diaphragma einander gegenüber hängen, und welche zum Ausschluß aller Reduktion einen Zusatz von 0·2 g K_2CrO_4 auf 100 ccm erhalten hat, besteht nach der Theorie der Halogenidelektrolyse die Wirkung des Stromes darin, daß das an der Anode durch den Vorgang

$$(15) \qquad 2\,Cl' + 2\,\oplus \longrightarrow Cl_2$$

zunächst frei werdende, im Beginne der Elektrolyse auch in geringem Grade entweichende Chlor mit dem von dem kathodischen Wasserstoff im Elektrolyten herumgewirbelten Alkali Hypochlorit gibt, und daß in der Anodennähe dauernd ein Überschuß an unterchloriger Säure bzw. von ein wenig Chlor, an der Kathode von freiem Alkali im Elektrolyten besteht.

An platinierter Anode findet zu Beginn der Elektrolyse einer neutralen Alkalichloridlösung tatsächlich keine nennenswerte Sauerstoffentwicklung statt. In den jetzt an der Anode herrschenden Gleichgewichten

$$(5\,a) \qquad \begin{cases} Cl_2 + OH' \rightleftarrows HOCl + Cl' \\ HOCl + OH' \rightleftarrows ClO' + H_2O \end{cases}$$

ist die ClO'-Konzentration so außerordentlich klein, daß sie bei dem durch die Chlorentladung gegebenen Anodenpotential noch nicht mit entladen werden kann. Im Fortgang der Elektrolyse wird nun immer weiter Hypochlorit im Elektrolyten gebildet und immer mehr ClO' dringt gegen die Anode vor; es wird dann immer reichlicher entladen, indem Sauerstoff entweicht und anodische Chloratbildung eintritt. Wenn der stationäre Zustand erreicht ist, beträgt der Stromverlust durch Sauerstoffentwicklung 33.3%, die Stromausbeute an gebundenem Sauerstoff (Chlorat) 66·7%.

2. In angesäuerter Lösung. Es entsteht hierbei nicht nur unmittelbar an der Anode freie unterchlorige Säure, sondern auch im größten Teil des Elektrolyten; damit ist der sekundären Chloratbildung in erheblichem Umfange Gelegenheit gegeben, sich zu betätigen und einen Teil der sonst der anodischen Chloratbildung zugefallenen Aufgabe zu übernehmen. Da die sekundäre Chloratbildung aber ohne Stromverluste durch Sauerstoffentwicklung verläuft, so wird die Stromausbeute an Chlorat verbessert. Mit glatter Anode kann man so eine Stromausbeute von 90 bis 95%, mit platinierter Anode sogar eine solche von 99% Chlorat erzielen, dessen Bildung dann fast ganz sekundär erfolgt, während anodische Chloratbildung so gut wie nicht mehr auftritt. Die erforderliche Ansäuerung kann man einer Chloridlösung z. B. durch Bikarbonat

(D.P.P. 83536 und 89844), durch Flußsäure (D.R.P. 153859) oder durch Zusatz von Bichromat statt Monochromat geben. Am zweckmäßigsten setzt man, nachdem der Strom schon eine erhebliche Hypochloritmenge gebildet hat, dem anfangs neutralen Elektrolyten so viel konzentrierte Salzsäure zu, daß ein Teil seines Hypochlorits in unterchlorige Säure übergeht; man erhält dann günstige Stromausbeuten. — Wenn man in neutraler Lösung arbeitet, so bewirkt Zusatz von Kalk- oder Magnesiasalzen dadurch einen ähnlichen Effekt, als Abscheidung von Kalk oder Magnesia an der Kathode, also Alkalientziehung, einer Ansäuerung gleichkommt.

3. In alkalischer Lösung. Der Verlauf der Alkalichloridelektrolyse in alkalischer Lösung wurde von F. Oettel in seinen grundlegenden Arbeiten festgestellt.[1] Fügt man einer Chloridlösung von vornherein allmählich immer größere Mengen freien Alkalihydrats hinzu, so wird dadurch die maximale Hypochloritkonzentration immer weiter herabgesetzt und der Zeitpunkt, an welchem der stationäre Zustand eintritt, also Hypochloritkonzentration und anodische Sauerstoffentwicklung konstant werden, stellt sich immer früher ein. Ist schließlich eine starke Alkalichloridlösung durch freies Alkali etwa 0·2 bis 0·3 normal, so sind die im Elektrolyten noch auftretenden Beträge an Hypochloritsauerstoff auf wenige Milligramm herabgegangen und der Zeitpunkt des Eintrittes des stationären Zustandes liegt so nahe beim Beginn der Elektrolyse, daß diese fast nur von Anfang an eine konstante Sauerstoffentwicklung und so gut wie ausschießlich Chlorat liefert. In starker alkalischer Lösung spielen sich dieselben Anodenvorgänge ab wie in neutraler Lösung; ein Unterschied besteht nur darin, daß in stärker alkalischer Lösung das an der Anode frei gemachte Chlor sofort Hypochlorit bildet; dieses also sich nicht erst im Elektrolyten anreichern braucht, um die zur Entladung erforderliche Konzentration seiner Anionen an der Anode zu geben. Es kann daher sofort anodische Chloratbildung eintreten, die nur Spuren von Hypochlorit übrig läßt. Zugleich erfolgt die diesen Vorgang begleitende Sauerstoffentwicklung mit 33.3 % des Stromes, vermehrt um Sauerstoff aus dem an der Anode vorhandenen OH'-Überschuß, so daß die Stromausbeute an Chlorat jetzt 60 bis 62 % beträgt. Andererseits braucht man sich jetzt nicht gegen Reduktion zu schützen, da so gut wie kein Hypochlorit an die Kathode kommt und das Chlorat im allgemeinen elektrolytisch nicht reduziert wird.

C. Die Praxis der elektrolytischen Darstellung von Kaliumchlorat.

Im Jahre 1851 nahm der englische Chemiker Charles Watt in seinem Vaterland das Patent Nr. 13785 (1851) auf ein praktisches Verfahren zur „Zersetzung von Salz und anderen Substanzen, sowie Trennung in die Komponenten"; im dritten Teil dieses Patentes wird die Anwendung der Elektrolyse für Bildung von Hypochlorit und Chlorat beschrieben.

[1] Ztschr. Elektrochem. 1894, S. 474.

Watt verwendet eine Chloridlösung, der etwa 10% von der Gewichtsmenge des Salzes freies Alkali oder Erdalkali zugesetzt ist; die Elektroden sind in dem Gefäß übereinander angeordnet, die untere dient zur Abscheidung des Chlors, die obere zu der des Metalls; letzteres löst sich in dem Wasser unter Verdrängung von Wasserstoff zu Metallhydroxyd; hierauf wirkt das in Freiheit gesetzte Chlor unter Bildung von Hypochlorit; wenn man die Temperatur niedrig hält, so bleibt die Reaktion hierbei stehen; bei weiterer Wärmezufuhr wird Hypochlorit zersetzt, indem Alkali- bzw. Erdalkalichlorat und das Chlorid der betreffenden Base entsteht; letzteres wird wiederum durch den elektrischen Strom in Hypochlorit übergeführt. Watt sagt in dem Patent: diese Reaktion oder Aufeinanderfolge von Zersetzungen und chemischen Umsetzungen dauert an, bis ich den Versuch unterbreche; dies geschieht wenn die Hälfte bis zwei Drittel des Salzes in das gewünschte Chlorat übergeführt ist. Das auf diese Weise erhaltene Chlorat — oder wenigstens der größte Teil desselben — wird dann durch Kristallisation von der Lösung getrennt, indem das unzersetzte Salz zurückbleibt; letzteres kann nach Hinzufügen von neuen Mengen desselben Salzes noch einmal diesem Prozeß unterworfen und so ein Teil davon, wie oben beschrieben, in Chlorat übergeführt werden. Das Elektrolysiergefäß ist mit einem Mantel umgeben, in dem ein Dampfzuführungs- und ein Dampfableitungsrohr mündet, da bei der Chloraterzeugung in der Wärme gearbeitet wird.

Obwohl Watt also damals schon ein klares Bild der Vorgänge hatte, setzte die industrielle Entwicklung des Verfahrens doch erst erheblich später, nämlich im Jahre 1886, ein. Die Gründe hierfür waren vornehmlich allgemein wirtschaftlicher Art, denn erst die Ausnützung der Wasserkräfte ermöglichte billige Erzeugung elektrischer Kraft; auch waren rationelle Dynamomaschinen, deren Konstruktion dann durch die Entwicklung der elektrischen Beleuchtungsindustrie gefördert wurde, eine Vorbedingung für die Entwicklung der elektrochemischen Industrie. So konnten erst etwa 35 Jahre nach Watt die Chemiker Gall und Montlaur die elektrolytische Chloraterzeugung tatsächlich in die Praxis einführen; es geschah dies zunächst in einer Versuchsfabrik in Villers-Sainte Sépulcre in der Schweiz im Jahre 1886. Das Verfahren selbst ist in dem englischen Patent 4686 (1887) folgendermaßen beschrieben:

Die positive Elektrode besteht aus Platin oder am besten aus einer Legierung des Platins mit 10% Iridium; als negative Elektrode kann Eisen oder vorzugsweise Nickel angewandt werden. Die Flüssigkeit wird dadurch auf der gewünschten Temperatur erhalten, daß man sie durch eine im Elektrolysiergefäß befindliche Platinspirale oder Platinrohr erhitzt. — Die Chloridlösung wird in einem Gefäß, das mit einer porösen Scheidewand versehen ist, der Wirkung des elektrischen Stromes ausgesetzt; das Gefäß kann aus Ton, Steingut oder einem andern geeigneten Material bestehen und ist mit einem porösen Diaphragma (Ton, Pappe), welches keine organischen oder andere durch Chlorsäure zerstörbaren Substanzen enthält, versehen. — Um die reduzierende Wirkung des an der Kathode abgeschiedenen Wasserstoffes zu verhindern, läßt man die Flüssigkeit im Kathodenraum durch außerhalb des Apparats befindliche Rohre nach dem Anodenraum hin zirkulieren, so daß sich die im Kathodenraum gebildete Base mit der Chlorsäure im Moment ihrer Entstehung verbinden kann.

Bei Beginn des Verfahrens kann man in gleicher Weise eine von einer früheren Operation stammende Base in den Anodenraum geben. Die Lösung wird vorzugsweise auf einer Temperatur von 45 bis 55° während des Prozesses gehalten. Die Höhe der Spannung ist abhängig von der Affinität des Chlors zu dem Metall und hat für Kaliumchloraterzeugung einen Wert von 4·34 Volt; die Stromstärke kann in weiten Grenzen variieren, gewöhnlich verwendet man 50 Ampere pro qdcm. Obwohl horizontale Elektroden angewendet werden, ist doch zur besseren Mischung der Anoden- und Kathodenlösungen eine Rührvorrichtung vorgesehen. Die Trennung der resultierenden Chlorate und Chloride erfolgt auf Grund der verschiedenen Löslichkeit.

Man erzielte so eine Stromausbeute von höchstens 25%, während 75% unausgenutzt verloren gingen, was nur infolge der billig erworbenen und ausgebauten Wasserkräfte damals möglich war. Nach einer späteren Modifikation (franz. Pat. 242073) wird ohne Diaphragma gearbeitet und nur die Kathode mit einem Asbestmantel umgeben, um die Reduktionswirkung des an der Kathode abgeschiedenen Wasserstoffes möglichst aufzuheben. Das Gall-Montlaursche Verfahren wird industriell ausgeübt in zwei Fabriken der Pariser Société d'Electrochimie, welche sich in Vallorbe in der Schweiz und in St. Michel de Maurienne in Savoyen befinden; über diese Anlagen finden sich ausführliche Mitteilungen in dem Buche von Kershaw: Die elektrolytische Chloratindustrie, S. 21—26.

Im Jahre 1890 nahm O. Carlson die schwedischen Patente Nr. 3614 und Nr. 8149, zu deren industrieller Verwertung die Superfosfat-Fabriks-Aktiebolag in Stockholm im Jahre 1894 eine Fabrik in Mansboe und im Jahre 1899 eine solche in Alby (in Schweden) in Betrieb setzte. Die Patentschrift besagt:

Man hat bisher Bäder mit Diaphragmen verwendet, in denen das gebildete Alkalihydrat getrennt abgeschieden wurde, während man dem Anodenraum eine entsprechende Menge Erdalkali zusetzte. Nach unserem Verfahren wird in einem Bad ohne Diaphragma gearbeitet; das Alkalihydrat setzt sich hierbei kontinuierlich mit dem Chlor unter Bildung unterchlorigsaurer resp. chlorsaurer Alkalien um; von Anfang an muß man eine kleine Menge Alkali oder Erdalkalihydrat zugeben. Die Anode besteht aus Kohle, die Kathode aus Eisen, Hat die Lösung im Elektrolysierbade einen gewünschten Gehalt an unterchlorigsaurem bezw. chlorsaurem Alkali erreicht, so wird sie abgezogen und vorsichtig bis zum Kochen erwärmt, wodurch das unterchlorigsaure Alkali in chlorsaures Alkali und Alkalichlorid übergeführt wird. Die Lösung enthält nach dem Kochen Kaliumchlorat und Chlorkalium, bzw. Natriumchlorat und Chlornatrium; im ersteren Falle läßt man das schwer lösliche Kaliumchlorat auskristallisieren; im letzteren Falle dampft man zunächst ein, bis das Chlornatrium auskristallisiert, dann läßt man erkalten.

In Kanada beschäftigten sich — um die Kraft der Niagarafälle auszunutzen — Franchot und Gibbs mit der elektrolytischen Chloratdarstellung; ihr erstes Patent war das englische Nr. 4869 (1893); nach Gründung einer Fabrik (National Electrolytic Co.) wurde das Verfahren verbessert und das englische Patent Nr. 393 (1901) genommen, dem das D.R.P. 144109, sowie die amerikanischen Patente 665426/27 entsprechen.

Bei dem Verfahren werden die Chloridlösungen, die kontinuierlich durch eine Reihe enger Zellen fließen, der Wirkung eines die hintereinander geschalteten Zellen durchfließenden Stromes ausgesetzt, in jeder Zelle zwischen zwei, 0·13 cm voneinander entfernten Elektroden, die voneinander isoliert angebracht, aber nur durch die Flüssigkeit getrennt sind (also ohne Diaphragma); der Lösung einer jeden Zelle wird durch den Strom selbst Wärme zugeführt, die genügt, um die Temperatur auf den für die Zersetzung der Hypochlorite erforderlichen Grad zu bringen; die Lösung tritt kalt ein und 43 bis 49° warm aus. Der Inhalt einer jeden Zelle beträgt 250 bis 500 ccm, die Stromdichte 45 Ampère pro qdcm (0·45 pro qcm). Stromdichte und Geschwindigkeit der den Apparat durchfließenden Lösung werden so gewählt, daß die Lösung auf der für die Zersetzung der Hypochlorite erforderlichen Temperatur von 40 bis 50° gehalten wird. Beim Verlassen der Zelle soll die Lösung einen geringen Gehalt an Chlorat haben, am besten 1·5 bis 1·75%, jedenfalls weniger als 3%.

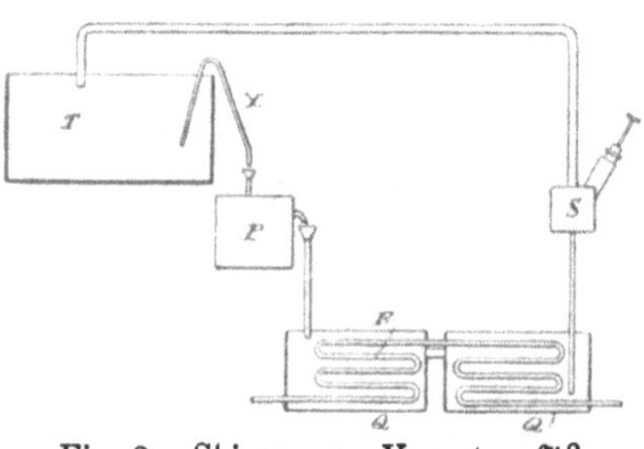

Fig. 2. Skizze von Vorratsgefäß, Zellenbatterie und Kühlgefäßen.

In den Zellen besteht die Anode aus dünnem Platinblech, das durch Unterlage einer Bleiplatte widerstandsfähig gemacht ist; als Kathode nimmt man vertikale Drähte oder Metallstäbe von weniger als 6 mm Durchmesser. Um die Aufstellung einer Serie von Zellen zu erleichtern, wird die Metallplatte, welche als Stütze für die Anode einer Zelle dient, als Rückwand einer anderen Zelle eingesetzt; zwischen Kathode und Zellenrückwand besteht metallische Verbindung, zwischen jedem Elektrodenpaar geeignete Isolation. — In der Praxis läßt man die Chloridlauge aus dem Behälter *T* mittels Heber *x* in die Zellenbatterie *P* fließen und zwar durch Trichterröhren, welche bis an den Boden der Zellen in letzteren eintauchen, so daß die Lauge die Zellen in aufsteigender Richtung durchströmt. Die gebildete Chloratlösung fließt dann oben bei *P* ab in Kühlgefäße *Q*, *Q'* usw., welche mit Kühlschlangen *R* ausgerüstet sind; die durch Auskristallisieren vom Chlorat befreite Lauge wird durch eine Pumpe *S* nach dem Behälter *T* zurückbefördert, wo die Ergänzung des Chloridabganges stattfindet. (Fig. 2.)

Das in Chedde in der Haute-Savoie im Großbetrieb zur Chloratfabrikation angewandte Verfahren beruht auf Patenten von Corbin und von Lederlin. Das franz. Patent 226257 (1892) von Corbin bezweckt:

1. die Zerstörung der Anodenfassung zu verhindern,
2. das Auftreten von Salzabscheidungen an den Kathoden zu verhindern,
3. das Abziehen des Schaumes und der leichten Abscheidungen nach Maßgabe ihrer Entstehung an der Oberfläche des Bades zu ermöglichen.

In den Patentansprüchen werden spezialisiert:

1. Anoden, die aus einem dünnen Platinblech bestehen, welches von zwei Ebonitrahmen gehalten wird, indem die Anodenstromzuführung durch ein dickeres Platinblech gebildet wird, welches mit der Anode durch Schweißung vereinigt ist. Die Anode und der Stromzuführungsstreifen können auch in einem Stück erhalten werden, wenn man ein Platinblech durch ein Walzwerk gehen läßt, welches den vertieften Abdruck des Stromzuführungsstreifens hat. Diese Anoden können in gewissen Fällen auch durch ein Platinnetz gebildet werden, doch muß dann der Stromzuführungsstreifen gefaltet und dazwischen das Netz eingepreßt werden. —

2. Ein vollkommenes Untertauchen der unbeweglichen Anoden in dem Bade und ein Ableiten der Lauge über den ganzen Rand des Bottichs hinweg, um ein vollständiges Fortführen des Schaumes und der leichten Niederschlagsteilchen zu bewirken. —

3. Unbewegliche und auf ihrer ganzen Fläche wirksame Kathoden, d. h. in Gestalt und Oberfläche genau dem wirksamen Teile der Platinanoden gleichend und diesen genau gegenüber gestellt. —

4. Anbringung eines Gitters auf den Kathoden, das genau dem von den Verstärkungsstäben auf den Anoden gebildeten gleicht, wenn deren geringe Festigkeit es erfordert, indem diese Gitter auf den Kathoden durch Lack oder Kautschukbänder hergestellt werden, um die Anoden- und Kathodenflächen völlig gleich zu machen aus dem oben beschriebenen Grunde.

5. Anordnung der Bäder aus nicht leitendem Material: Zement, Porzellan, einem lackierten Materiale, Ebonit, Glas usw. von denen zwei gegenüberliegende Wände mit Platten versehen sind, die Nuten enthalten, um die Anoden und Kathoden in der gewünschten Entfernung zu halten; die Flüssigkeit tritt von unten in die Gefäße ein und fließt über den ganzen Rand derselben ab, nachdem sie elektrolysiert ist.

Das franz. Patent 238612 (1894) von Corbin beschreibt einen Elektrolysierapparat, bestehend aus zwei Stromzuführungsplatten, einer positiven und einer negativen, zwischen denen sich eine Anzahl Elektroden befindet, frei in der Flüssigkeit in einem gemeinsamen, nicht leitenden Bottiche, parallel den Stromzuführungsplatten, derart, daß zwischen je zwei derselben ein kleiner Elektrolyseur gebildet wird, für den folgende Angaben gelten:

1. Anordnungen, durch welche alle seitlichen Stromverluste verhindert werden können, darin bestehend, daß jede Elektrode mit einem Rahmen aus einem isolierenden, dem Elektrolyten entsprechenden Materiale mit breitem Rande umgeben ist, indem diese Breite so groß gewählt wird, daß die seitlichen Stromverluste verhindert werden, d. h. indem man den Widerstand für den Strom, der seitlich um die Platten fließt, größer macht als der Widerstand ist, den der Strom beim Durchfließen der Platte zu überwinden hat.

2. Anwendung von Rahmenelektroden, welche ganz in das Bad getaucht werden oder dasselbe nur wenig überragen und an bestimmten Entfernungen voneinander gehalten werden durch Platten oder Querstäbe, die mit Nuten versehen und beiderseits in den Wänden des Bottichs befestigt sind, so daß sich diese Rahmen sehr leicht unabhängig voneinander herausnehmen und entfernen lassen; — diese Rahmen sind aus einem nicht leitenden, der Art des Bades entsprechenden Materiale hergestellt und halten, wie oben beschrieben, die leitenden Metallbleche, welche die eigentlichen Elektroden bilden.

3. Anwendung von zwei Stromzuführungen, die je von einer dicken Platte gebildet werden, welche leitend ist, aus demselben Materiale wie die Elektroden oder aus einem anderen leitenden Materiale besteht und mit einem dünnen Blech aus demselben Metall wie die Elektroden bedeckt ist, von Größe und Gestalt der Elektroden, diesen genau gegenübergestellt auf der Innenseite des Bottichs vor einer Öffnung, die in der Wand angebracht ist und gestattet, die Stromzuleitung und die Vorrichtung, welche die dicke Platte gegen die Wand preßt und so eine für den Elektrolyten dichte Verbindung herstellt, vor der Wirkung des Elektrolyten zu schützen. —

4. Einteilung des Bottichs in mehrere für den Elektrolyten dichte Kammern, um, wie oben gesagt, die seitlichen Stromverluste zu vermeiden, bei einer bestimmten Zahl von Elektroden, um die Rahmen dieser Elektroden nicht zu groß machen zu müssen.

Von besonderer Bedeutung ist das D.R.P. 136678 (1902) von Pierre Lederlin: Verfahren zur Darstellung von Chloraten und Perchloraten durch Elektrolyse von Lösungen von Chloriden bzw. Chloraten bei Gegenwart von Chromaten als Hilfsmittel, darin bestehend, daß man die Chromsäure während des ganzen Verlaufs der Elektrolyse ganz oder teilweise im Zustand von Bichromat hält zu dem Zweck, andauernd eine sehr hohe elektrochemische

Ausbeute, unter andauerndem Gebrauch derselben Lösungen und derselben Kathoden zu erhalten, sowie um jede Zerstörung oder jedes Verschlechtern der Kathoden zu vermeiden. Man fügt der Flüssigkeit entweder kontinuierlich oder in Zwischenräumen im Laufe der Elektrolyse oder auf einmal nach der Elektrolyse eine geringe Menge einer verdünnten Säure, im besondern verdünnte Salzsäure zu, die das Ganze oder einen Teil des vorhandenen neutralen Chromats in Bichromat überführt, wodurch außerdem bei Anwendung von verdünnter Salzsäure während der Elektrolyse der Chlorgehalt sehr niedrig gehalten wird und nach der Elektrolyse sehr rasch ohne jede andere Operation und ohne irgend eine Entwicklung von störendem Chlorgas auf Null sinkt, so daß die aus dem Elektrolysator austretenden Flüssigkeiten völlig entchlort sind, und man daher mit diesen Flüssigkeiten, da sie nicht mehr oxydierend wirken, bequem weiterarbeiten und beliebiges Material für Behälter und Rohrleitungen verwenden kann. Durch den Salzsäurezusatz wird dauernd ein Teil des Hypochloritsauerstoffs in Gestalt von unterchloriger Säure erhalten. Die Lösung bleibt bei richtigem Salzsäurezusatz gelb, während sie ohne Säurezusatz orange ist. — Man arbeitet mit einer Stromdichte an der Anode (glattes Platin-Iridium-Blech) von 0·1 bis 0·2 Amp. pro Quadratzentimeter und erzielt durch diese hohe Stromdichte eine dauernde Erwärmung des Elektrolyten auf 70 bis 75° C.

Lederlin macht in der Patentschrift folgende spezielle Angaben über Kaliumchloraterzeugung nach seinem Verfahren. Die Untersuchung wurde in einer Batterie von 42 in Spannung geschalteten Elektrolysatoren ausgeführt, offenen Zellen, von denen jede als Anode ein Platinblech von 10 qdm Gesamtoberfläche besaß und als Kathode zwei Platten aus Kupfer, Bronze, Messing, Eisen oder Guß von einer Gesamtoberfläche von 32 qdm. Die Batterie verbrauchte im Mittel 2400 Amp. bei 230 Volt Spannung; für jede Zelle betrug die mittlere elektrische Konstante 2400 Amp. und 5·4 Volt. Die Versuche wurden durch aufeinanderfolgende Operationen ausgeführt, d. h. mit einmaligem Ansäuern am Ende jeder Operation, wenn man die Elektrolysatoren entleert.

Gesamtdauer der Versuche: 60 Tage; an jedem der 60 Tage wurden 40 Operationen durchgeführt; während jeder Operation hat ein einziger Elektrolysator im Mittel 33·1 Stunden gearbeitet, also 33·1 × 40 = 1324 Stunden; er hat daher während des Gesamtversuches 1324 × 2400 = 3177600 Ampèrestunden, d. i. für die ganze Batterie einen Verbrauch von 3177600 × 42 = 133459200 Ampèrestunden. Am Anfang der ersten Operation ist die Flüssigkeit eine Auflösung von handelsüblichem 98·5%igen Chlorkalium, welche 240 kg KCl und 13 kg $K_2Cr_2O_7$ pro Kubikmeter enthält. Die Temperatur erhöht sich während des Versuchs auf 75° C.

Man unterbricht die Operation, wenn die Flüssigkeit 32 Bé beträgt, in dem Moment, in welchem das Chlorat in den Elektrolysatoren bei der herrschenden Temperatur auszukristallisieren beginnt. —

Von da an und bei jeder folgenden Operation kommt die angewendete Flüssigkeit von der vorhergehenden Operation, nachdem sie den folgenden Behandlungen unterworfen ist:

a) Ansäuern durch verdünnte Salzsäure, sobald die Flüssigkeit von den Elektrolysatoren austritt,

b) Erkaltenlassen, um das Chlorat als Kristall abzuscheiden,

c) Wiedereinführen von Kaliumchlorid, um den Gehalt an KCl auf ungefähr 230 kg pro Kubikmeter zu bringen. —

Die Flüssigkeit enthält unter diesen Bedingungen am Anfang der zweiten und jeder der späteren Operationen pro Kubikmeter 230 kg KCl, 13 kg $K_2Cr_2O_7$ und 13 bis 15 kg $KClO_3$ (diejenige Menge, die in der Kälte in Lösung bleibt). — Am Anfang jeder Operation beträgt der Gehalt an $K_2Cr_2O_7$ 13 kg und am Ende hat er sich auf 8 kg pro Kubikmeter erniedrigt, da der Rest Chromsäure in K_2CrO_4 übergegangen ist. Das Sauermachen wird unterbrochen, wenn die Flüssigkeit kein K_2CrO_4 mehr enthält.

Resultate: 1. Ausbeute. Anzahl der in der Batterie während der 40 Operationen verbrauchten Ampèrestunden 134400000. Chlorat als Salz während dieser Zeit abgeschieden oder in den Flüssigkeiten am 60. Tage in Lösung bleibend, folglich sämtliches produziertes Chlorat 93000 kg. Ausbeute in Grammen pro Ampèrestunde $\frac{93000000}{134400000} = 0 \cdot 69$ (theoretische Ausbeute = 0·763), also 90 % der theoretischen Ausbeute.

2. Verhalten der Kathoden. Es kann keine Spur eines Angriffs oder einer Zerstörung der Kathoden am Ende des 60. Tages festgestellt werden. Sie sind einfach mit einem Überzug eines weißlichen Niederschlages bedeckt, der von Verunreinigungen des angewandten Chlorides und dem Wasser herrührt (Calcium, Magnesiumchlorid usw., welche unlösliche Salze oder Oxyde bilden).

3. Chlorometrischer Grad während der Elektrolyse. Am Anfang jeder Operation ist der chlorometrische Titer, nach der Penotschen Methode bestimmt, gleich Null. Am Ende jeder Operation erhöht er sich auf 0·9 bis 1·2 g pro Liter.

4. Entchlorung der Flüssigkeit nach jeder Operation. Die warme Flüssigkeit, die den eben erwähnten Gehalt an Chlor beim Aufhören der Elektrolyse besitzt, wird mit verdünnter Salzsäure angesäuert, wie es oben ausgeführt worden ist. 1 1/4 Stunde später ist der chlorometrische Titer im Mittel gleich Null. Während der 40 Operationen hat niemals eine Entwicklung von gasförmigem Chlor stattgefunden.

Die nach den Patenten von Corbin und Lederlin arbeitende Fabrik in Chedde ist seit 1896 in dauerndem Betrieb; mit einem Kraftverbrauch von 12000 PS. erzeugt sie jährlich 4000 Tonnen Chlorate; die Wasserkraft- und elektrische Anlage der Fabrik ist in dem Buche von Kershaw beschrieben. Das die Zersetzungsbottiche enthaltende Gebäude ist 130 m lang, 70 m breit und 21·5 m hoch.

Im Gegensatz zu allen anderen elektrochemischen Chloratfabriken arbeitet die von der United Alkali Co. (Liverpool) in den Vereinigten Staaten (Bay City) gegründete Chloratfabrik (North American Chemical Co.) mit Dampfkraft. Die dort angewandten Verfahren sind näher beschrieben in den englischen Patenten 15396 (1903) von Hurter, 9002 (1898) von Brock und United Alkali Co., 1017 (1899) von Imhoff und 19120 (1899) von Imhoff.

Nach den beiden ersteren Patenten wurde eine alkalische Chloridlösung bei 60 bis 80° elektrolysiert mit Diaphragma. Der Patentanspruch von 9002 (1898) lautet: Apparat zur elektrolytischen Gewinnung von Kalium- oder Natriumchlorat, dadurch gekennzeichnet, daß metallische Zellen oder Gefäße, welche die Kathoden bilden und mit einem porösen Belag und Platinanode versehen sind, terrassenförmig angeordnet werden. Zwecks Weiterleitung der Flüssigkeit sind die Gefäße mit Überflußrohren und jede Zelle oder Gefäß ist mit der Anode des nächsten leitend verbunden. —

Im Jahre 1899 wurden statt der Zellen mit Diaphragma die allgemein für Chloraterzeugung verwendeten offenen Zellen eingeführt; nach dem Patent 19120 (1899) wird eine verbesserte Platindrahtanode mit zwei Kathoden aus Nickelplatten verwendet. Die elektrolytische Anlage soll aus 672 kleinen Zersetzungszellen bestehen. Nach dem Patent 1017 (1899) werden der zu elektrolysierenden Alkalichloridlösung zur Verringerung sekundärer Reaktionen Substanzen zugesetzt, die alkalisch oder schwach sauer reagieren können, wie Tonerde, Borsäure, Kieselsäure, Natriumphosphat usw.

Bei Tonerde gehen dann folgende Reaktionen vor sich:

$$2\,KCl + 2\,H_2O = Cl_2 + 2\,KOH + H_2$$

(Kathode): $$2\,KOH + Al_2O_3 = 2\,KAlO_2 + H_2O$$

(Anode): $$2\,KAlO_2 + Cl_2 = KCl + KClO + Al_2O_3$$

Die Menge des zugesetzten Alkalis braucht nur gering zu sein, da dieselbe fortgesetzt von der Kalilauge gebunden und dann durch Chlor wieder regeneriert wird.

Nach dem D.R.R. 83536 (1894) von Schuckert & Co. wird bei höherer Temperatur ohne Anwendung von Diaphragmen elektrolysiert, wobei dem Elektrolyten eine hauptsächlich von kohlensauren Alkalien herrührende Alkalität gegeben wird; die Karbonate werden durch beständige oder nur zeitweise Zufuhr von Kohlensäure erzeugt oder von organischen Verbindungen, die durch Oxydation an der Anode als Endprodukt Kohlensäure ergeben. Zur Ausführung des Verfahrens wird eine mit 2 bis 3%

Kaliumbikarbonat versetzte, bei gewöhnlicher Temperatur gesättigte Lösung von Chlorkalium in einem Ton- oder Eisengefäß mit Platin- oder Kohlenelektroden unter zeitweisem Einleiten von Kohlensäure der Elektrolyse unterworfen, bei einer Temperatur von 40 bis 100° C und einer Stromdichte von 500 bis 1000 Amp. pro Quadratmeter. Die Ausbeute von Chlorat ist zu Beginn der Elektrolyse am größten, sie sinkt mit zunehmendem Chloratgehalt; man unterbricht daher den Prozeß, sobald der Stromverbrauch für das weiter zu bildende Chlorat eine durch die Kosten der Betriebskraft bestimmte Grenze überschreitet. Die Lösung wird dann abgezogen und es kristallisiert der größte Teil des gebildeten Kaliumchlorats aus; die Mutterlauge geht von neuem in den Betrieb zurück.

Nach dem Verfahren von Dr. Carl Kellner (D.R.P. 90060 wird bei der Elektrolyse (ohne Diaphragma) Calcium- oder Magnesiumhydroxyd zugesetzt, in Menge von 1 bis 3 %. Hierdurch wird der Elektrolyt alkalisch erhalten, bei möglichst geringer Beteiligung der hierzu verwendeten Base an der Stromleitung.

Wenn man zu einer kalt gesättigten Chlorkaliumlösung etwa 3 % Calciumhydroxyd setzt, so bleibt der größte Teil davon ungelöst und wird während der Elektrolyse durch Bewegung suspendiert erhalten; in Lösung geht aber genügend Calciumhydroxyd, so daß das an der Anode entbundene Chlor damit Chlorcalcium bilden kann, worauf ein neuer Teil des suspendierten Hydroxyds sich löst; das gebildete Chlorcalcium wird an der Kathode wieder unter Calciumhydroxydbildung zersetzt.

Ungefähr gleichzeitig wie die Schuckertwerke und Kellner haben auch Oettel sowie die Chemischen Fabriken in Aussig Verfahren ausgearbeitet, wonach man von vornherein in alkalischer Lösung arbeitete (ohne Diaphragma); die Chloridlösung enthielt etwa 1 % freies Alkali. Mit der hierbei erzielten Stromausbeute von 60 bis 65 % glaubte man sich besonders mit Rücksicht auf die Einfachheit der Verfahren und die erforderliche geringe Überwachung begnügen zu können. Beim Arbeiten in alkalischer Lösung ist besonders die Beziehung zwischen Temperatur und Alkalität zu beachten; man muß für eine gegebene Elektrolyttemperatur den Alkaligehalt so regeln, daß möglichst geringe Stromverluste durch Reduktion entstehen.

Threlfall und Wilson empfehlen in dem D.R.P. 143347 (1902), dafür zu sorgen, daß die zu elektrolysierende Chlorkaliumlösung etwa 2 g freie unterchlorige Säure im Liter enthält, da die Gegenwart derselben zur schnellen Bildung von Chlorat beiträgt. Um dies herbeizuführen, wird der Elektrolyt einer ungleichen Einwirkung des Stromes an der Anode und der Kathode ausgesetzt, indem ein Teil des in die Lösung eintretenden Stromes zu einer Hilfskathode abgelenkt wird, welche sich in einer besonderen, von der ersten durch eine poröse Wand getrennten Zelle befindet.

Nach dem D.R.P. 153859 von Siemens & Halske ist es zweckmäßig, dem Elektrolyten Ionen zuzusetzen, die erst bei einer 1·67 Volt übersteigenden Zersetzungsspannung entionisiert werden, z. B. Fluorionen (aus Alkali-, Erdalkali- oder Erdmetallfluorid und der entsprechenden Menge Säure). Das durch den elektrischen Strom ausgeschiedene Fluor zersetzt im Entstehungszustand das Wasser unter Entbindung von Sauerstoff, der, unter hohem Potential entstehend, die Halogensalze unmittelbar (ohne Bildung von Hypohalogeniten) zu Halogenaten oxydiert; letztere werden durch den an der Kathode sich entwickelnden Wasserstoff nicht mehr in einem für die Praxis in Betracht kommenden Maße reduziert.

Beispiel. a) Es wurde zunächst ein Liter kalt gesättigte Kaliumchloridlösung (ca. 280 g KCl) mit etwa 100 Amp. pro 1 qdm Stromdichte bei etwa 70° ohne weiteren Zusatz elektrolysiert; Ausbeute an Kaliumchlorat 62 % des Stromes. b) Der Kaliumchloridlösung wurden 1·4 Vol.-Proz. K_2CrO_4 zugefügt, unter sonst gleichen Arbeitsbedingungen stieg die Chloratausbeute auf etwa 65 %. c) Setzt man statt dessen aber 0·67 g Fluorwasserstoff vor der Elektrolyse zu und während der Elektrolyse 1·33 Fluorwasserstoff für 100 Ampèrestunden, so steigt die Ausbeute auf 78·5 %. — Setzte man statt Fluorwasserstoff 1;4 g Fluornatrium und 1·22 g Chlorwasserstoff vor der Elektrolyse, zu und während der Elektrolyse für 100 Ampèrestunden 2·67 g Fluornatrium und 2·33 g Chlorwasserstoff, so ergab sich eine Stromausbeute von 80 %. Die Erfahrung hat gelehrt, daß die Konzentration der Fluorionen im Elektrolyten zwischen ziemlich weiten Grenzen schwanken kann.

Nach dem D.R.P. 159747 von H. Landolt wird den zur Elektrolyse gelangenden Chloridlösungen eine kleine Menge Chlorkalklösung zugefügt (auf 100 Liter Elektrolyt etwa 2 Liter Chlorkalklösung mit etwa 50 g aktivem Chlor im Liter); hierdurch soll einerseits auf der Kathode ein Überzug von Kalk gebildet werden, welcher Reduktionswirkungen verhindert, andererseits wird an der Anode eine direkte Bildung von freier unterchloriger Säure bewirkt, wodurch die Chloratbildung beschleunigt und die Ausbeute erhöht wird.

Die Deutschen Solvaywerke setzen nach dem D.R.P. 174128 bei der Elektrolyse Vanadinverbindungen zu (Chlorid, Nitrat oder Sulfat), z. B. 0·5 bis 1 g Vanadiumchlorid auf ein Liter des Elektrolyten. Bei den Versuchen betrug die Stromausbeute in saurer Lösung 90, 92·5, 83 und 84·2 %, in alkalischer Lösung

79·4%; da bei bestimmter Säurekonzentration Abscheidung von Vanadinpentoxyd, in alkalischer Lösung event. Abscheidung von niedrigen Vanadinoxyden erfolgen kann, wodurch Rückgang in der Stromausbeute eintritt, müssen gewisse Grenzen innegehalten werden.

Man kann, selbst wenn der Elektrolyt bereits an Chlorat gesättigt ist und die Ausscheidung beginnt, ruhig weiter elektrolysieren, wenn man nur das ausgeschiedene Chlorat von den Elektroden fernhält.

Nach dem D.R.P. 190626 (Dr. F. Ratig) setzt man dem Elektrolyten Bromwasserstoffsäure zu oder läßt solche in der Flüssigkeit entstehen; besonders günstig ist der Einfluß dieses Zusatzes bei gleichzeitiger Gegenwart von reduktionhindernden Zusätzen; man kam so (mit glatten Platinelektroden und 3·5 Amp. Stromdichte) auf 93·9% Stromausbeute. Bei Ansäuerung mit Bromwasserstoff liegt die Konzentration des intermediär gebildeten Hypochlorits etwa zehnmal tiefer als bei Ansäuerung mit Salzsäure, da die Umwandlung von Hypochlorit in Chlorat bei Gegenwart von Bromwasserstoffsäure sehr viel größer ist.

Nach dem Verfahren von Couleru (D.R.P. 195639) elektrolysiert man unter Zusatz von Chromat in neutraler Lösung; die Neutralität erreicht man durch Zufügen eines Metallchlorides, das durch Alkali aus seinen Salzlösungen als Oxyd oder Hydroxyd gefällt wird, z. B. von Magnesiumchlorid oder Bleichlorid; die zunächst entstehenden Hydrate setzen sich mit Kaliumhypochlorit in eine dem Chlorkalk analoge Magnesiumverbindung bzw. in Bleisuperoxyd und Chlorkalium um. Bei Anwendung von Bleisalz wird das zu elektrolysierende Chlorkalium in fester Form elektrolysiert; man verwendet dann besondere Bottiche, in denen das Superoxyd sich rasch absetzen kann. Die erzielte Stromausbeute ist etwa 90% für chlorsaures Kali und 85% für chlorsaures Natrium.

Dr. Fritz Ratig (D.R.P. 202500) leitet vor oder während der Elektrolyse geringe Mengen Chlorgas in den Elektrolyten, und zwar periodisch oder kontinuierlich; bei Gegenwart kleiner Mengen freien Chlors bleiben die sog. Wasserzersetzungsverluste bei der Chloratelektrolyse minimal. Außerdem setzt Ratig dem Elektrolyten noch ein reduktionhinderndes Mittel zu.

Das Verfahren von R. v. Hasslinger (D.R.P. 202562) ist dadurch gekennzeichnet, daß man unter Einhaltung eines möglichst hohen Chlorpartialdruckes über der Lösung eine Anode von derartiger Porosität und eine solche Temperatur wählt, daß durch die in den Poren stattfindende Elektrolyse stets soviel

Säure gebildet wird, um in dem Elektrolyten stets eine kleine Menge freier unterchloriger Säure zu erhalten.

Wendet man Elektroden von etwa 20 % Porenvolumen an, so muß man, um eine entsprechende Konzentration an freier unterchloriger Säure im Elektrolyten zu erzielen, dafür sorgen, daß in den unmittelbar über der Lösung befindlichen Raum der Bäder keine Luft Zutritt hat. Denn, wenn auch nur wenig Luft über die Flüssigkeit hinwegstreichen kann, so entzieht sie doch durch die Verminderung des Chlorpartialdruckes der elektrolysierten Lösung so viel Chlor, daß das Gleichgewicht zwischen Chlor und Wasser derartig verschoben wird, daß die Konzentration der unterchlorigen Säure so tief herabgeht, daß die Lösung eine alkalische Reaktion annimmt. — Die in einer porösen Elektrode bei der Chloridelektrolyse auftretende Säuremenge ist auch von der Temperatur abhängig; es wurde gefunden, daß bei sorgfältigem Ausschlusse eines Chlorverlustes durch über die Lösung streichende Luft und Verwendung von Anoden mit etwa 20 % Porenvolumen die günstigste Säurekonzentration bei etwa 60° erzielt wird. Verwendet man beispielsweise zur Chloratherstellung einen Platinschwamm von etwa 20 % Porenvolumen in einer gegen Eindringen von Luft entsprechend geschützten Zelle und läßt die Elektrolyse bei etwa 60° vor sich gehen, so bleibt während beliebig langer Dauer der Elektrolyse die Lösung stets in einer für die Chloratbildung günstigen Konzentration schwach sauer, und man kann mit 99 % Stromausbeute Chlorat erhalten. Diese hohe Stromausbeute wird neben der günstigen Säurekonzentration auch noch durch die verschwindend kleine Überspannung, welche an solchen rauhen Elektroden auftritt und Entladung von Hydroxylionen fast gänzlich ausschließt, mitbedingt.

Nach dem D.R.P. 205019 von Dr. F. Silbermann wird der das Elektrolysierungsgefäß in passender Geschwindigkeit durchfließende Elektrolyt so geleitet, daß er beim Verlassen des Gefäßes eine geeignet geformte Kathode ganz oder teilweise umspült und von der Kathode selbst gebildete Hohlräume oder Röhren durchströmt, zum Zweck, aus dem Elektrolyten stets kleine Mengen freies Alkali zu entfernen, bevor sie in Wechselwirkung mit dem anodischen Chlor treten können.

Bei allen Verfahren ist es von Wichtigkeit, billige und haltbare Kathoden herzustellen; am günstigsten sind Kohlenkathoden, besonders aus Acheson-Graphit wegen dessen vorzüglicher mechanischen Bearbeitbarkeit sowie der leicht herstellbaren Verbindung mit den Stromquellen. Die Elektrolysiergefäße sind meist rechteckige Tröge aus Zement, die auf Ölisolatoren stehen; die Kathoden, zwischen je zwei eine Anode (aus 90 % Platin + 10 % Iridium), sind senkrecht eingehängt. Die Arbeitsweise ist kontinuierlich oder diskontinuierlich. Im ersteren Fall wird ohne Unterbrechung der Elektrolyse eine gewisse Menge Flüssigkeit andauernd oder in bestimmten Zwischenräumen abgelassen, dieselbe von Chlorat befreit und nach Ersatz des verbrauchten Chlorids zur Elektrolyse zurückgeführt. Beim diskontinuierlichen Verfahren wird die Elektrolyse unterbrochen, nachdem das Elektrolyt einen bestimmten Gehalt an Chlorat erlangt hat, die Flüssigkeit abgelassen und abgekühlt, wobei das Chlorat auskristallisiert und dann die von neuem mit Chlorid angereicherte Mutterlauge zur Elektrolyse zurückgegeben. Wallach[1] hat den Prozeß der Chloratbildung dadurch kontinuierlich gestaltet, daß die Konzentration der Chloridlösung durch Ersatz des verbrauchten Chlorids konstant gehalten und das gebildete und auskristallisierte Chlorat aus der Zelle teilweise entfernt wurde. Der Ersatz des Chlorids kann durch Zusatz von festem Chlorid, vorteilhafter jedoch durch Hinzufügen konzentrierter Lösung geschehen, denn infolge der hohen Temperatur verdampft während der Elektrolyse eine nicht unerhebliche Wassermenge, die ebenfalls ersetzt werden muß. Gute Bewegung (durch Rühren) ist erforderlich, da sonst das auskristallisierende Salz Halogen in sich einschließt, auch die ausgeschiedenen Kristalle zusammenbacken und an den Elektroden haften.

Wallach erwähnt folgende Versuche. Elektrolysiert wurden 700 ccm einer 25%igen Chlorkaliumlösung mit einem Zusatz von 1·4 g Kaliumbichromat. Stromstärke: 16 Amp., Stromdichte 0·15 Amp./qcm., Elektrodenspannung anfangs 6 Volt und bei 70° = 5·6 Volt. Angesäuert wurde nach

15	Minuten	mit	0·2 ccm konzentrierter Salzsäure
22	„	„	0·2 „ „ „
30	„	„	0·2 „ „ „
45	„	„	1·0 „ „ „
52	„	„	2·0 „ „ „
60	„	„	2·0 „ „ „

Dauer des Versuches: 24 Stunden. Da jede Ampèrestunde theoretisch 0·464 g KCl in $KClO_3$ überführt, müßten in 24 Stunden bei 16 Amp. Stromstärke 178 g KCl in $KClO_3$ übergeführt werden. Diese Chlorkaliummenge wurde durch ungefähr 700 ccm einer Lösung von 250 g KCl zu einem Liter, welche während des Versuches dem Elektrolyten zutropfte, ersetzt. Die Stromausbeute betrug:

Kupfer gefällt: 426 g entsprechend $KClO_3$: 274 g,

gefunden $KClO_3$: 237 g. Ausbeute 86·5% $\left(\frac{237}{374}\right)$.

Enthielt die zutropfende Chlorkaliumlösung 8 ccm konzentrierte Salzsäure im Liter, so stieg die Stromausbeute auf über 90%. Die Chloratkristalle sind weniger von dem Chromatgehalt der Lauge gefärbt als bei

[1] Ztschr. Elektrochemie 1906, S. 667.

dem diskonutinierlichen Verfahren, so daß ein wenig Wasser genügt, um sie schneeweiß zu erhalten.

Die Spannung bei der elektrolytischen Chloratbereitung beträgt nach Foerster mindestens 4·5 Volt; bei z. B. 85 % Stromausbeute braucht dann die Herstellung von

1 kg $KClO_3$ 6·93 Kilowattstunden und 0·61 kg KCl,
1 kg $NaClO_3$ 7·98 „ „ 0·55 kg NaCl.

W. Geibel (Ztsch. Elektroch. 1906, S. 817) empfiehlt statt der gewöhnlich angewandten schwarz platinierten Anoden grauplatinierte, bei denen ungefähr die gleiche Stromersparnis wie an schwarzplatinierten stattfindet. — Versuche von Heraeus haben ergeben, daß sich zwischen Platinschwarz und blankem Platin jede gewünschte Übergangsstufe herstellen läßt. Am besten wird die zuvor schwarzplatinierte Elektrode in einem elektrischen Plattenofen ausgeglüht.

Nach Kershaw arbeitet man in Chedde so, daß man die Elektrolyse der Chloridlösung (mit 240 g Chlorkalium im Liter) so lange fortsetzt, bis das Chlorat anfängt, in dem Elektrolysierapparat bei der Temperatur von 75° auszukristallisieren. Hierauf wird die Lösung in die Rohkristallisationspfannen abgelassen, worin das Rohchlorat beim Stehen (während 6 bis 10 Tagen) auskristallisiert; in der Mutterlauge verbleiben noch 10 bis 35 g $KClO_3$ pro Liter, die aber nicht verloren gehen, da die Lauge nach Zusatz frischen Chlorkaliums wieder in die Elektrolysierapparate zurückgebracht wird. Da, wo man nicht so lange elektrolysiert, muß man die Lauge durch Eindampfen konzentrieren, um die Rohkristalle zu erhalten. Man benutzt auch manchmal Kühlanlagen, um eine weitergehende Abscheidung der Kristalle herbeizuführen; wenn die Lauge auf −15° abgekühlt wird, soll es möglich sein, den Chloratgehalt auf weniger als 8 g im Liter zu erniedrigen. Nach Angaben von Kershaw sind die Rohkristallpfannen (Fig. 3) breit, flach, mit nach der Mitte abfallendem

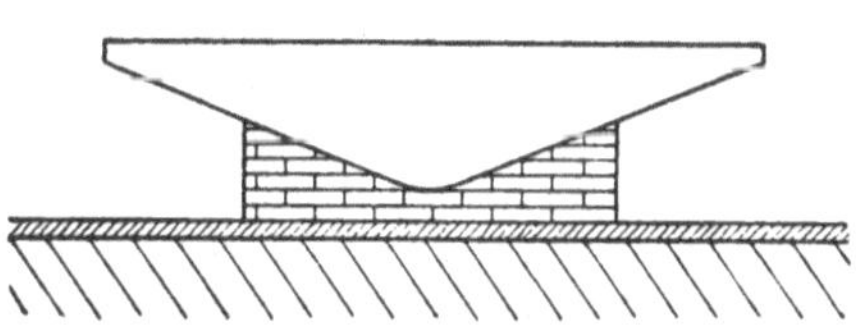

Fig. 3. Rohkristallpfanne (nach Kershaw).

Boden, aus Kesselblechen hergestellt; sie ruhen auf Tragmauern, wenig über dem Fußboden aus Zement oder doppelter Backsteinlage, der — zum Zwecke des Wasserablaufs — gegen einen in der Mitte in Längsrichtung verlaufenden Kanal abfällt; abtropfende

Lauge wird durch diesen Kanal fortgeleitet. Jede Pfanne ist an ihrem tiefsten Punkte mit Ablaufrohr und Stopfen versehen. Das ganze Gebäude muß groß und gut ventiliert sein.

Raffination des Rohchlorats (nach Kershaw). Die in den Rohkristallpfannen abgeschiedenen Chloratkristalle müssen durch Umkristallisieren gereinigt, raffiniert werden. Die von der Mutterlauge möglichst befreiten Rohkristalle werden zunächst mit kaltem Wasser in einer Zentrifuge gewaschen und dann in dem sog. „Dissolver" aufgelöst; man verwendet hierzu das erstemal heißes Wasser, bzw. Dampf, später aber die Raffinationsmutterlauge mit einem spez. Gew. von 1·04 bis 1·08. Im Dissolver löst man so viel Rohchlorat auf, daß die heiße Lösung etwa 220 g Chlorat im Liter enthält und ein spez. Gew. von 1·10 bis 1·11 hat; diese Lösung fließt in die Raffinierkristallisationsgefäße, worin sich reines Chlorat abscheidet, während die verbleibende Mutterlauge mit einem spez. Gew. von im Mittel 1·06 (mit 60—70 g Chlorat im Liter) wieder zum Auflösen in den Dissolver zurückgeht. Die Dissolver sind große zylindrische Gefäße aus innen verbleitem Kesselblech, die erhöht aufgestellt werden. Die Kristallisationsgefäße sind rechteckig (Größe z. B. 150 : 120 : 90 cm), bestanden früher aus Holz mit Bleiverkleidung, jetzt dürfte man Eisen vorziehen; sie stehen etwas über dem Boden (auf Backsteinmauern) in großen, gut ventilierten Gebäuden. Kershaw gibt an, daß in Chloratwerken mit einer wöchentlichen Produktion von 6 Tonnen sich 10 Rohkristallpfannen und 30 Bottichefür Raffinationskristalle befanden. — Letztere sind dünn und blättrig, sie kommen nach dem Ablassen der Mutterlauge auf den Abwaschtisch, woselbst so lange mit Wasser gewaschen wird, bis der Chloridgehalt nicht mehr als 0·05% beträgt. Die Abwaschtische sind mit Blei bedeckt (rings 5 cm hoher Rand) und ziemlich groß (für 1 Tonne Chlorat täglich 6 × 1·5 m) und nach einer Ecke hin leicht geneigt; die Waschwässer kommen in den Dissolver. — Bei genügender Reinheit werden die Kristalle (möglichst mit Papier bedeckt) zwölf Stunden auf dem Abwaschtisch vorgetrocknet, alsdann in einem besonderen Raum vollständig mit Dampf getrocknet; man benutzt hierzu Trockentische (hohle, mit Dampf geheizte eiserne Platten mit Bleiüberzug, mit 11 qm Fläche für 1 Tonne Chlorat täglich). — Das Chlorat kommt gewöhnlich in Kristallform in den Handel; für Sprengstoffe ist Pulverform nötig, Kershaw gibt nachstehende Abbildung einer zum Mahlen von Chlorat benützten Mühle. (Fig. 4.) Die Mühlsteine haben einen Durchmesser von 66 cm, nur der obere Stein wird bewegt; durch die Mitte des letzteren werden die Chloratkristalle automatisch eingefüllt, das gemahlene Chlorat wird an der Peripherie des unteren Steines herausgeworfen und gelangt dann in ein mechanisch geschütteltes Sieb. Die Maschine zum Treiben der Mühle steht außerhalb des Gebäudes; überhaupt ist das Mahlen ziemlich gefährlich, man muß besonders darauf achten, daß keine organischen Stoffe oder Eisenteile beigemengt sind, sowie daß die Lager sich nicht erhitzen. Die Mühlsteine müssen oft gereinigt und abgeschliffen werden; es ist zweckmäßig, die Kristalle noch etwas warm direkt vom Trockentisch zu vermahlen. Die Arbeiter in den Raffinations- und Mahlanlagen müssen wegen der Gefährlichkeit des Chloratstaubes Kleider besonderer Art tragen; Zündhölzer, Rauchen usw. sind streng verboten. Es müssen große Wasserbottiche aufgestellt sein, damit die Arbeiter ev. hineinspringen können, falls ihre Kleider Feuer fangen. — Feuerung ist in den Räumen verboten, Heizung erfolgt mit Dampf, Beleuchtung von außen durch

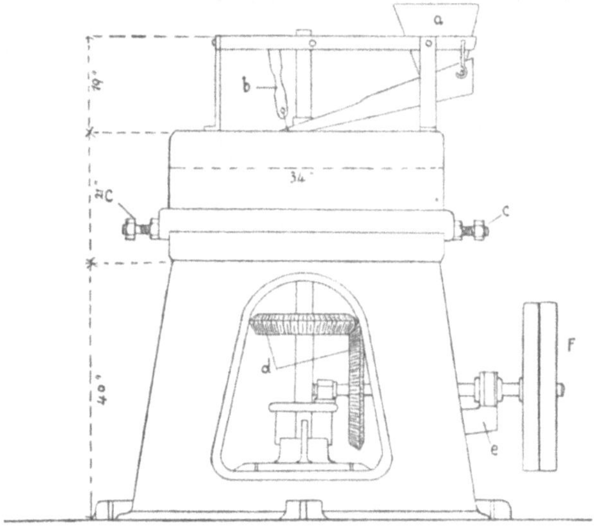

Fig. 4. Chloratmühle (nach Kershaw).
a Fülltrichter, *b* Holzfeder, *c* Stellschrauben, *d* Kammräder, *e* Seitenarm und Lager, *f* Antriebsscheibe.

Reflektoren oder elektrisch. Das gemahlene Chlorat wird nochmals durch ein Zylindersieb aus Müllergaze getrieben, gut abgekühlt und dann in Fässer verpackt. — Zum Verpacken des Chlorats hat man früher mit Papier ausgekleidete Holzfässer (für je 50 kg) verwendet, auch Gefäße aus Eisenblech versucht, die aber zu dünn sind. Zum Lagern muß ein von den andern Gebäuden entfernt stehendes Lagerhaus benutzt werden.

D. Herstellung von Natriumchlorat.

Die Herstellung des Natriumchlorats auf chemischem Wege durch Umsetzung von Calciumchlorat mit Chlornatrium ist nicht möglich, weil bei den geringen Löslichkeitsunterschieden des hierbei entstehenden Chlorcalciums vom chlorsauren Natrium eine Trennung durch Kristallisation nicht ausführbar ist. Man hat daher andere, rein chemische Verfahren ausgearbeitet, die indessen gegenüber der elektrolytischen Herstellungsweise zurzeit kaum mehr in Betracht kommen und daher hier nur ganz kurz erwähnt werden sollen.

Péchiney in Salindres (D.R.P. 15493) stellt zunächst aus Kalkmilch und Chlor eine Lauge von Calciumchlorat her und konzentriert diese stark durch Eindampfen auf 48° Bé; beim Abkühlen auf + 10° bis 12° C. kristallisieren 4/5 des Chlorcalciums aus, die Mutterlauge enthält nur noch 1·2 Mol. $CaCl_2$ auf 1 Mol. $Ca(ClO_3)_2$; sie wird so lange mit Natriumsulfat ersetzt, als noch ein Niederschlag von Gips entsteht; der in Lösung bleibende Gips wird mit Soda ausgefällt, die vom Calciumkarbonat getrennte Lauge enthält dann nur noch Natriumchlorid und Natriumchlorat. Man dampft zunächst ein, wobei sich Chlornatrium ausscheidet, das entfernt wird; hat die Lösung 48° Bé, so läßt man die in der Hitze mit beiden Salzen gesättigte Lösung in Kristallisiergefäße laufen, beim Abkühlen auf 12° kristallisiert dann 3/4 des Chlorates aus; die Mutterlauge mit dem übrigen 1/4 wird mit der Lauge einer späteren Operation eingedampft.

Muspratt und Eschelmann haben das D.R.P. 27729 genommen, wonach die aus der Behandlung von Magnesiamilch mit Chlor resultierende Lösung von Magnesiumchlorat und Magnesiumchlorid (ev. nach Ausscheidung eines Teiles des letzteren durch Eindampfen) mit Natriumhydroxyd oder Natriumkarbonat oder einem Gemisch beider zersetzt wird, unter Bildung einer Lösung von Natriumchlorat und Natriumchlorid, aus welcher durch Eindampfen zunächst Natriumchlorid und sodann durch Erkaltenlassen Natriumchlorat ausgeschieden wird.

Nach Hargreaves (D.R.P. 92474) läßt man Chlor auf feste Soda einwirken und laugt mit Wasser aus, wobei Natriumchlorat in Lösung geht, während Natriumchlorid ungelöst zurückbleibt.

Früher hat man das Natriumchlorat auch aus chlorsaurem Kali hergestellt, indem man solches mit Kieselfluornatrium behandelte, oder indem man durch Kieselfluorwasserstoffsäure freie Chlorsäure abschied und dieselbe mit Soda sättigte.

Gegenwärtig wird Natriumchlorat wohl ausschließlich auf elektrochemischem Wege aus Chlornatrium hergestellt; das Verfahren entspricht dem bei der Erzeugung von Kaliumchlorat angegebenen, ein Unterschied ergibt sich jedoch bei Aufarbeitung der elektrolysierten Laugen. Während Kaliumchlorat schwerer löslich ist als Chlorkalium und durch Auskristallisieren gewonnen werden kann, ist umgekehrt Natriumchlorat viel leichter löslich als das Chlorid, so daß hier zuerst das unzersetzte Natriumchlorid entfernt werden muß; man dampft die elektrolysierte Lauge ein und schöpft das sich in der Wärme ausscheidende Chlornatrium ab; die davon befreite Lauge läßt man erkalten, wobei Natriumchlorat auskristallisiert; nach Isolierung des letzteren geht die Mutterlauge, mit dem erst abgeschiedenen Chlornatrium angereichert, zur Elektrolyse zurück.

Dieses ältere Verfahren ist mit hohen Kosten für das Eindampfen der etwa 300 g $NaClO_3$ im Liter enthaltenden Laugen verknüpft, denn im Gebirge, wo sich die elektrochemischen Fabriken meist befinden, sind die Kohlen besonders teuer. Die neueren Verfahren bezwecken daher, das kostspielige Eindampfen und umständliche Abschöpfen des Kochsalzes zu vermeiden. Es geschieht dies in der Weise, daß man die elektrolysierte Flüssigkeit nicht entfernt, sondern immer wieder mit Kochsalz versetzt und so lange elektrolysiert, bis die Flüssigkeit etwa 750 g $NaClO_3$ im Liter enthält; man muß darauf achten, daß immer genügend Kochsalz zugegen ist, welches zu dem auf etwa 70° gehaltenen, schwach angesäuerten Elektrolyten gegeben wird. Beim Erkalten der Lösung kristallisiert dann ein erheblicher Teil Natriumchlorat aus, die Mutterlauge kehrt in den Prozeß zurück. Derartige Verfahren sind z. B. in den D.R.P. 136678 und 159747 angegeben.

In dem D.R.P. 136678 macht P. Lederlin folgende Angaben: Der konstante Gehalt an Chromsäure, die ganz oder teilweise als Bichromat vorhanden ist, wirkt derartig auf die Ausbeute ein, daß es möglich ist, die Elektrolyse genügend weit zu leiten, um beinahe das ganze Chlornatrium zu zersetzen und um so die Flüssigkeit mit Natriumchlorat bei der Temperatur der Elektrolyse zu sättigen und gleichzeitig eine sehr erhöhte Ausbeute zu erzielen, ohne eine berechenbare Menge von Perchlorat zu bilden, was bisher nicht möglich war. Man kann also andauernd eine an Natriumchlorat gesättigte Flüssigkeit bei jeder beliebigen Temperatur von den Elektrolysatoren abziehen und ihr Chlorat in geeigneten Abkühlapparaten kristallisieren lassen, vorausgesetzt, daß andauernd dem Elektrolysator die enstprechende Menge Chlorid zugeführt wird. Hierdurch ist man in der Lage, Natriumchlorat genau so wie Kaliumchlorat darzustellen, ohne daß man genötigt ist, eine kostspielige und komplizierte Konzentration der Flüssigkeit vornehmen zu müssen, wie das gewöhnlich der Fall ist. — So kann man gemäß vorliegender Erfindung andauernd Flüssigkeiten aus den Elektrolysatoren entnehmen, welche im Liter nur 120 bis 130 g NaCl gegenüber 700 bis 800 g $NaClO_3$ bei 70° enthalten, indem man zugleich eine konstante elektrochemische Ausbeute mindestens von 0·55 g $NaClO_3$ pro Ampèrestunde erhält. Ohne Anwendung von Salzsäure erniedrigt sich die Ausbeute unter diesen Bedingungen bis unter 0·3 g. —

Für die Ausführung der Elektrolyse gibt Lederlin folgendes Beispiel:

Die Arbeitsbedingungen sind dieselben wie bei Kaliumchlorat, mit Ausnahmen folgender Abänderungen.

Am Anfang der ersten Operation ist die der Elektrolyse unterworfene Flüssigkeit eine Lösung vom gewöhnlichem Kochsalz, die 270 kg NaCl und 12 kg Bichromat enthält und deren Dichte 22·5° Bé in der Kälte beträgt. — Die Operation wird bis auf 49° Bé fortgeführt und sie dauert viel länger als bei der Darstellung von $KClO_3$; trotz dieses hohen Gehaltes an $NaClO_3$ kann man bis zur Temperatur von 75° vor dem Kristallieren vorgehen wegen der großen Löslichkeit des $NaClO_3$. Man säuert mit verdünnter Salzsäure während der Arbeit alle 24 Stunden an, um die Chromsäure periodisch vollkommen in Natriumbichromat $Na_2Cr_2O_7$ überzuführen, und man gleicht die durch die Elektrolyse hervorgerufene Verdampfung aus, indem man die Elektrolysatoren zuerst mit Wasser versetzt und dann mit einer verdünnten Kochsalzlösung, die derart bemessen ist, daß der Gehalt an NaCl zwischen 100 und 120 kg pro Kubikmeter erhalten bleibt. — Am Ende der ersten Operation enthält die warme Flüssigkeit ungefähr 120 kg NaCl, 13 kg $Na_2Cr_2O_7$, 750 kg $NaClO_3$ und nichsdestoweniger kein $NaClO_4$ trotz des hohen Gehaltes von $NaClO_3$. Beim Erkalten scheiden sich 300 kg Natriumchlorat kristallinisch ab, die restierenden 450 kg Chlorat bleiben in der Lauge, die außerdem noch 120 bis 130 kg Chlornatrium und 13 kg Natriumbichromat enthält. Diese Flüssigkeit (spez. Gew. etwa 36° Bé) kommt bei allen folgenden Operationen zur Elektrolyse bis zum Aufhören am 60. Tage; es sind dann 13 Operationen ausgeführt worden. — Was die Ausbeute betrifft, so wurden während der 13 Operationen (60 Tage) verbraucht: 135000000 Ampèrestunden. Hiermit wurden produziert an Chlorat (während der ganzen Periode auskristallisiert zuzüglich des am 60. Tage in Lösung gebliebenen): 78300 kg; die Ausbeute pro Ampèrestunde betrug also $\frac{78,3}{135} = 0{\cdot}58$ g, während von der Theorie 0·663 verlangt werden; man erzielt also 87 % der theoretischen Stromausbeute.

Beim Aufhören der Elektrolyse am 60. Tage war keine Spur Angriff oder Zerstörung der Kathoden zu bemerken; dieselben waren lediglich etwas überzogen. — Der chlorometrische Titer ist am Anfang jeder Operation gleich Null; am Ende jeder Operation erreicht er 1·7 bis 2 g aktives Chlor im Liter. Wenn die warme Flüssigkeit dagegen in diesem Moment mit verdünnter Salzsäure angesäuert wird, sinkt der chlorometrische Titer (90 bis 100 Minuten nach dem Unterbrechen) auf Null. Eine Entwicklung von gasförmigem Chlor konnte während der 60 Ansäuerungen, die während der Periode von 60 Tagen ausgeführt wurden, nicht bemerkt werden. —

Nach dem D.R.P. 159747 setzt Landolt der Chlornatriumlösung etwa 2 % Chlorkalklösung zu (auf 1 Hektoliter gesättigte Kochsalzlösung 2 Liter klare Chlorkalklösung von etwa 50 g aktivem Chlor im Liter). Man elektrolysiert mit Platinanode und Metall(Eisen)kathode mit einer Stromdichte von etwa 1000 Amp. auf 1 qdm Kathodenoberfläche; die Temperatur des Elektrolyten steigt bald auf 80 bis 100°.

Die Stromausbeute setzt mit nahezu dem theoretischen Betrag ein und sinkt bis Ende der Operation nie unter 80 % der Theorie (sie beträgt meistens über 85 %), wenn man nur Sorge trägt, den Gehalt an aktivem Chlor im Elektrolyten durch kleine, nach Bedarf erfolgende Zusätze von Chlorkalklösung innerhalb der angegebenen Grenzen zu halten. Es erweist sich bei den verwendeten Apparaten beispielweise nötig, alle 24 bis 48 Stunden einen kleinen Zusatz von 300 bis 500 ccm entsprechend 15 bis 25 g aktivem Chlor für 1 hl Elektrolyt zu geben. Nach mehrtägigem Stromdurchgang ist der Gehalt an Natriumchlorat auf 600 bis 700 g im Liter gestiegen. Die Lösung wird aus den Elektrolysierapparaten abgezogen und erkalten gelassen. Es scheidet sich ein beträchtlicher Teil des Chlorates in schönen Kristallen aus, welche nach Abwaschen der Mutterlauge und Trocknen ein verkaufsfähiges Produkt darstellen. Die Mutterlauge kehrt entweder in den Prozeß zurück oder wird durch tiefere Abkühlung oder durch Verdampfung weiter verarbeitet.

Couleru macht über die elektrochemische Herstellung von Natriumchlorat folgende Angaben:

Die Stromausbeute beträgt etwa 85 %, die Energieausbeute etwa 60 %. Man verwendet Apparate von 1000 bis 1500 Amp. im Maximum; größere Apparate sind nicht mehr praktisch, bei größeren Stromstärken nimmt man mehrere Apparate nebeneinander. Man erhält konzentrierte Lösungen von Natriumchlorat, die ev. direkt zur Fabrikation von Natriumperchlorat benutzt werden können; besser ist es jedoch, hierfür das sich abscheidende Rohchlorat zu verwenden. Der sich bei der Chloratfabrikation entwickelnde Wasserstoff kann, falls nicht zu sehr sauerstoffhaltig, nach dem Waschen mit Wasser zu Heiz- oder Beleuchtungszwecken gebraucht werden; 1000 Ampèrestunden entwickeln 418 Liter Wasserstoff. Für eine P.S. entweicht $\frac{418}{5} = 84$ Liter, für einen P.S.-Tag entweichen $84 \times 24 = 2000$ Liter Gas. Eine Chloratfabrik von 5000 kg täglicher Produktion braucht etwa 2000 P.S., wenn 2·5 kg als Ausbeute für einen P.S.-Tag angenommen wird. Die Fabrik wird also $2000 \times 2 = 4000$ cbm oder 450 kg Wasserstoff liefern, was rund 1500 kg Kohlen entspricht. Die praktische Verwendung des Wasserstoffs kann aber nur unter Druck geschehen, was Saugvorrichtungen nötig macht, wobei gefährliche Mischungen mit Luft entstehen.

Dritter Abschnitt.

Chemische Untersuchung und Eigenschaften der Chlorate.

A. Chemische Untersuchung.

I. Qualitative Untersuchung.

Man untersucht auf mechanische Verunreinigungen, insbesondere Sand; jedenfalls dürfen keine groben Körper beigemengt sein. Auch organische Substanzen dürfen nicht vorkommen; letztere lassen sich durch Veraschen des wasserunlöslichen Teiles nachweisen. Das nicht elektrolytisch hergestellte Chlorat enthält gewöhnlich geringe Beimengungen (0·03 %) Calciumchlorid, das durch Silbernitrat nachgewiesen wird.

Nitrate (Salpeter) können als Verfälschung vorhanden sein; man prüft darauf (nach Krauch), indem man 1 g Salz mit 5 ccm Natronlauge erwärmt; entsteht hierbei infolge eines Gehaltes von Ammoniumverbindungen Ammoniak, so kocht man bis zur völligen Vertreibung des letzteren; dann bringt man in die erkaltete Flüssigkeit je 0·5 g Zinkfeile und Eisenpulver und erwärmt von neuem; jetzt auftretendes Ammoniak (Nachweis durch Geruch oder Kurkumapapier) rührt von Nitrat her. — Zur Prüfung auf Erdalkalien löst man ca. 1 g in 20 ccm Wasser und versetzt mit Ammonoxalatlösung; zur Prüfung auf Sulfate wird eine analoge Lösung mit Bariumchloridlösung versetzt, sie soll nach zwölfstündigem Stehen keine Abscheidung von Bariumsulfat zeigen. Bezüglich Schwermetallen wird verlangt, daß eine Lösung von 3 g Kaliumchlorat in 30 ccm warmen Wassers klar sein und durch Zusatz von Schwefelwasserstoffwasser nicht verändert werden soll.

Zur Prüfung auf Beimengungen von Chlorit und Hypochlorit löst man (nach Carlson und Gelhaar) 5 g Chlorat in 100 ccm kaltem Wasser (bei einer Erwärmung würden leicht Verluste an Chlor, unterchloriger Säure, Chlorperoxyd entstehen) und setzt einen Tropfen Jodkaliumstärke zu. Tritt eine Blaufärbung nicht sogleich ein, so ist Hypochlorit im Chlorat nicht zugegen. Ist Hypochlorit vorhanden, so kann Chlorit qualitativ nicht nachgewiesen werden. Bei Abwesenheit von Hypochlorit setzt man 2 ccm einer $^1/_{10}$-norm. Schwefelsäure zu; tritt Blaufärbung auch jetzt nicht augenblicklich ein, so ist weder Hypochlorit noch Chlorit vorhanden. Die Reaktion ist sehr empfindlich.[1]

Gartenmeister[2] hat mehrmals Selbstentzündungen trockener Mischungen von Kaliumchlorat, Zucker und Schwefel beobachtet;

[1] Carlson und Gelhaar (Chem. Ztg. 1908, S. 634) haben verschiedene Handelschlorate untersucht, ohne in einem einzigen Spuren von Hypochloriten oder Chloriten entdecken zu können. In dem (elektrolytisch hergestellten) Rohchlorat der Mansboer Fabrik konnte zwar Hypochlorit, aber kein Chlorit nachgewiesen werden. Daß letzteres nicht mehr im Rohsalz vorkommt, rührt daher, daß Kaliumchlorit viel leichter löslich ist als Chlorat; in den elektrolytischen Laugen ist Chlorit, das als Zwischenprodukt bei der elektrolytischen Chloratdarstellung eine nicht unbedeutende Rolle spielt, vorhanden — wenn auch in kleinen Mengen im Verhältnis zum Chlorat. — Im Rohchlorat ist also kein Chlorit mehr, nur noch Hypochlorit nachweisbar; beim Umkristallisieren verschwindet letzteres und im Handelschlorat ist nicht nur kein Chlorit, sondern auch gewöhnlich kein Hypochlorit vorhanden. Sollte letzteres doch zugegen sein, so dürfte schon der auch bei sehr kleinen Mengen deutlich wahrnehmbare Geruch es verraten; ferner ist es leicht und sicher durch Jodstärke ohne Ansäuern nachweisbar.

[2] Chem.-Ztg. 1907 (174) und 1908 (677).

daran soll die Gegenwart einer aktiven Chlorsauerstoffsäure (bzw. ihres Kaliumsalzes) schuld sein, welche in ihrer Eigenschaft zwischen der Chlorsäure und der chlorigen Säure steht, im übrigen ihrer chemischen Natur nach noch nicht näher bekannt ist. Zur Prüfung darauf löst man (nach Gartenmeister) in etwa 25 ccm kalt gesättigter Chloratlösung einen kleinen Kristall Jodkalium auf, fügt einige Tropfen Stärkelösung und etwa zehn Tropfen Schwefelsäure von 25 Vol.-Proz. hinzu und schüttelt um; innerhalb zwei Minuten darf sich keine deutliche Blaufärbung zeigen. Gartenmeister hat übrigens in dem D.R.P. 207700 ein Verfahren angegeben, um die Beimengung des Kaliumsalzes der noch nicht näher bekannten Säure zu entfernen; es gelingt dies durch lange andauerndes Kochen der Lösung mit Salzsäure in solcher Menge, aber in solcher Verdünnung, daß nur der verunreinigende Stoff, nicht aber Chlorat in wesentlicher Menge zerstört wird; die Kochdauer wird durch Zusatz von kleinen Mengen Alkohol oder anderen gleich wirkenden Reduktionsmitteln abgekürzt.[1]

Ponndorf (Chem.-Ztg. 1908, S. 1152) hat gezeigt, daß ein Chlorat, welches die Gartenmeistersche Prüfung nicht aushält, deshalb nicht gefährlicher ist als ein solches, das sie besteht.

Er untersuchte fünf Chlorate; Nr. 1 war ein von Gartenmeister selbst gereinigtes, also von aktiven Chlorsauerstoffsäuren freies Chlorat; bei der Prüfung (1 g Chlorat in 25 ccm kaltem Wasser gelöst, ein Kriställchen Jodkalium zugefügt, einige Tropfen Stärkelösung und dann 0·5 ccm einer Schwefelsäure (1 : 4) hinzugegeben und umgeschüttelt) trat deutliche Blaufärbung nach $2\frac{1}{2}$ Minuten ein. Nr. 2 war schwedisches, elektrochemisches Chlorat, bei Prüfung sofortige Blaufärbung. Nr. 3 war deutsches, elektrochemisches Chlorat, bei Prüfung sofortige, sehr starke Blaufärbung. Nr. 4 war schwedisches elektrochemisches Chlorat, bei Prüfung sofort Blaufärbung. Nr. 5 war deutsches, nicht elektrochemisches Chlorat, bei Prüfung sofortige starke Blaufärbung. (Sämtliche Chlorate waren frei von Hypochlorit und Chlorit (bes. Prüfung nach Carlson-Gelhaar). Mit den fünf Sorten wurden Versuchsmischungen hergestellt (70% Chlorat, 10% Ammonsalpeter und 20% Harz), die beim langsamen Erhitzen zu Selbstentzündungen neigen; es wurden von jeder Mischung mindestens zweimal je ein Gramm im

[1] 100 Tle. käufliches Elektrolyt-Kaliumchlorat werden in der hinreichenden Menge Wasser gelöst, welchem 2 Tle. Salzsäure vom spez. Gew. 1·19 und 3 Tle. Spiritus zugesetzt sind; die Mischung wird etwa eine Stunde lang auf 95 bis 100° erhitzt. Aus der so gereinigten Chloratlauge, welche auch bei größerem Schwefelsäurezusatz kein Jod aus Jodkalium freimacht, wird das reine Chlorat in bekannter Weise gewonnen. Bei Rohchloraten, welche eine größere Menge des verunreinigenden Stoffes enthalten, wird die Menge der zum Zerstören erforderlichen Salzsäure vorher durch Versuch bestimmt.

Reagensrohr von 15 mm lichter Weite im Ölbad langsam erhitzt. Mischung mit Nr. 1 zersetzte sich völlig unter Feuererscheinung und lebhafter Verpuffung bei 127°, 132°, 131° und 130° C; Mischung mit Nr. 2 desgleichen bei 134° und 134·5°; Mischung mit Nr. 3 verpufft nicht beim Erwärmen bis 172°; es tritt Braunfärbung ein durch langsame Zersetzung einzelner Teilchen, die Hauptmenge ist unzersetzt. Mischung mit Nr. 4 zersetzt sich völlig unter Feuererscheinung und lebhafter Verpuffung bei 126°, 145°, 133° und 136° C; Mischung mit Nr. 5 verpufft nicht beim Erwärmen bis 170°; es tritt Braunfärbung ein durch langsame Zersetzung einzelner Teilchen.

Nach Klopstock (Chem.-Ztg. 1909, S. 21) ist die von Gartenmeister als Kaliumsalz einer hypothetischen Chlorsauerstoffsäure bezeichnete Beimengung bromsaures Kali; bei Elektrolyse von Chlornatrium kommt diese Beimengung nicht vor, denn Brom ist nur im Chlorkalium, nicht aber im Chlornatrium vorhanden.

II. Quantitative Bestimmung der Chlorsäure (des Chloratchlors).

1. Durch Reduktion des Chlorats zu Chlorid (1 g AgCl entspricht 0·8551 g $KClO_3$).

a) Reduktion mit Ferrosulfat (nach Treadwell). Man löst ca. 0·3 g des Chlorats in 100 ccm Wasser, versetzt mit 50 ccm einer Ferrosulfatlösung, welche im Liter 100 g kristallisiertes Ferrosulfat gelöst enthält, erhitzt unter beständigem Umrühren bis zum beginnenden Sieden und erhält bei dieser Temperatur 15 Minuten lang; nach dem Erkalten fügt man Salpetersäure hinzu, bis das ausgeschiedene basische Ferrosulfat in Lösung geht, fällt in der Kälte mit Silbernitrat, filtriert und wägt das Silberchlorid.

b) Reduktion mit Zinkstaub in schwach essigsaurer Lösung (nach Treadwell). (Methode dauert viel länger als a.) Man versetzt die nicht zu verdünnte Chloratlösung mit Essigsäure bis zu deutlich saurer Reaktion, dann mit Zinkstaub im Überschuß, erhitzt zum Sieden und erhält eine Stunde lang bei dieser Temperatur. Nach dem Erkalten fügt man Salpetersäure hinzu, bis sich alles Zink löst, filtriert wenn nötig, fällt mit Silbernitrat und wägt das Chlorsilber.

c) Reduktion mit Eisen (nach Hendrixson). Das zu untersuchende Chlorat wird in einem Kolben mit 50 ccm 10%iger Schwefelsäure und überschüssigem Eisenpulver versetzt; die Reaktion geht schon bei gewöhnlicher Temperatur vor sich, kann aber auch durch Erwärmen beschleunigt werden, doch muß letzteres vorsichtig geschehen, damit keine Salzsäure entweicht. Nachdem die Lösung farblos geworden, ist die Reaktion beendet und man titriert in einem aliquoten Teil der Lösung das Chlor nach Volhard; der Zusatz der Salpetersäure erfolgt zweckmäßig nach dem Zusatz überschüssiger Silberlösung.

d) Reduktion mit Hydroxylaminsulfat (nach Jannasch und Jahn). Man löst ca. 0·25 g Chlorat in 50 ccm Wasser, versetzt die

Lösung mit 5 g schwefelsaurem Hydroxylamin in festem Zustand, säuert mit einem guten Überschuß von Salpetersäure an und erwärmt, wonach das gebildete Chlorid mit Silbernitratlösung ausgefällt und gewichtsanalytisch bestimmt wird.

e) Reduktion mit salpetriger Säure in der Kälte (nach Scholtz). Zu einer 0·2 bis 0·3%igen wäßrigen Lösung des Chlorates werden 10 ccm Salpetersäure (spez. Gew. 1·2) und 10 ccm 10%ige Natriumnitritlösung zugefügt, nach 15 Minuten langem Stehen bei Zimmertemperatur 30 ccm $^1/_{10}$-norm. Silbernitratlösung und 5 ccm gesättigte Eisenalaunlösung. Man ermittelt dann den Überschuß der Silberlösung mit $^1/_{10}$-norm. Rhodanammonlösung; 1 ccm Silberlösung entspricht 0·012245 g $KClO_3$.

f) Reduktion mit Titanchlorür (nach Knecht). Man bringt 5 ccm konz. Salzsäure in ein konisches Gefäß, durch welches andauernd ein Kohlensäurestrom geht; hierzu fügt man 50 ccm einer eingestellten Titanchlorürlösung (Berl. Ber. 1907, 3819), sowie 10 ccm der Chloratlösung (1 g in 500 ccm); nach wenigstens drei Minuten setzt man Rhodankalium hinzu und titriert mit Eisenalaunlösung aus.

g) Eindampfen mit Salzsäure (nach Treadwell und Blangey). Man versetzt das Chlorat in einem gewogenen Porzellantiegel mit Salzsäure (1 : 3), bedeckt mit einem Uhrglas[1] und erhitzt im Wasserbade bis zum Aufhören der Chlorentwicklung; nun spült man das Uhrglas ab, verdampft im Wasserbad zur Trockene, erhitzt gelinde über freier Flamme bis zum Aufhören der Dekrepitation und wägt nach dem Erkalten.

h) Abrauchen mit Salmiak (nach Treadwell und Blangey). Man versetzt das Alkalichlorat in einem Porzellantiegel mit der dreifachen Menge reinen Salmiaks, bedeckt mit einem Uhrglas[1] und erhitzt sorgfältig über freier Flamme, indem man diese fortwährend hin und her bewegt, bis aller Salmiak vertrieben ist; dann wägt man.

2. Durch Oxydation von Ferrosalz zu Ferrisalz und Bestimmung des unverändert gebliebenen Ferrosalzes.

Man löst ca. 5 g Kaliumchlorat zu einem Liter Wasser, mischt und bringt 10 ccm in einen Ventilkolben, woraus die Luft durch Einleiten von Kohlensäure verdrängt wurde, fügt 50 ccm frisch titrierter saurer Ferrosulfatlösung[2] hinzu und kocht 10 Minuten; dabei findet folgende Reaktion statt:

$$KClO_3 + 6\,FeSO_4 + 3\,H_2SO_4 = KCl + 3\,Fe_2(SO_4)_3 + 3\,H_2O.$$

---

[1] Alkalichlorate lassen sich durch Glühen, sei es im offenen Tiegel oder im Kohlensäurestrom, nicht ohne Verlust in Chlorid verwandeln. Es entweicht hierbei stets Chlor und etwas Alkali, so daß man im Rückstand (auch nach dem Eindampfen mit Salzsäure) zu wenig Alkalichlorid findet; Treadwell und Blangey konstatierten ein Minus von 0·3 bis 1·1%.

[2] Man bereitet die Ferrosulfatlösung, indem man, roh abgewogen, 30 g kristallisiertes Ferrosulfat ($FeSO_4 + 7\,H_2O$) in 900 ccm Wasser löst und das Volumen durch Zusatz von konzentrierter reiner Schwefelsäure auf 1000 ccm ergänzt.

Nach dem Erkalten verdünnt man mit ausgekochtem kalten Wasser und fügt 10 ccm Mangansulfat[1] hinzu, worauf man das intakt gebliebene Ferrosulfat mit norm. $KMnO_4$-Lösung (1000 ccm = $\frac{KClO_3}{6}$ = 20·433 g $KClO_3$) zurücktitriert. Man hat dann (nach Treadwell)

50 ccm Ferrosulfat erfordern T ccm $^1/_{10}$-norm. $KMnO_4$-Lösung,
50 ccm Ferrosulfat + 10 ccm Chloratlösung erfordern t ccm $^1/_{10}$-norm. $KMnO_4$-Lösung,

---

10 ccm Chloratlösung = $\frac{a}{100}$ g Substanz erfordern $(T—t)$ ccm $^1/_{10}$-norm. $KMnO_4$-Lösung.

Demnach enthalten a g Substanz: $(T—t)$ 0·20433 g $KClO_3$ und der Prozentgehalt an Kaliumchlorat beträgt $\frac{20 \cdot 433\ (T-t)}{a}$ %.

Lunge[2] beschreibt diese Methode zur Untersuchung der Chloratlaugen im Betrieb folgendermaßen:

Man bereitet eine Lösung von ungefähr 100 g reinem Eisenvitriol und 100 g konzentrierter Schwefelsäure und ermittelt deren Titer täglich durch $^1/_2$-norm. Permanganatlösung (15·82 g reines krist. $KMnO_4$ im Liter, pro ccm 0·004 g freier Sauerstoff); für je 25 ccm Eisenvitriollösung sind je 20·5 ccm Permanganatlösung nötig. Man pipettiert nun ein bestimmtes Volumen Chloratlösung in einen Kochkolben, kocht zur Austreibung des freien Chlors, kühlt ab, setzt eine genügende Menge der Eisenlösung und einen Überschuß von Schwefelsäure zu, verschließt den Kolben mit einem Kautschukpfropfen und einem Bunsen'schen Kautschukventil oder mit einem durch den Kork gehenden zweimal rechtwinklig gebogenen Rohre, dessen äußerer längerer Schenkel in ein Bechergläschen mit destilliertem Wasser taucht und erwärmt nun, schließlich bis zum Kochen, das nur zwei bis drei Minuten anzuhalten braucht; es ist dann alles Chlorat in Chlorid bzw. Sulfat verwandelt und hat dabei eine entsprechende Menge Ferrosulfat zu Ferrisulfat oxydiert. Nach dem Erkalten, wobei das Schließen des Kautschukventiles oder das Zurücksteigen des Wassers in dem Bechergläschen eine Oxydation des noch vorhandenen Ferrosulfates durch den Luftsauerstoff verhütet, titriert man mit Permanganat zurück und erfährt so die Menge des verbrauchten Ferrosulfates und damit die des Chlorats.

3. Jodometrische Analyse.

a) Man behandelt das Chlorat mit überschüssigem Jodkalium und Schwefelsäure unter Zusatz einer kleinen Menge Vanadinsalz. (cf. Ditz, Chem.-Ztg. 1901, S. 602. Luther und Rutter, Zeitschr. analyt. Chem. 1907, S. 521.)

---

[1] **Für die Mangansulfatlösung löst man 67 g kristallisiertes Mangansulfat ($MnSO_4 + 4\,H_2O$) in 500 bis 600 ccm Wasser, fügt 138 ccm Phosphorsäure vom spez. Gew. 1·7 und 130 ccm konzentrierte Schwefelsäure vom spe. Gew. 1·82 hinzu und verdünnt mit Wasser zu einem Liter.**

[2] Handbuch der Sodaindustrie, Bd. III, S. 585.

b) Man destilliert (nach Bunsen) mit Salzsäure, leitet das entwickelte Chlor in Jodkaliumlösung und titriert das ausgeschiedene Jod mit Natriumthiosulfatlösung

$$KClO_3 + 6\,HCl = KCl + 3\,H_2O + 3\,Cl_2.$$

$^1/_{10}$ G.-At. Jod = 1000 ccm $^1/_{10}$-norm. $Na_2S_2O_3$-Lösung = $\frac{KClO_3}{60} = \frac{122\cdot6}{60} =$ 2·0433 g $KClO_3$.

4. Kolorimetrische Analyse (nach Virgili).

Man versetzt einen Raumteil einer Chloratlösung von unbekannter Konzentration mit vier Raumteilen einer Lösung von 50 g ganz reinem Anilinchlorhydrat in einem Liter Salzsäure vom spez. Gew. 1·12 und kolorimetriert nach Ablauf einer halben Stunde in der üblichen Weise, indem man die nach dieser Zeit entstandene Blaufärbung mit derjenigen einer Chloratlösung von bekanntem Gehalte vergleicht; man erfährt so den Gehalt der unbekannten Lösung. Nach Virgili ist die Intensität der Blaufärbung nach etwa einer halben Stunde dem Chloratgehalt proportional und ändert sich auch nur so langsam, daß die Ablesung keine Schwierigkeiten bietet; eine beträchtlich später eintretende nachträgliche Vertiefung der Farbe ist hierbei nicht zu berücksichtigen. — Die angegebene salzsaure Lösung, und zwar 20 ccm, wurden verwandt, wenn 5 ccm zu untersuchende Lösung 0·1 bis 2·2 mg $KClO_3$ enthalten; enthalten letztere 0·5 bis 7 mg $KClO_3$, so wendet man 20 ccm einer Lösung von 50 g Anilinchlorhydrat in 1 Liter Salzsäure vom spez. Gew. 1·145 an; die Farbe wird dann blauer, die vergleichbare Intensität ist bereits nach 10 bis 15 Minuten erreicht. Bei größeren Chloratmengen verdünnt man entsprechend. Der Vergleich zwischen der Lösung von unbekannter Konzentration und der Standardlösung kann durch Verdünnung der stärkeren Lösung bis zu gleicher Farbintensität erfolgen, oder aber man stellt gleichzeitig eine größere Reihe von Standardlösungen zum direkten Vergleich ohne Verdünnung her.

III. Quantitative Bestimmung der Beimengungen (Chloride, Hypochlorit, Chlorit).

1. Bestimmung von Chloriden (Beimengung von Calciumchlorid, berechnet auf KCl).

Man löst 50 g Salz in absolut chlorfreiem Wasser und titriert mit $^1/_{10}$-norm. Silberlösung unter Zusatz von einfach chromsaurem Kali als Indikator; jedes ccm Silberlösung zeigt 0·00746 g KCl = 0·015% KCl an.

2. Bestimmung von Hypochlorit (bei Gegenwart von Chlorit und Chlorat).

Man versetzt mit einer bestimmten Menge $^1/_{10}$-norm. A_2O_3-Lösung und titriert den Überschuß mit $^1/_{10}$-norm. Jodlösung zurück.

3. Bestimmung von Chlorit (nach Carlson und Gelhaar).

a) Jodometrisch. Man kann Chlorit für sich leicht jodometrisch bestimmen, indem man die Lösung mit einigen Kristallen Jodkalium und einigen ccm $^1/_{10}$-norm. Schwefelsäure versetzt und dann mit Natriumthiosulfat zurücktitriert.

$$KClO_2 + 4KJ + 2H_2SO_4 = KCl + 2K_2SO_4 + H_2O + 4J$$

$$1 \text{ ccm } ^1/_{10}\text{-norm. Thiosulfat} = 0{\cdot}002665 \text{ g } KClO_2$$

Dieselbe Methode kann auch bei einem Gemenge von Hypochlorit, Chlorit und Chlorat verwendet werden; hierbei wird das Hypochlorit erst mit arseniger Säure gegen Jod wie gewöhnlich bestimmt und dadurch gleichzeitig zerstört. Dann setzt man einen Teil der erforderlichen Schwefelsäure zu, titriert bis zum Abfärben, setzt dann eine neue Menge Schwefelsäure zu, titriert wieder bis zum Abfärben usw., bis keine neue Färbung bei dem Schwefelsäurezusatz mehr eintritt. Diese Methode gibt aber nicht ganz zufriedenstellende Resultate, besonders nicht bei den elektrolytischen Chloratlaugen.

b) Mit Indigo. Zur Bestimmung von Chlorit neben Hypochlorit und Chlorat wird eine Lösung mit etwa 6 g indigoschwefelsaurem Natrium für 1 Liter, ungefähr eine $^1/_{20}$-normale Thiosulfatlösung (1 ccm = etwa 0·0013 g $KClO_2$) dem Reduktionsvermögen entsprechend, angewandt und auch eine vorher jodometrisch bestimmte Chloritlösung eingestellt. In der zu untersuchenden Lösung wird das Hypochlorit durch arsenige Säure gegen Jod maßanalytisch bestimmt. In einer neuen Probe wird nun das Hypochlorit durch Zufügen der nunmehr bekannten, hierfür notwendigen Menge arseniger Säure zerstört; dann wird die Lösung auf etwa 250 ccm verdünnt und auf etwa 95° erwärmt. Ist die Lösung neutral oder alkalisch, so wird nun so viel verdünnte Schwefelsäure zugefügt, daß die Lösung eine schwachsaure Reaktion erhält, ohne nach Chlor zu riechen. Jetzt wird möglichst rasch mit Indigo titriert, bis die Flüssigkeit durch einen Tropfen dauernd grün gefärbt wird. Wenn die Chloritmenge im voraus nicht bekannt ist, wird sie zuerst durch eine Vorprobe bestimmt; bei der eigentlichen Analyse wird dann die Hauptmenge des zu erwartenden Indigoverbrauchs auf einmal zugesetzt und dann die Analyse durch Zutropfen und Umschütteln vollendet.

B. Eigenschaften der Chlorate.

I. Kaliumchlorat.

Das Kaliumchlorat kristallisiert monoklin; es bildet entweder kurze, glänzende, wasserhelle Prismen oder gewöhnlich weiße Kristallblättchen und Tafeln, die zuweilen bei durchfallendem Licht durchsichtig sind, bei reflektiertem Licht aber schöne Farben zeigen (Fig. 5). — Kaliumchlorat ist nicht so hart wie Steinsalz; sein spezifisches Gewicht liegt zwischen 2·326 und 2·35; die spezifische Wärme, bezogen auf die Gewichtseinheit, beträgt 0·210; das Salz kristallisiert ohne Kristallwasser und ist luftbeständig. Die prozentuale Zusammensetzung ist 38·37 % K_2O, 28·98 % Cl, 32·65 % O_2, das Molekulargewicht 122·59. Kaliumchlorat ist eine endotherme Verbindung von Chlorkalium und Sauerstoff; bei dem Zerfall nach der Gleichung $KClO_3 = KCl + O_3$ werden aus einem Molekül 11·9 Kalorien Wärme entwickelt unter Abgabe von 33·5 Liter Sauerstoff; demnach aus einem Gramm Chlorat: 0·097 Kalorien und 273 ccm Sauerstoff. Der Geschmack des Kaliumchlorats ist kühlend, herb und salpeterähnlich; in größeren Mengen wirkt es, wie alle Kalisalze, giftig. Kaliumchlorat löst sich in Wasser unter Wärmeabsorption. Nach Gay-Lussac lösen 100 Tle. Wasser

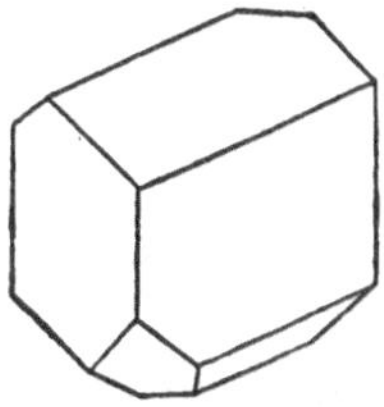

Fig. 5.

bei 0°	3·33 Tle.	bei 35·02°	12·05 Tle.
„ 13·32°	5·60 „	„ 49·08°	18·96 „
„ 15·37°	6·03 „	„ 74·89°	35·40 „
„ 24·43°	8·44 „	„ 104·78°	60·24 „

Über 50° nimmt die Löslichkeit verhältnismäßig rascher zu als die Temperatur. — Nach Victor Meyer lösen 100 Tle. Wasser

bei 17°	6·68 Tle.
„ 18°	6·82 „
„ 98°	55·56 „

Girard gibt an, daß sich bei 20° nur 7·2 Tle., bei 100° aber 56 Tle. $KClO_3$ in 100 Tln. Wasser lösen.

Die spezifischen Gewichte wäßriger Kaliumchloratlösungen sind bei 19·5° nach Versuchen von Kremers und Berechnungen von Gerlach folgende

mit 1% $KClO_3$: 1·007	mit 5% $KClO_3$: 1·033
„ 2% „ : 1·014	„ 6% „ : 1·039
„ 3% „ : 1·020	„ 7% „ : 1·045
„ 4% „ : 1·026	

Kaliumchlorat ist in Chloroform, Äther und absolutem Alkohol unlöslich, in gewöhnlichem Alkohol sehr schwer löslich. In Glyzerin ist es löslich (100 Tle. lösen 3·5 Tle. $KClO_3$). Zum Nachweis von Chloraten kann man Salzsäure zusetzen, wodurch Chlor entwickelt wird und die Lösung Oxydationswirkung zeigt. — Wenn man chlorsaure Salzlösungen mit verdünnter Schwefelsäure (nicht Salzsäure) ansäuert, so wird durch Zusatz von Indigokarmin (sog. Indigolösung) blaue Färbung erzeugt, die beim Stehen in der Kälte nicht verschwindet, wohl aber sofort auf Zusatz einiger Tropfen schwefliger Säure. — Im festen Zustand kann man Chlorat nachweisen, indem man die Substanz mittels konzentrierter Schwefelsäure in Chlordioxyd überführt; nach Virgili ist die Ausführung dieses Versuches in Anbetracht der geringen Mengen, mit denen man bei derartigen Analysen zu arbeiten pflegt, nicht mit Gefahr verbunden, besonders da man zur Analyse das feste Salz auch durch eine sehr konzentrierte Lösung ersetzen kann. Der Eintritt der Reaktion, die so empfindlich ist, daß noch 0·1 mg Chlorat ohne Schwierigkeit aufgefunden werden kann, gibt sich in erster Linie durch den charakteristischen Geruch des Chlordioxyds und dann auch durch dessen gelbbraune Farbe zu erkennen.

Die verschiedenen Oxydationsstufen des Chlors können (nach Carlson und Gelhaar) durch ihr Verhalten gegen Jodstärke unterschieden werden.

1. Unterchlorige Säure und ihre Salze geben in alkalischer, neutraler oder saurer Lösung augenblicklich eine Blaufärbung mit Jodkaliumstärke. Ist Alkali im Überschuß vorhanden, so verschwindet die Blaufärbung in kurzer Zeit, sie ist aber auch bei ganz geringen Hypochloritmengen deutlich wahrnehmbar.

2. Chlorige Säure und ihre Salze geben in alkalischer und neutraler Lösung keine Blaufärbung mit Jodkaliumstärke, aber die blaue Farbe erscheint augenblicklich, sobald die kleinste Menge Säure im Überschuß vorhanden ist.

3. Chlorperoxyd verhält sich, wie ja von vornherein zu erwarten ist, wie die chlorige Säure.

4. Chlorsäure und ihre Salze geben weder in alkalischer, noch neutraler oder schwach saurer Lösung eine augenblickliche Färbung.

5. Überchlorsäure und ihre Salze färben Jodkaliumstärke überhaupt nicht, sofern nicht die stark saure Lösung so konzentriert an Überchlorsäure wie an Jodid ist, daß sie allmählich aufeinander — unter Bildung von Jod-Sauerstoff-Verbindungen und also auch von freiem Jod — reagieren können.

Verhalten des Kaliumchlorats in der Hitze. Der Schmelzpunkt des Chlorats liegt nach Carnelley bei 359°, nach Berthelot bei 334°. Untersuchungen über die Zersetzung des Kaliumchlorats durch Hitze sind erst lange nach seiner Entdeckung angestellt worden, zuerst von Sérullas (Ann. Chim. Phys. 46, 323); bei seinen Versuchen erhitzte er die geschmolzene Masse des Chlorats mäßig, bis sie teigig geworden war, und fand bei der Analyse neben Kaliumchlorid 44 % $KClO_4$; auch fand er, daß das Perchlorat sich bei höheren Temperaturen als das Chlorat zersetzt. Weitere Untersuchungen wurden vorgenommen von Liebig, Graham, Millon, Marignac, Stas, Teed, Frankland und Dingwal, Döbereiner, Mitscherlich; Referate der betreffenden Arbeiten sind von Scobai zusammengestellt (Ztschr. physik. Chemie Bd. 44, Hft. 3).

Berthelot[1] macht über das Kaliumchlorat folgende Angaben:

[1] Sur la force des matières explosives d'après la thermochimie. Dritte Auflage, 1883, Bd. II, S. 178.

Das Salz ist bei gewöhnlicher Temperatur durch einfachen Stoß oder Reibung nicht explosiv; wenn man dasselbe jedoch in pulverisiertem Zustand in ein dünnes Platinblech einwickelt und mit einem Hammer auf einem Amboß darauf schlägt, so erleidet es teilweise Zersetzung unter Chlorentwicklung. In geschmolzenem Zustand rasch erwärmt, zersetzt es sich unter Weißglühen und veranlaßt manchmal gefährliche Explosionen. Das Salz schmilzt bei 334°, wobei zunächst keine Zersetzung eintritt; bei 352° zersetzt es sich langsam, weit schneller, wenn man die Temperatur rasch erhöht. Die Zersetzung erfolgt in zweierlei Weise; bei vorsichtigem Erhitzen bildet sich Kaliumperchlorat nach der Gleichung $4 KClO_3 = KCl + 3 KClO_4$; hierbei werden + 51·5 Kalorien Wärme entwickelt. Nebenher geht aber stets die Zersetzung $KClO_3 = KCl + O_3$; sie wird mit Erhöhung der Temperatur die vorherrschende, bei Gegenwart von Kupferoxyd oder Mangandioxyd erfolgt sie ausschließlich. Bei letzterer Zersetzung werden, auf gewöhnliche Temperatur bezogen, an Wärme entwickelt: + 11 Kalorien (für konstanten Druck) oder + 11·8 Kalorien (für konstantes Volumen); für ein Kilogramm Chlorat ergeben sich + 81·6 Kalorien (für konstanten Druck) oder + 87·4 Kalorien (für konstanten Volumen). — Die Gasentwicklung beträgt (auf 0° und 760 mm reduziert) vom Molekül: 33·48 Liter und vom Kilogramm: 273·1 Liter. — Der permanente Druck nach Abkühlung berechnet sich, wenn man das Volumen des Chlorkaliums, 304 ccm per Kilogramm, von dem gegebenen Zersetzungsraum in Abzug bringt; für die Ladedichte $\frac{1}{n}$ hat man $\frac{273 \cdot 1 \text{ Atm.}}{n - 0 \cdot 304}$ oder $\frac{282 \cdot 2 \text{ kg}}{n - 0 \cdot 304}$; daraus ergibt sich $n = 1{:}405$ kg per Quadratzentimeter. Nimmt man an, daß Chlorat in seinem eignen Volumen detoniert, so ist $n = \frac{1}{2 \cdot 33} = 0 \cdot 429$; der permanente Druck wäre also 2·306 kg. — Bei der Zersetzungstemperatur selbst — angenommen, daß solche ohne Mitwirkung äußerer Erhitzung erfolgt — ist der theoretische Druck ungefähr der dreifache; wenn man die Ausdehnung des Chlorkaliums vernachlässigt, so ist derselbe

$$\frac{273 \cdot 1\left(1 + \frac{t}{273}\right)}{n - 0 \cdot 304} = \frac{855 \text{ Atm.}}{n - 0 \cdot 304} = \frac{869 \text{ kg}}{n - 0 \cdot 304}$$

per Quadratzentimeter.

Dann ist $n = 1 : 1248$ kg.

Scobai hat im Ostwaldschen Laboratorium eingehende Untersuchungen angestellt;[1] er gibt an, daß sich reines Kaliumchlorat bei 395° nach zwei parallel laufenden Richtungen zersetzt, von denen die Hauptreaktion der Gleichung

$$4 KClO_3 = KCl + 3 KClO_4,$$

---

[1] Über die Zersetzung des Kaliumchlorats, nebst einigen Beobachtungen über die Zersetzung des Natriumchlorats und des Natriumperchlorats. Leipzig, bei W. Engelmann, 1903.

die andere Reaktion aber der Gleichung

$$KClO_3 = KCl + O_3$$

entspricht. Die Hauptreaktion ist, mathematisch formuliert, eine solche vierter Ordnung, die begleitende Reaktion aber eine solche erster Ordnung. — Bei nicht zu starkem Erhitzen zerfällt also Kaliumchlorat in Kaliumperchlorat, Chlorkalium und Sauerstoff; da sich reines Kaliumperchlorat nach den Versuchen Scobais bei 390°, 395° und 411° nicht merklich zersetzt, so kann man bei vorsichtigem Erhitzen Perchlorat gewinnen; bei starkem Erhitzen zerfällt aber letzteres in Chlorkalium und Sauerstoff; bei weniger starkem Erhitzen, etwa auf 420°, erfolgt die Zersetzung des Perchlorats nach der Gleichung

$$7KClO_4 = 2KClO_3 + 5KCl + 11O_2.$$

Scobai stellte seine Versuche mit völlig reinem Chlorat an, wie solches zuerst von Stas hergestellt wurde; er ging von reinem Chlorat des Handels aus, löste das Salz in Wasser, filtrierte die Lösung, erhitzte dann auf 100° und fügte ganz verdünnte Kaliumsulfhydridlösung hinzu; dann ließ er die Lösung rasch erkalten, dekantierte und trennte Flüssigkeit und Niederschlag mit Hilfe der Saugpumpe; die Kristalle wurden auf dem Filter zunächst mit Eiswasser gewaschen, dem ein wenig Kaliumsulfhydrid zugesetzt war und hierauf mehrere Male mit Eiswasser.

Katalysatoren haben starken Einfluß auf die Zersetzung des Chlorats, die dann bei viel niedrigerer Temperatur und auch nur in der Richtung stattfindet, daß kein Perchlorat, sondern nur Chlorkalium und Sauerstoff entstehen (Döbereiner, Mitscherlich); solche Katalysatoren sind MnO_2, CuO u. a. Wenn daher Kaliumchlorat mit Mangandioxyd, Sand oder anderen indifferenten Substanzen gemischt wird, so gibt es schon bei viel niedrigerer Temperatur Sauerstoff ab; solche Mischungen werden im Laboratorium zur Erzeugung von Sauerstoff verwendet, der übrigens nicht ganz rein ist, sondern gewöhnlich geringe Mengen Chlor enthält. Die Wirkung der Metalloxyde als Katalysatoren ist eine rein chemische. Veley hatte aus einem Experiment, bei welchem durch Hinzufügen von 1% Bariumsulfat der Betrag der Zersetzung des Kaliumchlorats angeblich um 500% vergrößert wurde, geschlossen, daß die Zersetzung allgemein durch chemisch unwirksame Körper in Pulverform erleichtert würde („mechanische Zersetzungserleichterung"); W. H. Sodeau fand aber bei Wiederholung des Versuchs, daß der Zersetzungsbetrag durch 1% $BaSO_4$ im Mittel nur um 16% anwuchs, eine geringe Erleichterung, welche sich durch Bildung von etwas Bariumchlorat infolge

doppelter Umsetzung erklärt. — Mischungen von Kaliumchlorat mit fein verteilter Kohle, organischen Stoffen, Schwefel und anderen oxydablen Stoffen sind explosiv; schon durch Reibung, Schlag und Stoß kann Explosion herbeigeführt werden.

Erdmann erläutert die Eigenschaften des Kaliumchlorats durch folgende Versuche:

1. Man reibt eine Dezigramm chlorsaures Kalium mit Schwefelblumen in einer erwärmten Reibschale tüchtig zusammen; es erfolgen peitschenknallähnliche Explosionen, die bei zu großer Menge der Substanzen leicht so heftig sein können, daß die Reibschale zertrümmert wird. Soll das Experiment sicher gelingen, so müssen Reibschale und die Ingredientien trocken sein, und die Reibschale muß einen unglasierten Boden besitzen. 2. Man bringt einige Kriställchen von chlorsaurem Kalium mit etwas Schwefel vermengt auf eine harte Unterlage: einen Amboß oder einen verkehrt gestellten Metallmörser, und schlägt mit dem Hammer darauf, wobei ebenfalls ein starker Knall erfolgt. 3. Man mengt gepulvertes chlorsaures Kalium mit Schwefelblumen und fein gepulverter Holzkohle, wobei man sehr vorsichtig zu Werke gehen muß, damit durch die Reibung keine Explosion stattfindet, und nähert dem in ein Schälchen gebrachten Gemenge eine Flamme: es erfolgt eine glänzende Verbrennung. 4. Eine solche erfolgt auch, wenn man 1 bis 2 dg zerriebenes chlorsaures Kalium mit etwas Zucker mengt, und zwar, wenn man sehr vorsichtig sein will, durch bloßes Zerrühren mit dem Finger oder einer Federfahne auf Papier, das Gemenge in ein Schälchen bringt und nun einen Tropfen konzentrierter Schwefelsäure von einem Glasstabe auf das Gemisch fallen läßt. 5. Eine schießpulverartige Mischung erhält man durch Vermengen von 28 Teilen gelbem Blutlaugensalz, 23 Teilen weißem Rohrzucker und 49 Teilen chlorsaurem Kalium (weißes Schießpulver); sie brennt in Berührung mit einem brennenden Körper wie Schießpulver ab. 6. Man schüttet etwa $7\,^1/_2$ g kristallisiertes chlorsaures Kalium in ein tiefes, mit Wasser angefülltes Glas, wirft dann einige Stückchen Phosphor zum Salze und läßt hierauf aus einer Pipette, oder einer Trichterröhre, oder einem Stechheber mit enger Ausflußöffnung Schwefelsäure zu dem Salze fließen. Unter leichten Erschütterungen entwickelt sich ein grüngelbes Gas, welches sich im Wasser sogleich auflöst und in dem Momente seiner Entwicklung den Phosphor entzündet, der daher unter Wasser mit glänzendem Lichte verbrennt. — In diesem und dem vorhergehenden Versuche ist es das durch die Schwefelsäure aus dem chlorsauren entwickelte Chlortetroxyd, das hier den Phosphor und dort den Zucker verbrennt. 7. Übergießt man trockenes chlorsaures Kalium in einer Proberöhre mit konzentrierter Schwefelsäure, so entwickelt sich unter sehr heftiger Einwirkung ein gelbes Gas, das Chlortetroxyd, welches häufig von selbst explodiert. Dieser Versuch erfordert aber sehr große Vorsicht, da die Schwefelsäure dabei herausgeschleudert wird.

Explosionsfähigkeit des Kaliumchlorats für sich. Bis zum Jahre 1899 wurde Kaliumchlorat für sich vielfach nicht als explosiv angesehen und daher bei der Fabrikation und Aufbewahrung des Salzes keine besondere Vorsicht angewandt. Berthelot hatte indessen schon in seinem im Jahre 1883 erschienenen Werke über Explosivstoffe darauf aufmerksam gemacht, daß Kaliumchlorat, in geschmolzenem Zustand rasch erwärmt, sich unter Weißglut zersetzt und gefährliche Explosionen veranlassen kann. Am 12. Mai 1899 fand eine fürchterliche Explosion von Kaliumchloratvorräten in St. Helens statt, in einer der United Alkali Co. in Liverpool gehörenden Fabrik. Nach dem Bericht der Explosivstoffinspektoren nahm die Explosion ihren Ausgang von einem Brande, der das mit Kaliumchlorat imprägnierte Holz eines Kristallisierbehälters ergriffen hatte. Die Flammen erreichten sehr schnell das Magazin, in welchem sich 156000 kg Chlorat in Fässern von je 254 kg Inhalt befanden; die Fässer gerieten in Brand, wobei sich ein weißer, dicker Rauch entwickelte; das Feuer ergriff zuerst die östliche Faßreihe und trat dann durch Vermittlung des in Strömen abfließenden geschmolzenen Chlorats auf die westliche Reihe über. Plötzlich, etwa zehn Minuten nach Ausbruch des Brandes, erfolgte eine furchtbare, mehrere Meilen im Umkreis wahrgenommene Detonation, wodurch nicht nur die Chloratfabrik mit Magazin, sondern auch eine 150 m davon entfernt liegende Schwefelsäurefabrik der Erde gleichgemacht wurde; mehrere in größerer Entfernung stehende Zuschauer wurden durch weggeschleuderte Trümmer des Magazins erschlagen, der materielle Schaden betrug etwa eine Million Mark.

Die vorgekommenen Sachbeschädigungen veranlaßten die Gemeinde St. Helens, gegen die United Alkali Co. mit einer Schadensersatzklage vorzugehen, worüber Oskar Guttmann, der von der Stadt als Sachverständiger zugezogen war, folgendes berichtet:[1]

Der Sachverhalt, wie er sich bei der Verhandlung ergab, war der, daß ein von einer Zündhölzerfabrik zum Neufüllen zurückgesandtes Faß mit Phosphormasse beschmutzt war, die sich beim Reiben gegen ein anderes Faß im Kristallisierraume entzündete. Dadurch fingen die Kristallisierpfannen Feuer, dieses verbreitete sich rasch auf die Chloratmühle und den Trockenraum und ergriff endlich das Lager, in welchem 160000 kg chlorsaures Kali in Fässern aufgespeichert waren, und zwar auf einer Seite in acht, auf der anderen in 13 Reihen übereinander. Nachdem das Feuer die niedrigere Seite vollständig verzehrt hatte, das

[1] Chem. Ztschr. I, S. 404 und S. 253.

geschmolzene Chlorat den mit Ziegeln belegten Fußboden bedeckte, und die höhere Seite von unten zu brennen anfing, fiel offenbar der ganze Haufen zusammen und explodierte. Ein amtlicher Bericht konnte die Ursache der Explosion nicht feststellen, weil ein solcher Fall noch nicht vorlag, und weil Versuche, chlorsaures Kali selbst mit starken Sprengkapseln zu explodieren, fehl schlugen. Dr. A. Dupré, dem Chemiker des Ministeriums des Innern, gelang es dann, eine kleine Chloratperle, die er auf einem Platindrahte in einen Bunsenbrenner hielt, zum Explodieren zu bringen, und daraus wurde die Vermutung abgeleitet, die intensive Hitze im Lagerraume hätte die Explosion zu Wege gebracht. Es gelang mir aber, im Vereine mit Horatio Ballantyne, zu zeigen, daß, wenn man einen Ziegelstein zur Rotglut erhitzt, Chlorat auf demselben schmelzen läßt und dann mit einem Besenstiele darauf stößt, unfehlbar sehr heftige Explosionen stattfinden, und daß sonach die Annahme gerechtfertigt sei, daß die vielen gleichzeitigen Stöße durch Hunderte von zwei Zentner schweren Holzfässern die veranlassende Ursache waren. Es ist keineswegs anzunehmen, daß trotz der großen Holzmenge eine richtige Mischung von chlorsaurem Kali und Holzkohle sich gebildet habe, ich bin vielmehr der Ansicht, daß hoch erhitztes, geschmolzenes Chlorat nur einer veranlassenden Ursache, wie der Initialzündung durch fallende verkohlte Fässer bedarf, um loszugehen. Die Jury und der Appellgerichtshof schlossen sich dieser Ansicht und der vom kgl. Anwalt Danckwerts mit großem technischen Verständnisse vorgebrachten Beschwerde an, daß die Fabrik wissen mußte, chlorsaures Kali sei gefährlich, und daß sie deshalb nicht so ungeheure Vorräte mit der eigentlichen Fabrikation unter einem Dache vereinigen durfte.

Es wird interessant sein, die von dem Gerichtshofe den Geschworenen gestellten Fragen und die darauf erteilten Antworten kennen zu lernen.

1. Ist chlorsaures Kali an sich ein gefährlicher Stoff? — Nein.

2. War es vor dem genannten Unglück den Beklagten bekannt, das Kaliumchlorat auch ungemischt mit anderen Stoffen explodieren könne? — Nein.

3. Wenn nicht, hätten die Beklagten wissen müssen, daß es, ohne mit anderen Stoffen gemischt zu sein, hätte explodieren können? — Ja.

4. Trafen die Beklagten bei der Fabrikation und bei der Lagerung des chlorsauren Kalis alle erdenklichen Versichtsmaßregeln, um Unglücksfälle durch Feuer oder Explosion auszuschließen? — Nein.

5. Wenn nicht, verursachte ein solcher Mangel an der nötigen Sorgfalt und den nötigen Maßregeln die Explosion, oder trug er zu deren Entstehung bei? — Ja.

6. Brach das Feuer bloß durch Zufall ohne jede Fahrlässigkeit aus? — Nein.

Auf diese Fragenbeantwortungen hin wurde die United Alkali Co. zum völligen Schadenersatz verurteilt.

Infolge des Unfalles haben verschiedene Chemiker sich mit der Explosionsfähigkeit des Kaliumchlorats für sich befaßt. Berthelot hatte schon früher[1] gezeigt, daß Substanzen, die bei sukzessivem Erhitzen nicht explodieren, wie Pikrinsäure, Trinitrotoluol, doch zur Explosion gelangen, wenn man sie plötzlich auf eine viel höhere Temperatur bringt, als der beginnenden Zersetzung entspricht. Berthelot fand,[2] daß auch Kaliumchlorat sich analog verhält. Zur Demonstration erhitzt man zweckmäßig ein an einem Ende geschlossenes Glasrohr von 25 bis 30 mm Durchmesser, das man beinahe senkrecht befestigt, mit einem großen Gasbrenner auf eine Länge von 50 bis 60 mm bis zur deutlichen Rotglut, jedoch nicht bis zum Schmelzen. Inzwischen taucht man einen Glasstab, der an dem einen Ende so weit ausgezogen ist, daß er die Dicke von starkem Draht hat, mehrere Male in vorher geschmolzenes Kaliumchlorat, so daß einige Dezigramm festgewordenes Salz am Glasfaden hängen bleiben. Dann führt man letzteren in das glühende Rohr ein bis etwa auf 10 mm vom Boden entfernt, jedoch vorsichtig, daß man die Rohrwandungen nicht berührt. Nach einigen Augenblicken schmilzt das Chlorat infolge der Wärmestrahlen und es fließt Tropfen für Tropfen in das untere Ende des Rohres; jeder einzelne Tropfen explodiert, sobald er mit dem glühenden Glas in Berührung kommt, mit scharfem Knall; die Explosion der einzelnen Tropfen pflanzt sich jedoch nicht nach dem geschmolzenen Chlorat fort, das noch am Glasfaden haftet. Arbeitet man statt in Luft (oder in einem andern inerten Gase) bei Gegenwart brennbarer Gase (Kohlenwasserstoffdämpfe), so ist der Effekt noch stärker; der Chloratsauerstoff kann sich dann mit dem Kohlenstoff und Wasserstoff der letzteren verbinden, wobei neue Wärme entwickelt wird. — A. Dupré[3] beweist mit einer etwas anderen Versuchsanordnung die Explosivität des Kaliumchlorats. Ein 0·5 mm dicker Platindraht, der mit einer kräftigen Stromquelle in Verbindung steht, wird in der Weise schleifenförmig gebogen, daß eine Berührung zwischen den sich kreuzenden Drähten nicht stattfindet; man legt auf diese Schleife ein kleines Stückchen vorher geschmolzenen Kaliumchlorats und schickt zunächst nur so viel Strom durch den Draht, daß das Chlorat fest an den Draht anschmilzt. Schickt man dann plötzlich die volle Kraft des elektrischen Stromes durch den Draht, so erfolgt fast regelmäßig eine Explosion des Chlorats. (Der Versuch gelingt nicht, wenn Spuren von Chlorkalium, etwa von einem früheren Versuche, am Drahte hängen;

---

[1] Ann. Chim. Phys. (6) 16, 128 (1889).
[2] Compt. rend. 129, 926 (1899).
[3] Journ. Soc. Chem. Ind. 21, 217 (1902).

vielleicht veranlaßt das Chlorid schon bei niederer Temperatur eine zwar rasche, aber nicht explosive Zersetzung.)

Lobry de Bruyn[1] weist darauf hin, daß auch das reine Ammonnitrat (ohne Beimengungen) ein explosiver Körper ist, und daß man analog beim Kaliumchlorat aus dessen bekannten Eigenschaften die Explosivität vorher sagen konnte; denn $KClO_3$ genügt den an einen explosiven Körper zu stellenden zwei Anforderungen, sich exothermisch zu zersetzen und bei der Zersetzung Gase zu entwickeln. Lobry de Bruyn sagt, daß bei der Katastrophe in St. Helens dasselbe geschah, was stattfindet, falls z. B. ein größerer Vorrat Schießbaumwolle in Feuer gerät; die Masse fängt an, mit meßbarer Schnelligkeit sich zu zersetzen; das Feuer wird bald heftiger bis zu dem Augenblick, wo die Gase nicht mehr schnell genug in die Atmosphäre entweichen können; sie brechen dann explosionsartig hervor, wirken dadurch als Initialzünder auf den noch nicht brennenden Teil und das Feuer wird zur Detonation. Scheinbar liegt ein prinzipieller Unterschied vor zwischen Schießbaumwolle und Chlorat, weil das letztere nicht brennbar ist; falls aber durch ein Feuer ein Teil einer größeren Quantität des Salzes in Zersetzung kommt, kann die Wärme sich stets mehr anhäufen und die Zersetzung wird eine explosionsartige. Ein prinzipieller Unterschied ist dann nicht mehr vorhanden, auch dann nicht, wenn eine detonierende Mischung des Salzes (z. B. mit Holz) als Initialzündung wirkt.

II. Natriumchlorat.

Das Salz bildet farblose Kristalle des tesseralen Systems, häufig mit tafelförmiger Ausbildung; es ist luftbeständig, nicht hygroskopisch. Das spezifische Gewicht beträgt 2·289.

Die Löslichkeit in reinem Wasser ist nach Kremers folgende:

bei	0°	20°	40°	60°	80°	100°	120°
	81·9	99	123·5	147·1	175·9	232·6	333·3 Tle.

Für die Technik wichtig ist die Löslichkeit des Natriumchlorats bei Gegenwart von Chlornatrium. Nach Schlösing lösen 100 Tle. Wasser von 12°: 89·3 Tle. $NaClO_3$ oder 35·77 Tle. NaCl; sind aber beide Salze im Überschuß vorhanden, so lösen sich 50·75 Tle. $NaClO_3$ und 24·4 Tle. NaCl. Bei 122° nehmen 100 Tle. Wasser 249·6 Tle. $NaClO_3$ und 11·5 Tle. NaCl auf und behalten beim Erkalten auf 12° noch 68·6 Tle. $NaClO_3$ und alles Chlornatrium (11·5 Tle.) gelöst. — Nach Lunge löst sich 1 Tl. chlorsaures Natron in 34 Tln. Alkohol von 83% bei gewöhnlicher Temperatur; in der Wärme ist auch hier die Löslichkeit größer. — Natriumchlorat enthält, seiner Formel $NaClO_3$ entsprechend, 21·60% Na, 33·33% Cl und 45·07% Sauerstoff. — Natriumchlorat schmilzt

[1] Ztschr. angew. Chem. 1899, S. 633.

bei 302°; die geschmolzene Masse gibt Sauerstoff ab und verwandelt sich in Natriumperchlorat und Natriumchlorid, wie zuerst Schlösing gezeigt hat (Compt. rend. 73, 1272). — Scobai erhitzte 5·2535 g Natriumchlorat 41 Stunden lang auf 395° C; es war eine Gewichtsabnahme von 0·1682 g erfolgt; auf 5 g waren 3·403 g Chlorat unzersetzt geblieben. Die Zersetzung hält sich demnach in gleichen Grenzen wie die des Kaliumchlorats. Natriumperchlorat verlor bei 41stündigem Erhitzen auf 395° nur 0·8 % an Gewicht, das Versuchsresultat wird also dadurch nicht beeinflußt.

Vierter Abschnitt.

Die Herstellung der Perchlorate.

A. Chemische Herstellung von Perchloraten.

Die Zersetzung von Kaliumchlorat durch Hitze und die Bildung von Kaliumperchlorat wurde zuerst von Sérullas beobachtet (Ann. Chim. Phys. **46**, 323). Zu dieser Entdeckung wurde er einerseits durch eine Arbeit des Grafen Stadion geführt, dem es gelungen war, Überchlorsäure und Chlordioxyd durch Einwirkung von Schwefelsäure auf Kaliumchlorat bei niederen Temperaturen zu erhalten, andrerseits hatte er selbst beobachtet, daß beim Kochen von konzentrierter Chlorsäure sich Überchlorsäure bildet. Bei seinen Versuchen erhitzte Sérullas die geschmolzene Masse des $KClO_3$ mäßig, bis sie teigig geworden war, und fand bei der Analyse neben Kaliumchlorid 44 % $KClO_4$; auch fand er, daß $KClO_4$ sich bei höheren Temperaturen als $KClO_3$ zersetzt, was ja schon in der Bildungsweise des $KClO_4$ implizite enthalten ist. — Liebig erhitzte Kaliumchlorat in einer Retorte, bis die Hälfte des Sauerstoffs entwickelt war; bei der Analyse fand er 45 % Kaliumperchlorat.

Graham stellte folgende Reaktionsgleichung auf

$$2\,KClO_3 = KClO_4 + KCl + O_2.$$

Milton (Ann. Chim. Phys. (3) 7, 298) setzte die Erhitzung nicht solange fort wie Liebig und erhielt 50 bis 53 % Perchlorat. Nach seiner Annahme ist $KClO_3$ eine komplexe Verbindung von Perchlorat und Chlorit, es spaltet sich daher nach der Gleichung

$$2\,KClO_3 = KClO_4 + KClO_2,$$

wovon die letztere Verbindung, die bei hoher Temperatur nicht beständig, in KCl und O_2 zerfällt. Danach könnten aber maximal nur 56 % Perchlorat entstehen. Marignac erhielt jedoch mehr Perchlorat, als die früheren Forscher; auf Grund genauer Analysen zog er den Schluß, daß die Zersetzung in drei Stufen erfolge; im ersten Stadium, das bis zu einer Entwicklung von 4·5 % Sauerstoff reicht, steigt die gebildete Menge des Perchlorats bis auf 65 %; im zweiten Stadium (Sauerstoffentwicklung von $8\frac{1}{2}$%) verschwindet das Chlorat fast vollständig, ohne daß jedoch das gebildete Perchlorat 66% übersteigt; im dritten Stadium endlich zersetzt sich das Perchlorat in weitgehendem Maße.

Marignac stellte folgende, die Vorgänge zusammenfassende Gleichung auf:

$$3\,KClO_3 = 2\,KClO_4 + KCl + O.$$

Stas zersetzte Kaliumchlorat durch 26stündiges Erhitzen in einer inwendig polierten Platinretorte und erhielt bis 60% Perchlorat. — Franz L. Teed gibt an, daß Chlorat sich nach der Gleichung zersetzt:

$$10\,KClO_3 = 6\,KClO_4 + 4\,KCl + 3\,O_2,$$

bzw. (bei vorsichtigem Erhitzen) nach

$$22\,KClO_3 = 14\,KClO_4 + 8\,KCl + 5\,O_2.$$

Frankland und Dingwal (Berl. Ber. **20**, 28) ziehen aus ihren Versuchen den Schluß, daß für den Fall nicht sehr weitgehender Reaktion der Vorgang sich durch die Gleichung

$$8\,KClO_3 = 5\,KClO_4 + 3\,KCl + 2\,O_2$$

ausdrücken lasse, während mit fortschreitender Zersetzung die Reaktion sich immer mehr der Gleichung nähere:

$$2\,KClO_3 = KCl + O_2 + KClO_4.$$

Auf Veranlassung von Ostwald hat Jon Scobai[1] die Chloratzersetzung durch Hitze untersucht und ist zu folgenden Resultaten gekommen: 1. Kaliumchlorat zersetzt sich bei 395° nach zwei parallel laufenden Reaktionen, von denen die Hauptreaktion (Reaktion vierter Ordnung) der Gleichung $4\,KClO_3 = KCl + 3\,KClO_4$, die begleitende Reaktion aber (Reaktion erster Ordnung) der Gleichung $KClO_3 = KCl + 3\,O$ entspricht; 2. Reines Kaliumperchlorat zersetzt sich bei 390°, 395° und 411° nicht merklich; 3. Natriumchlorat zersetzt sich in der Hitze in analoger Weise wie Kaliumchlorat; 4. Natriumperchlorat liefert ebenso wie andere Perchlorate bei seiner Zersetzung Chlorat, Chlorid und Sauerstoff.

B. Elektrochemische Herstellung von Perchloraten.

I. Geschichtliches und Theorie.

Die erste Veröffentlichung über elektrolytische Perchloratbildung machte im Jahre 1816 Graf Stadion gleichzeitig mit seiner Mitteilung von der Entdeckung der Überchlorsäure und des Chlordioxyds (Gilberts Annalen 1816, Bd. 52, 218). Er stellte Kaliumperchlorat dar, indem er eine Lösung von Kaliumchlorat der Elektrolyse unterwarf; die freie Überchlorsäure gewann Graf Stadion durch Elektrolyse einer wäßrigen Chlordioxydlösung. Später ist diese Entstehung der Überchlorsäure von Berzelius, sowie von Kolbe (Journ. pr. Chem. 41, 137 [1847]) wieder beobachtet worden. Von diesen drei Veröffent-

[1] Dissertation, Leipzig bei Engelmann, 1903; derselben sind auch die vorhergehenden historischen Angaben entnommen; vgl. Ztschr. physik. Chem. Bd. 44, Hft. 3.

lichungen ist diejenige Graf Stadions die ausführlichste geblieben bis auf die neueste Zeit, in der zunächst Haber und Grinberg[1] feststellten, daß bei Elektrolyse verdünnter Salzsäure Chlorsäure entsteht und daß stets aus dieser die schon von Riche bei der Elektrolyse verdünnter Salzsäure beobachtete Überchlorsäure hervorgeht.

Fast gleichzeitg hat Foerster[2] wieder auf die Leichtigkeit hingewiesen, mit welcher chlorsaure Verbindungen bei der Elektrolyse in überchlorsaure übergehen und die Bedingungen dieser Vorgänge eingehender ergründet. Er fand, daß bei nicht zu geringer Stromdichte mit steigender Konzentration des Chlorats die Stromausbeute zunimmt, daß letztere auch durch Steigerung der Stromdichte zu erhöhen ist, daß bei der Elektrolyse niedere Temperaturen einzuhalten sind, daß die Perchloratbildung sowohl in saurer als in neutraler Lösung vor sich geht, während in alkalischer Lösung nur im Anfange der Elektrolyse eine freilich unbeträchtliche Bildung stattfinde, welche um so energischer sei, je höhere Stromdichte man anwende, aber stets nach einiger Zeit wieder erlösche. — Nach dieser Arbeit Foersters erschien diejenige Wintelers[3], dessen ziemlich eingehende Untersuchungen ihn zu folgenden wesentlichen Resultaten kommen lassen: 1. Die Konzentration an Chlorat hat keinen bedeutenden Einfluß auf die Stromausbeute, solange erstere nicht unter einen Minimalgehalt sinkt; 2. die Oxydation des Chlorats zu Perchlorat nimmt zu mit steigender Stromdichte; 3. die Stromausbeute fällt mit steigender Temperatur; 4) eine mit Platinschwarz überzogene Anode ergibt bedeutend geringere Oxydationswirkung als eine platinierte Anode; 5. wird der Elektrolyt nicht künstlich durchgerührt, so bilden sich an der Anode saure Schichten, welche den Oxydationsvorgang beeinflussen; ihre Bildungszeit und ihre Konzentration wird bedingt durch die Stromdichte; 6. bei der Elektrolyse von Alkalichlorid findet nie primäre Perchloratbildung statt, sondern letztere setzt erst dann ein, wenn die Hauptmenge des Chlorids die Übergangsstufen von Hypochlorit und Chlorat durchlaufen hat und die Chloridkonzentration auf ein Minimum gesunken ist.

In den bisherigen Arbeiten hat es sich wesentlich darum gehandelt, die günstigsten Bedingungen der Perchloraterzeugung ausfindig zu machen: eine theoretische Erklärung des Prozesses war noch nicht gegeben, bzw. nach der Richtung hin versucht, daß man eine elektrolytische Oxydation des Chlorats zu Perchlorat, infolge Entladung von Hydroxylionen nach der Gleichung

$$ClO_3' + 2OH' + 2\oplus \longrightarrow ClO_4' + H_2O$$

annahm. — Auf Veranlassung Foersters hat dann Oechsli[4] den Vorgang der Perchloratbildung studiert und ist zu dem Schlusse gekommen, daß zunächst die Ionen der Chlorsäure, bzw. deren Salze, ihre

[1] Ztschr. anorg. Chem. 1897, S. 225.

[2] Ztschr. Elektrochem. 1897/98, S. 386.

[3] Ztschr. Elektrochem. 1899, S. 49 u. 217; 1901, S. 635.

[4] Ztschr. Elektrochem. 1903, S. 807.

Ladung verlieren und die entladenen ClO_3 alsbald mit Wasser reagieren nach der Gleichung:

$$2\,ClO_3 + H_2O = HClO_4 + HClO_2 + O\,,$$

wobei die auftretende chlorige Säure durch den Sauerstoff sofort wieder zu Chlorsäure oxydiert wird. Foerster[1] faßt Vorgang und Theorie folgendermaßen zusammen: der Vorgang bedarf möglichst hohen Anodenpotentials; er verläuft daher am günstigsten am glatten Platin, bei hoher Stromdichte und bei niederer Temperatur, während die Konzentration der Chlorsäure oder ihrer Salze nur von geringem Einfluß auf die Ausbeute ist. Platinierung der Anode, sowie schon ein kleiner Gehalt an freiem Alkali, vermindern die Stromausbeute, mit welcher Perchlorat erzeugt wird, auf ganz geringfügige Beträge. Der elektrolytische Vorgang ist analog der chemischen Perchloratbildung; auch auf rein chemischem Wege entstehen überchlorsaure aus chlorsauren Verbindungen niemals durch deren Oxydation, sondern dadurch, daß diese — analog wie die unterchlorigsauren Verbindungen beim Übergang in chlorsaure — von selbst in überchlorsaure und niedriger oxydierte Verbindungen des Chlors zerfallen. So geht Chlorsäure bei gesteigerter Konzentration, beim Eindampfen oder bei der Einwirkung konzentrierter Säuren auf Chlorate in Überchlorsäure und chlorige Säure über

$$2\,HClO_3 = HClO_4 + HClO_2\,,$$

welch letztere mit der Chlorsäure das gemischte Anhydrid Chlordioxyd bildet:

$$HClO_3 + HClO_2 = H_2O + 2\,ClO_2\,.$$

Wenngleich der Elektrolytsauerstoff bei dem hohen Anodenpotential, welches bei der Perchloratherstellung herrschen muß, wohl die Fähigkeit besitzen könnte, ClO_3' zu ClO_4' zu oxydieren, so ist doch anderseits bei diesem Potential die Entladung der ClO_3' sehr wohl möglich. Tritt diese aber ein, so würden die entladenen ClO_3 bei ihrer Wechselwirkung mit Wasser dicht an der Anode sehr konzentrierte Chlorsäure geben, welche aber alsbald von selbst in Überchlorsäure und chlorige Säure zerfallen müßte. Es ist daher wahrscheinlich, daß die ClO_3' bei bzw. nach ihrer Entladung mit dem Wasser im Sinne der Gleichung

$$2\,ClO_3' + H_2O + 2\oplus \longrightarrow HClO_4 + HClO_2 + O$$

sich umsetzen. Die chlorige Säure aber wird sehr leicht durch elektrolytisch entwickelten Sauerstoff zu ClO_3' oxydiert, muß also, wenn sie neben Sauerstoff an der Anode auftritt, sofort von diesem oxydiert werden. Diese Auffassung würde die elektrolytische Perchloratbildung einerseits mit der rein chemischen Entstehung dieser Verbindungen, andererseits mit der elektrolytischen Chloratbildung, in Parallele setzen.

Die folgende Zusammenstellung zeigt diese Beziehungen:

---

[1] Elektrochemie wäßriger Lösungen. S. 490.

Perchlorat

rein chemisch: $2 HClO_3 \longrightarrow HClO_4 + HClO_2$

elektrolytisch: $\begin{cases} 2 ClO_3' + H_2O + 2 \oplus \longrightarrow HClO_4 + HClO_2 + O \\ HClO_2 + O \longrightarrow HClO_3 \end{cases}$

Chlorat

rein chemisch: $3 HClO \longrightarrow HClO_3 + 2 HCl$

elektrolytisch: $6 ClO' + 3 H_2O + 6 \oplus \longrightarrow 2 HClO_3 + 4 HCl + 3 O$.

II. Herstellung von Natriumperchlorat.

Die Erzeugung von Natriumperchlorat ist von großer Bedeutung, weil das Natriumsalz zur Herstellung von Kali-, sowie Ammoniumperchlorat dient. Die Gewinnung des Natriumperchlorats erfolgt in zwei Phasen:

a) Darstellung von Natriumchlorat,

b) Überführung des Chlorats in Natriumperchlorat.

Betreff a) sei auf die diesbezüglichen Angaben (S. 41) verwiesen. Zur Überführung in Perchlorat könnte man direkt die durch fortgesetzte Elektrolyse des Chlornatriums erhaltene konzentrierte Lauge mit etwa 750 g $NaClO_3$ im Liter benützen; besser ist es aber, das Chlorat sich erst abscheiden zu lassen und eine frische Lösung desselben herzustellen, da in dem ersten Elektrolyten störend wirkendes Kochsalz vorhanden ist. Für die Überführung in Perchlorat sind (außer Abwesenheit von Kochsalz) möglichst folgende Bedingungen einzuhalten: 1. die Lösung soll nicht alkalisch sein, weshalb man ev. sich bildendes Alkali neutralisiert oder entfernt; 2. man arbeitet mit Platinanode und beliebiger Kathode, ev. Eisen; 3. der Elektrolyt soll niedrige Temperatur haben, am besten zwischen 0° und +10°, Maximum 25° C. Da bei der Reaktion Wärme entsteht, aber niedrige Temperatur aufrecht zu halten ist, so muß eine gewisse Wärmemenge abgeführt werden; hierüber macht Couleru[1] folgende Angaben:

Eine Fabrik (von 1000 kg täglicher Produktion) braucht eine Kraft von $\frac{1000}{5} = 200$ PS. oder 147·2 K.W. — Da eine Kilowattstunde 860 Kalorien produziert, ergibt sich, daß $147{\cdot}2 \times 860 =$ 127000 Kalorien, die pro Stunde abzuführen sind; man verwendet zu diesem Zwecke Wasser, Eis oder Kältemaschinen. a) Wasser; wenn man Wasser von 10° hat, das dann mit 20° abfließt, so braucht man per Stunde 12·7, praktisch 15 bis 17 cbm Wasser, für einen Tag 400 cbm. b) Eis; theoretisch werden etwa 100 Kalorien absorbiert,

[1] Chem.-Ztg. 1906, S. 213.

um 1 kg Eis in Wasser von 20° zu verwandeln; das wären 1270 kg Eis für eine Stunde oder 30000 kg für einen Tag, praktisch 40000 kg. c) Muß man das Eis maschinell herstellen, so sind eine oder mehrere Maschinen von zusammen 70 PS. nötig, da man mit 1 PS.-Stunde 15 bis 20 kg Eis erzeugen kann. Die Abkühlungsvorrichtungen sind verschieden je nach der Natur der Zelle, der Elektroden, der Abkühlmittel: man verwendet z. B. Kühlschlangen aus Steinzeug, Blei, Eisen, auch innen abgekühlte Elektroden.

Nach Foerster wird eine 25%ige Lösung von Natriumchlorat bei 10° sehr weitgehend in Perchlorat übergeführt, ohne daß die Stromausbeute unter 90% herabgeht. Zu Beginn ist die Stromausbeute sogar 95% und mehr; die Ausbeute sinkt jedoch bei fortgesetzter Elektrolyse gegen das Ende der Operation und beträgt daher im Mittel nur etwa 85%. Man muß die verschlechterte Stromausbeute im Interesse der Reinheit der daraus herzustellenden Produkte mit in Kauf nehmen; wenn man nämlich die Oxydation nicht bis zum Verschwinden des Chlorats durchführt, so scheidet sich bei der späteren Umsetzung des Natriumperchlorats mit Chlorkalium zu Kaliumperchlorat letzteres mit durch Auswaschen nicht zu entfernender, in fester Lösung vorhandener Beimengung von Kaliumchlorat aus. Noch bedenklicher wäre eine Verunreinigung von Ammoniumperchlorat mit dem selbstzersetzlichen Ammonchlorat.

Couleru gibt folgende Berechnung: Wenn man für Überführung von NaCl in $NaClO_3$ als Ausbeute für 1 PS.-Tag annimmt 2·5 bis 3 kg, im Mittel etwa 2·7 kg, so müßte man theoretisch bei gleicher Stromausbeute für Überführung von $NaClO_3$ in $NaClO_4$ (nur 1 Sauerstoff nötig) $3 \times 2{\cdot}7 = 8{\cdot}1$ kg Perchlorat erhalten; praktisch ist aber die Ausbeute für 1 PS.-Tag nur etwa 5 kg, weil der Widerstand des Elektrolyten infolge der niederen Temperatur, somit die Elektrodenspannung, viel größer ist. — Die Bestimmung der Ampèreausbeute bei der Perchloratherstellung erfolgt mit der Luxschen Gaswage; gegen Schluß der Operation wird das Gas schwerer, da die Ausbeute des Stromes abnimmt.

III. Kalium- und Ammoniumperchlorat.

Diese Salze werden gewöhnlich aus konzentrierten Lösungen von Natriumperchlorat durch Umsetzen mit konzentrierten Lösungen von Kalium- bzw. Ammoniumsalzen gewonnen; die beiden letzteren Salze sind schwer löslich, werden von der Mutterlauge getrennt und zentrifugiert. Für Kaliumperchlorat verwendet man zweckmäßig zum Umsetzen Chlorkalium. Für das Ammoniumsalz hat zuerst Schlösing (Compt. rend. 73) Chlorammonium angewandt; nach dem D.R.P. 103993 von Alvisi hat aber letzteres Verfahren den Nachteil, daß mit dem Ammonperchlorat zugleich Kochsalz ausfällt. Alvisi setzt daher mit Ammonnitrat um, in fester Form oder in stark konzentrierter Lösung; er verwendet 75 bis 77 Gew.-Tle. Ammonsalpeter auf 213 Tle. Natriumperchlorat. Hierbei soll sich das Ammonperchlorat (frei von fremden Salzen) in Form von sehr feinen Kriställchen abscheiden, welche mit Hilfe eines Zentrifugalfilters ausgepreßt und dann aus heißem Wasser umkristallisiert werden.

Couleru[1] macht über das Trocknen und Mahlen von Kalium- und Ammonperchlorat folgende Mitteilungen. Das Trocknen erfolgt mit Dampf, heißer Luft oder Elektrizität, am besten bei 80 bis 100° C; Temperaturen von über 100° sind besonders bei Ammonperchlorat zu vermeiden. Für elektrisches Trocknen ergibt sich folgende Stromberechnung: das aus der Zentrifuge kommende Produkt enthält, falls pulverförmig, rund 3 bis 5% Wasser, falls kristallisiert 1 bis 3%; um also 1000 kg Perchlorat täglich zu trocknen, braucht man nur 50 kg Wasser zu verdampfen; die hierfür theoretisch benötigte Wärmemenge beträgt:

a) Erwärmung und Verdampfung des Wassers $50 \times 100 + 50 \times 536$	31 800 Kal.
b) Erwärmung der Perchlorate, wenn die spezif. Wärme $= 0{\cdot}2$ angenommen wird $1000 \times 80 \times 0{\cdot}2$	16 000 Kal.
zusammen ca.	48 000 Kal.

Für eine Stunde muß man also $\frac{48000}{24} = 2000$ Kal. erzeugen, was etwa 3 PS. entspricht; praktisch wird man das Doppelte rechnen müssen, also etwa 6 PS., und wenn man das Trocknen der Tag- und Nachtproduktion in 12 Stunden durchführen will, etwa 12 PS. — Das elektrische Trocknen hat nach Couleru viele Vorteile, genaues Regulieren der Temperatur, leichte und billige Konstruktion der Apparate, keine Unterhaltungskosten, keine Gefahr, große Bequemlichkeit. — Bei dem Mahlen der trockenen Perchlorate ist Vorsicht anzuwenden; es werden meist Kollergänge mit einem oder zwei Mühlsteinen gebraucht, Teller und Mühlsteine sind aus Granit. Ev. vorhandene Holzteile sind mit Wasserglas zu imprägnieren, ebenso die Kleider der Arbeiter; Gemische von Perchloratstaub mit Maschinenöl sind gefährlich. Im Übrigen sei auf die bei den Chloratmühlen beschriebenen Vorsichtsmaßregeln verwiesen.

Couleru gibt noch folgende Übersicht über die Fabrikationskosten unter Zugrundelegung folgender Preise: Elektrische Energie: M. 80.— für 1 PS.-Jahr von 736 Watt. Kochsalz: M. 4.—, Chlor-

[1] Chem.-Ztg. 1906, S. 213.

kalium: M. 21.—, Chlorammonium: M. 55.—, Kohlen: M. 3.— für 100 Kilo, Arbeitslohn: 30 Pfg. für die Stunde.

Für 100 kg Kaliumperchlorat:

60 kg Kochsalz zu 4 Pfg.	2.40	M.
56 „ Chlorkalium zu 21 Pfg.	11.76	„
60 PS.-Tag zu 22 Pfg.	13.20	„
Arbeiterlöhne	5.—	„
Kohlen	2.—	„
Unterhaltungsspesen	4.—	„
Verpackung	2.64	„
Gesamtunkosten	3.—	„
	44.—	M.

Für 100 kg Ammoniumperchlorat:

60 kg Kochsalz zu 4 Pfg.	2.40	M.
50 „ Salmiak zu 55 Pfg.	27.50	„
70 PS.-Tag zu 22 Pfg.	15.40	„
Arbeiterlöhne	7.—	„
Kohlen	5.—	„
Unterhaltungsspesen	7.—	„
Verpackung	2.70	„
Gesamtunkosten	5.—	„
	72.—	M.

Diese Preise sind mittlere; größere Anlagen werden selbstverständlich billiger arbeiten, während kleinere Fabriken 10—20 % zuschlagen werden.

Zum Schluß dieses Abschnittes sei noch ein Verfahren von Miolati zur Herstellung von Ammoniumperchlorat angegeben (D.R.P. 112682), das nicht von Natriumchlorat ausgeht, sondern von Calciumperchlorat.

Die Ausführung des Verfahrens zerfällt in zwei getrennte Operationen. In der ersten wird durch Einwirkung des elektrischen Stromes Chlorcalcium zu Calciumperchlorat oxydiert, in der zweiten die eingeengten Lösungen des so erhaltenen Calciumperchlorats mit konzentrierter Salmiaklösung umgesetzt. Nachdem die elektrolytische Umwandlung in Calciumperchlorat vollendet ist, wird die Lösung konzentriert und mit einer gesättigten warmen Lösung der zur Umsetzung nötigen Menge Chlorammonium behandelt (für 55 Tle. $CaCl_2$, 54 Tle. NH_4Cl). Das Ammoniumperchlorat, welches sich beim Abkühlen abscheidet, wird von der Flüssigkeit getrennt und weiter gereinigt, die Mutterlauge, welche das Chlorcalcium enthält, wird durch Kalk von dem Ammoniak befreit und von neuem der Elektrolyse unterworfen.

Statt von Chlorcalcium kann man auch von Chlormagnesium ausgehen und das Magnesiumperchlorat umsetzen.

C. Gewinnung von Kaliumperchlorat aus rohem Chilesalpeter.

Sowohl in der Explosivstoffindustrie als in der Landwirtschaft verlangt man, daß der Natronsalpeter möglichst frei von Kaliumperchlorat ist; tatsächlich enthält aber die Salpetererde (Caliche) in manchen Bezirken Chiles, besonders in Toco, bis zu 4 % Kaliumperchlorat. Man bemühte sich nun in den chilenischen Oficinas, den Rohsalpeter von dieser Beimengung zu befreien und gelangte sogar dazu, das Kaliumperchlorat als einen neuen Ausfuhrartikel rein zu gewinnen; im Dezember 1897 wurde die erste Sendung (ca. 700 kg) Kaliumperchlorat nach Europa verschifft, im Jahre 1898 gelangten 14000, im Jahre 1899 schon 30000 und im folgenden Jahre über 88000 kg Perchlorat in Chile zur Versendung.

Nach Plagemann[1] und Semper und Michels[2] kann das Perchlorat nach dem Verfahren von Fölsch und Martin bis auf unschädliche Spuren aus dem Salpeter entfernt und isoliert werden; durch Umkristallisieren erhält man es als weißes Salz von 92 bis 96 % $KClO_4$. Näheres ergibt sich aus nachstehender Patentschrift:

D.R.P. 125206 vom 1. Juni 1900. H. Fölsch & Co. in Hamburg. — Verfahren zum Reinigen des Chilesalpeters von Kaliumperchlorat. — Der Chilesalpeter enthält als hauptsächlichste Verunreinigung neben Chlornatrium auch Kaliumperchlorat. Gewöhnlich wird der Chilesalpeter so raffiniert, daß man denselben aus Natronsalpetermutterlauge umkristallisiert und die letztere so lange benutzt, bis sie sich mit Chlornatrium gesättigt hat; das in nur geringen Prozenten vorhandene Chlornatrium gestattet wegen seiner leichten Löslichkeit eine mehrmalige Verwendung der Mutterlauge zum Umkristallisieren. Dagegen tritt die Sättigung der Mutterlauge mit dem in der Kälte sehr schwer löslichen Kaliumperchlorat schon häufig nach der ersten, sicher aber nach der zweiten Operation ein, so daß bei weiterer Benutzung perchlorathaltigen Rohmaterials und der mit Perchlorat gesättigten Mutterlauge der raffinierte Natronsalpeter wohl frei ist von Chlornatrium, dagegen nicht von Kaliumperchlorat. Die Gesamtmenge des im Chilesalpeter vorhandenen Kaliumperchlorats geht dann in den raffinierten Natronsalpeter über. Durch folgendes Verfahren wird nun der Chilesalpeter vom Kaliumperchlorat befreit und letzteres gewonnen:

Zum Umkristallisieren von je 1000 kg Chilesalpeter wird 1 cbm Mutterlauge verwendet, letztere wird aus den Kristallisierpfannen bei 20° C abgelassen. Sobald sich im raffinierten Salpeter Kaliumperchlorat nachweisen läßt, ist die bei 20° abgelaufene Mutterlauge mit Perchlorat gesättigt; ehe nun neue Mengen Rohsalpeter verarbeitet werden, wird die Mutterlauge auf folgende Weise vom Kaliumperchlorat befreit. Im zu verarbeitenden Chilesalpeter wird das Gewicht des Kalium-

[1] Der Chilesalpeter. Berlin 1905.

[2] Die Salpeterindustrie Chiles. Berlin 1904.

perchlorats bestimmt; auf gefundene je 10 kg Kaliumperchlorat wird 1 cbm der bei 20° C abgelassenen Mutterlauge auf 0° C abgekühlt. Die dadurch abgeschiedene Salzmenge besteht aus Natronsalpeter und Kaliumperchlorat, und zwar fallen aus 1 cbm 160 kg Salz aus: 150 kg Natriumnitrat und 10 kg Kaliumperchlorat. Die von diesem Salzgemenge getrennte Mutterlauge wird nun mit der eventuell restierenden vereinigt; in diesem Gemisch wird die gewogene Menge Chilesalpeter heiß aufgelöst und umkristallisiert. Die Lauge wird wieder bei 20° C abgelassen, der zu verarbeitende Salpeter untersucht und so fort, bis die Mutterlauge, mit Chlornatrium gesättigt, zum Eindampfen reif ist und durch neue Mutterlauge ersetzt werden muß. Die durch die Abkühlung erhaltene Salzmenge wird mit wenig kaltem Wasser gewaschen (160 kg mit etwa 200 Liter); während das Natriumnitrat vollständig in Lösung geht, löst sich nur wenig Kaliumperchlorat; der größere Teil des Perchlorats, etwa $^2/_3$, bleibt in Form eines feinen Mehles zurück, welches, mehrmals mit kaltem Wasser gewaschen, ein technisch reines Produkt ergibt. Die durch das Auflösen des Salzgemenges erhaltene Lauge wird gesammelt; sie ist gesättigt mit Natriumnitrat und Kaliumperchlorat, enthält dagegen nur geringe Mengen Chlornatrium und tritt an Stelle nicht mehr verwendbarer, mit Chlornatrium gesättigter Lauge, nachdem dem Perchlorat des Rohsalpeters entsprechend die nötigen Kubikmeter davon auf 0° C abgekühlt worden sind.

Beispiel: 10000 kg Chilesalpeter mit 0·75% Kaliumperchlorat sind zu raffinieren. Von den dazu nötigen 10 cbm Mutterlauge werden 7·5 cbm auf 0° C abgekühlt und dann nach Trennung von dem abgeschiedenen Salz mit den restierenden 2·5 cbm vereinigt und hierauf die 10000 kg Rohsalpeter damit umkristallisiert. Aus dem Salzgemenge, das durch die Abkühlung erhalten wird, erhält man etwa 1·5 cbm frischer Lauge und etwa 50 kg Kaliumperchlorat. Dieses Verfahren läßt sich leicht ausführen, es arbeitet rationell und billig.

Patentansprüche: 1. Verfahren zum Reinigen des Chilesalpeters von Kaliumperchlorat, dadurch gekennzeichnet, daß den von den Kristallisierpfannen abgeflossenen Mutterlaugen vor deren Wiederverwendung durch planmäßige starke Abkühlung eine berechnete, dem im Rohsalpeter vorhandenen Kaliumperchlorat entsprechende Menge Kaliumperchlorat entzogen wird.

2. Auflösung des durch 1. entstandenen Salzgemisches zwecks Gewinnung des Kaliumperchlorats und Herstellung frischer kochsalzfreier Lauge zum Ersatz von an Chlornatrium gesättigter, nicht mehr verwendbarer Lauge.

Ein anderes Verfahren, das hauptsächlich den Zweck verfolgt, reinen Natronsalpeter zu gewinnen, ist in nachfolgender Patentschrift beschrieben:

D.R.P. 165310 vom 19. Mai 1904. Dr. Ernst Eger in Harburg. — Verfahren zur Herstellung von perchloratfreiem

Natronsalpeter. — Der Chilesalpeter des Handels besteht im Durchschnitt aus 90 bis 95 % Natronsalpeter, 2 bis 5 % Kalisalpeter, bis zu 1 % Kaliumperchlorat, 0·5 % Unlöslichem, 2 bis 3 % Wasser und Spuren von Jodiden, Jodaten usw. Die übliche Raffination des Chilesalpeters besteht darin, daß man ihn mit Laugen von früheren Operationen und heißem Wasser und Dampf bis zu einer Konzentration von 50° Bé aufkocht, die erhaltene Lauge heiß filtriert und in die Kristallisationsgefäße laufen läßt. Beim Abkühlen scheidet sich Natronsalpeter mit dem größten Teil von Kalisalpeter und Kaliumperchlorat aus, während die leicht löslichen Salze in der Mutterlauge verbleiben; letztere wird so lange zu neuen Auflösungen verwendet, bis sie mit den leicht löslichen Salzen gesättigt ist.

Nach vorliegender Erfindung erhält man einen von Kalisalpeter und Kaliumperchlorat freien Natronsalpeter, wenn man den Chilesalpeter in folgender Weise behandelt. Man stellt durch Analyse den Gehalt an Kalinitrat plus Kaliumperchlorat fest; er betrage a Prozent. Der Chilesalpeter wird fein gemahlen und in einen eisernen Behälter gebracht, wie sie als Kristallisationsgefäße üblich sind. Das Mahlgut wird mit wenig kaltem Wasser (10 bis 15° C) angerührt und unter fortwährendem Umrühren allmählich so viel kaltes Wasser zugesetzt, daß auf je 100 kg des angewandten Chilesalpeters $(100 - 3a)$ kg Wasser kommen. Anfangs sinkt die Temperatur auf unter 0° und steigt dann allmählich wieder. Durch diese Art des allmählichen Einwirkens von kaltem Wasser auf den fein gemahlenen Chilesalpeter wird bewirkt, daß eine gesättigte Natronsalpeterlauge bei einer niedrigen Temperatur erreicht wird, so daß weder Kalisalpeter noch Kaliumperchlorat mit in Lösung gehen. Die Zuführung des kalten Wassers muß allmählich geschehen, damit die erhaltene Natronsalpeterlauge bei jedem ferneren Wasserzusatz nur wenig verdünnt wird und auf diese Weise jedesmal noch etwas Natronsalpeter, aber keinen Kalisalpeter und Kaliumperchlorat aufnimmt. Versuche haben ergeben, daß man die günstigsten Ergebnisse durch einen Zusatz von $(100 - 3a)$ kg Wasser erzielt; durch einen geringeren Zusatz von Wasser würde nicht genügend Natronsalpeter gelöst, was unvorteilhaft ist, dagegen durch einen höheren Zusatz von Wasser bereits Spuren von Kaliumnitrat und Kaliumperchlorat in Lösung gebracht. Die Lauge wird abgehebert, filtriert und verdunstet.

Fünfter Abschnitt.

Chemische Untersuchung und Eigenschaften der Perchlorate.

A. Chemische Untersuchung.

Zur quantitativen Bestimmung führt man die Perchlorate in Chloride über und wägt das Chlorsilber, bzw. titriert das Chlor-Ion nach Volhard. Da aber Perchlorate weder durch schweflige

Säure, Natriumamalgam, Ferrosulfat oder Zinkstaub, noch durch wiederholtes Eindampfen mit konzentrierter Salzsäure reduziert werden, so sind hierfür spezielle Methoden ausgearbeitet worden.

1. Von Treadwell und Blangey. Dreimaliges Abrauchen mit je der dreifachen Menge Salmiak in einem alten Platintiegel (der angegriffen wird) oder in einem Porzellantiegel nach Zusatz von 1 ccm Platinchlorwasserstoffsäure.

2. Von Dittrich und Bollenbach (Ber. 1905, S. 751). Man reduziert mit Kalium- oder Natriumnitrit nach der Gleichung

$$KClO_4 + 4KNO_2 = KCl + KNO_3 .$$

Man gibt in einen größeren Platin- oder auch Nickeltiegel erst eine Schicht gepulverten, reinen, chlorfreien Natriumnitrits und auf dessen Mitte die abgewogene, zu untersuchende Substanz, indem man sorgfältigst vermeidet, etwas davon an die Tiegelwandungen zu bringen, da sonst leicht durch kleine Explosionen Verluste entstehen können. Zum Schluß überschichtet man alles mit weiterem Nitrit — im ganzen verwendet man etwa 6 g KNO_2 — und erwärmt den Tiegel anfangs gelinde. Wenn alles geschmolzen ist, erhält man die Masse bei möglichst niederer Temperatur etwa eine halbe Stunde im Fluß und laugt nach dem Erkalten die Schmelze mit warmem Wasser aus. Zur Lösung fügt man Silbernitrat, säuert mit Salpetersäure gut an und verjagt die reichlich entweichende salpetrige Säure durch Erwärmen auf dem Wasserbade. Das ungelöst bleibende Chlorsilber wird in der üblichen Weise bestimmt.

3. Von V. Rothmund (Ztschr. anorg. Chem. 1909, S. 108). Man reduziert mit schwefelsaurer Lösung von dreiwertigem Titan (oder auch Vanadin oder Molybdän) und titriert dann das Chlor nach Volhard.

Man stellt nach Diethelm und Foerster (Ztschr. phys. Chem. 62, 132) eine Lösung von Titansulfat her, die ungefähr $^1/_2$ Mol. Titan und 2 Mol. Schwefelsäure im Liter enthält; von dieser Lösung werden für 0·1386 g Kaliumperchlorat 30 ccm, d. i. etwa das Doppelte der theoretischen Menge, und 4 ccm konzentrierte Schwefelsäure zugesetzt, hierauf wird eine Stunde in einem mit Kühler versehenen Erlenmeyerkolben unter Durchleiten von Kohlensäure gekocht, nach dem Abkühlen das überschüssige Titansalz mit Kaliumpermanganat oxydiert und schließlich das Chlor nach Volhard titriert. — Aus der verbrauchten Titansesquisulfatlösung kann man (nach Stähler) nicht auf den Gehalt an Perchlorat schließen, weil dreiwertiges Titan sich schon durch kochendes Wasser zu vierwertigem oxydiert, so daß durch Zurücktitrieren des unveränderten Titansesquisulfats zu hohe Werte erhalten werden.

Sind neben Perchloraten auch Chlorate vorhanden, so werden letztere bei vorgenannten Reduktionsmethoden mit bestimmt; man hat dann die Summe von Chlorat und Perchlorat. In einer anderen Portion bestimmt man dann mit einem nur das Chlorat angreifenden Reduktionsmittel den Chlorgehalt; die Differenz beider Analysen ergibt das Perchlorat.

Über die quantitative Bestimmung von geringen Perchloratbeimengungen im Schwarzpulver siehe: Bericht über den 5. Kongreß für angewandte Chemie, Bd. II. (Berlin 1904), Vortrag von Lenze (S. 396 und 397), sowie Literaturangaben, S. 415, wovon speziell auf die französ. Verordnung (Mém. Poudr. Salp. Bd. XI, S. 63—67) hingewiesen sei.

B. Eigenschaften der Perchlorate.

I. Kaliumperchlorat. Wasserhelle rhombische Säulen; kein Kristallwasser, doch enthalten die Kristalle eine kleine Menge Wasser eingeschlossen; spez. Gew. 2·54. Das Salz ist in kaltem Wasser sehr wenig löslich (1·667 Tle. in 100 Tln. Wasser), was seine Abscheidung und Trennung sehr erleichtert; in heißem Wasser ist es bedeutend löslicher (18·18 Tle. in 100 Tln. Wasser), so daß man das Salz aus Wasser umkristallisieren kann; in Alkohol ist es unlöslich. Kaliumperchlorat enthält 46 % Sauerstoff, während das Chlorat nur 39 % enthält.

Reines Kaliumperchlorat zersetzt sich (nach Scobai) bei 390°, 395° und 411° nicht merklich; bei höheren Temperaturen zerfällt es in KCl und Sauerstoff; bei etwa 420° scheint sich ein Gleichgewichtszustand zwischen $KClO_4$, $KClO_3$ und KCl einzustellen.

II. Ammoniumperchlorat. Durchsichtige rhombische Prismen, isomorph mit Kaliumchlorat; spez. Gew. 1·89. In der Kälte lösen 100 Tle. Wasser 20 Tle. Salz, in der Hitze ist es noch leichter löslich; in Alkohol ist das Salz wenig löslich. Das Salz ist neutral, gibt aber in wäßriger Lösung Ammoniak ab und wird sauer; Eindampfen und Kristallisieren der Lösungen geschieht am besten in Steinzeug oder emailliertem Gußeisen.

Girard und Laroche[1] haben die Temperatur bestimmt, bei welcher das Ammonperchlorat zu zerfallen beginnt. Die ersten Versuchsreihen ergaben, daß das Ammonperchlorat, als feines Pulver erhitzt, im Verlauf von 2 Monaten keinen nennenswerten Verlust erleidet, wenn man es in einer nicht erneuerten Atmosphäre konstant auf einer Temperatur von 100° hält; daß dasselbe Perchlorat, wenn man es weitere 47 Tage lang in einer durch einen Luftstrom von 30° — der mit einer Geschwindigkeit von 60 Litern in der Stunde fließt — erneuerten Atmosphäre erhitzt, keine Spur von Zersetzung

[1] Moniteur scient. Avril 1909.

zeigt, wenn das Salz sich in einem Raume von konstanter Temperatur (100° oder 125°) befand. — In einer weiteren Versuchsreihe wurde Ammonperchlorat, das vorher 109 Tage lang einer Temperatur von 100/125° unterworfen worden war, ohne an Gewicht zu verlieren, in einen auf 145—150° erhitzten Raum gebracht. Nach zehn Tagen betrug der Gewichtsverlust bei drei Proben: 34·5 % bzw. 24·8 % bzw. 33·5 %, im Mittel 31 %; die Substanz hat ihr Aussehen verändert und riecht nach Chlor; der Luft ausgesetzt läßt die Masse noch mehrere Tage Gase ausströmen, die entweder vorher okkludiert waren oder von dem Weitergang der Zersetzung herrühren. Erhitzt man weiter auf 145 bis 150°, so geht die Zersetzung in regelmäßiger Weise weiter.

Bei weiteren Versuchen wurde Ammonperchlorat, das nicht vorerwärmt worden war, auf 145—150° erhitzt; während der ersten 30 Stunden war der Gewichtsverlust = Null, nach sechs Tagen jedoch hatte das Salz 30 % seines Gewichts verloren. Der Rückstand wurde analysiert; er enthielt kein Chlorid und bestand aus ganz reinem Perchlorat. Daraus ergibt sich, daß Ammonperchlorat, welches bei einer längere Zeit konstant gehaltenen Temperatur von 125° nicht dissoziiert, bei 145—150° allmählich an Gewicht verliert; der Eintritt der Zersetzung erfolgt ganz plötzlich nach 30stündigem Erhitzen; in diesem Moment ändert das Salz sein Aussehen, es wird an der Oberfläche mehlig und die Masse wird porös; doch ist die noch nicht dissoziierte Masse reines Perchlorat wie beim Beginn des Versuchs.

Die durch das Erwärmen auf 145—150° hervorgerufene Dissoziation scheint nach der Gleichung

$$ClO_4NH_4 = 2H_2O + O_2 + Cl + N$$

vor sich zu gehen, wie qualitativ nachgewiesen wurde.

Es wurden nun — bei 150° — Versuche unter verschiedenen Bedingungen angestellt, indem man das Ammonperchlorat in Glasschalen brachte die 1. nicht bedeckt; 2. mit einem Uhrglas, das mit kleinen Löchern versehen war, bedeckt; 3. mit durchlöchertem Papier bedeckt und 4. mit einem ganzen Uhrglas bedeckt waren. Nach 88 Stunden hatte das Perchlorat verloren (in je zwei Versuchen):

bei 1.	45·18 %	bzw.	44·53 %
„ 2.	47·62 „	„	46·26 „
„ 3.	48·08 „	„	46·14 „
„ 4.	52·58 „	„	47·39 „

Am lebhaftesten erfolgte die Zersetzung offenbar in Gefäß Nr. 4, weil die entwickelten Gase hier nicht entweichen können und zersetzungsbeschleunigend wirken. — Bei 180° ist die Zersetzung etwas lebhafter. — Bei 125° trat noch keine Zersetzung ein, dagegen findet schon bei 135° eine — außerordentlich langsame — Zersetzung statt, die so gering ist, daß erst nach fünftägigem fortgesetzten Erhitzen ihre Wirkung ersichtlich wird, durch Gewichtsverlust; der Rückstand behält seine ursprüngliche Zusammensetzung.

Weitere Versuche wurden bei 150° mit verschieden stark komprimiertem Ammonperchlorat angestellt; war die Kompression durch Druck von 400 kg auf den Quadratzentimeter erfolgt, so verlor das Salz in 8 Tagen 12,80 %, in 20 Tagen 40 %; bei einem Druck von 600 kg betrug der Verlust 11·46 % bzw. 40 %; bei einem Druck von 2400 kg in 8 Tagen nur 3·54 %, in 20 Tagen 37 %. Durch starken Druck wird also die Zersetzung verzögert; haben die Gase einmal ihren Weg durch die Masse gefunden und letztere porös gemacht, so tritt bald der gleiche Gewichtsverlust ein.

Sechster Abschnitt.

Patente für Chlorat- und Perchloratsprengstoffe.

A. Übersicht über die älteren Chloratsprengstoffe.

Bertholletsches Pulver (1788), bestehend aus 75 % Kaliumchlorat, 12·5 % Schwefel, 12·5 % Holzkohle.

Weißes Pulver von Augendre (1849). 2 Tle. chlorsaures Kali, 1 Tl. Zucker und 1 Tl. Blutlaugensalz.

Weißes Pulver von J. J. Pohl (1850). 49 Tle. Kaliumchlorat. 23 Tle. Zucker, 28 Tle. Blutlaugensalz.

Melville (engl. Pat. 13215 [1850]).

	a	b	c
Kaliumchlorat . . .	2 Tle.	5 Tle.	1 Tl.
Auripigment . . .	1 Tl.	1 Tl.	—
Ferrocyankalium . .	—	1 „	1 Tl.

Davey (engl. Pat. 14065 [1852]).

	a	b
Kaliumchlorat	6 Tle.	6 Tle.
Kaliumnitrat	5 „	3 „
Ferrocyankalium . . .	2 „	4 „
Kaliumbichromat . . .	2 „	—
Schwefelantimon . . .	5 „	3 Tle.

Schlesinger (1852). 42·86 % Kaliumchlorat, 42·86 % Schwefelantimon, 14·28 % Schwefelblume.

F. Köhler (engl. Pat. 1622 [1857]). 70 % Kaliumchlorat, 20 % Schwefel, 10 % Holzkohle.

N. Rave (engl. Pat. 2651 [1859]). 2 Tle. Kaliumchlorat, 1 Tl. Holzkohle oder Holzmehl.

Davies und Payne (engl. Pat. 824 [1860]). 8 Tle. Kaliumchlorat, 4 Tle. Ferrocyankalium, 4 Tle. Zucker, 1 Tl. Schwefel.

E. Harrison, W. Bradbury, J. Buckley und D. Garside (engl. Pat. 2642 [1860]). Sprengpulver aus 7 Tln. Kaliumchlorat, 1 Tl. Stärke, 1 Tl. Kohle, 1 Tl. Schwefel. Schießpulver aus 11 Tln. Kaliumchlorat, 1 Tl. Stärke, 1 Tl. Kohle, 2 Tln. Schwefel, $^1/_4$ Tl. Lycopodium, 1 Tl. Steinkohle, $^1/_2$ Tl. Ruß.

E. Harrison und T. S. Yates (engl. Pat. 2233 [1861]). Schießpulver aus 56 Tln. Kaliumchlorat, 28 Tln. Ferrocyankalium, 4 Tln. Stärke, 7 Tln. Schwefel, 5 Tln. Holzkohle oder $2\,^1/_2$ Tln. Anthracit.

E. Harrison (engl. Pat. 305 [1862]). Gemenge aus 12 Tln. Kalium- oder Natriumchlorat, 6 Tln. Kali- oder Natronsalpeter, 4 Tln. Ferrocyankalium, 2 Tln. Stärke und 1 Tl. Holzkohle.

S Ricker (engl. Pat. 3297 [1862]). Es werden vier Mischungen angegeben von Kaliumchlorat mit folgenden Substanzen: Holzkohle, Meeresalgen, Natronsalpeter, Blei- oder Kalisalpeter, verschiedenen Mehlen, Natriumbikarbonat und pulverisierter Rinde.

J. Kellow und H. Short (engl. Pat. 1796 [1862]).

	a	b	c
Chlorsaueres Kali . . .	12	6	10
Natronsalpeter	30	36	10
Kalisalpeter	8	4	20
Schwefel	10	10	—
Lohe oder Sägespäne . .	46	50	46

Die Substanzen werden in angefeuchtetem Zustand so lange gemischt, bis man eine homogene Masse erhält; dann trocknet und zum Schlusse siebt man.

G. Hall und J. Wells (eng. Pat 1062 [1863]). 47 Tle. chlorsaures Kali, 38 Tle. Ferrocyankalium, 5 Tle. Schwefel oder raffinierter Zucker werden mit Wasser oder verd. Salpetersäure zu einer steifen Paste verarbeitet; nach dem Trocknen fügt man 10 Tle. Kautschuk, der etwas Schwefelkohlenstoff enthält, hinzu.

Wigfall und Jolly (engl. Pat. 2883 [1863]). Je 4 Tle. Kohle, Gummi, Phosphor und Stahlspäne, je 6 Tle. Salpetersäure und Bleizucker, 40 Tle. Bleioxyd, 2 Tle. Schwefel, 26 Tle. Kaliumchlorat, 1 Tl. Cannelkohle, 3 Tle. Salpeter.

Ehrhardt (engl. Pat. 1694 [1864], 2594 [1864], 402 [1865]). Mischungen von chlorsaurem Kali, salpetersaurem Kali, Holzkohle und Gerbsäure (oder Katechu).

P. Nisser (engl. Pat. 1939 [1865]). Sprengpulver aus 1·5 Tln. Ferro- oder Ferricyankalium, 2 Tln. Kaliumbichromat, 10·5 Tln. Kaliumchlorat oder Perchlorat, 44·5 Tln. Kalium- oder Natriumnitrat, 6·5 Tln. vegetabilische Substanz, 19·5 Tln. Kohle, 5·5 Tln. Schwefel. — Schießpulver aus 2·25 Tln. Kaliumbichromat, 2·25 Tln. Ferro- oder Ferricyankalium, 15·75 Tln. Kaliumchlorat oder -perchlorat, 55·5 Tln. Kalisalpeter, 4·75 Tln. Steinkohle, 10 Tln. Holzkohle und 9·5 Schwefel.

Melland (engl. Pat. 2266 [1865]). Papier oder andere vegetabilische Faser wird in eine Lösung von 9 Tln. Kaliumchlorat, $4\,^1/_2$ Tln.

Kalisalpeter, $3^1/_4$ Tln. Ferrocyankalium, $3^1/_4$ Tln. Holzkohlenpulver, $^1/_2$ Tl. Stärke, $^1/_{16}$ Tl. Kaliumbichromat und 79 Tln. Wasser eingetragen. Das Papier wird getrocknet, aufgerollt und in Längsstreifen geschnitten, worauf dasselbe noch mit einer Auflösung von 1 Tl. Xyloidin in 3 Tln. Essigsäure bestrichen wird (Mellands Schießpapier).

J. Sharp und R. Smith (engl. Pat. 2779 [1866]). Sprengpulver aus 2 Tln. Kaliumchlorat, 2 Tln. Kalisalpeter, 1 Tl. Ferrocyankalium, 1 Tl. Kaliumtartrat, 2. Tln. Schwefel.

F. Hahn (engl. Pat. 960 [1867]). 367·5 Tle. Kaliumchlorat, 168·3 Tle. Antimontrisulfid, 46 Tle. Spermaceti und 18 Tle. Holzkohle. — Man mischt erst bei Verwendung 46 Gew.-Tle. chlorsaures Kali und 29 Tle. des Gemisches der andern Stoffe.

Designolle und Castelhaz (engl. Pat. 3469 [1867]).

	a	b
Kaliumchlorat	47	47
Kaliumpikrat	53	35
Ferrocyankalium	—	18

P. Nisser (engl. Pat. 1375 [1868]). Sprengpulver aus zwei Bestandteilen, die erst bei Gebrauch zusammengebracht werden; der eine besteht aus Kali- oder Natronsalpeter mit Kaliumchlorat oder -perchlorat; der andere Bestandteil enthält Zucker, sublimierten Schwefel und Holzkohle.

J. Hafenegger (engl. Pat. 2865 [1868]). Verschiedene Sorten Schießpulver aus chlorsaurem Kali, Schwefel, Holzkohle, Zucker und Ferrocyankalium, unter Zusatz von in Schwefelkohlenstoff gelöstem Phosphor.

P. A. Blake (engl. Pat. 1143 vom 14. April 1869). Ein Sprengstoff für Torpedos, Sprengzwecke, Granaten usw. wird hergestellt, indem man ein Gemenge von Kaliumchlorat und pulverisiertem Schwefel durch einen Detonator zur Explosion bringt. Der Detonator besteht aus einer metallenen Röhre, die Lagen der erwähnten Mischung enthält, sowie Fulminat von Quecksilber oder Silber und Mehlpulver. Ein Zündhütchen (Sprengkapsel) (percussion cap) kann verwendet werden.

P. A. Blake (engl. Pat. 2500 vom 21. Aug. 1869). Sprengstoff für Sprengzwecke, Granaten oder Torpedos oder Schießpulver aus Schwefel und chlorsaurem Kali. Für Sprengzwecke verwendet man eine Sprengröhre (detonating tube), d. h. ein an beiden Enden offenes Metallrohr. Man bringt in das eine Ende der Röhre etwas Sprengstoff, darauf Knallquecksilber und füllt dann die Sprengröhre mit feinem Schwarzpulver; dem Knallquecksilber kann man auch etwas Silberfulminat zusetzen. Die Röhre wird in den Sprengstoff eingesetzt und wird an dem Ende, welches Schwarzpulver enthält, entzündet. Man kann auch die jetzt in der Sprengtechnik angewandten Sprengröhren und Kapseln verwenden (detonating tubes and caps).

J. Horsley (engl. Pat. 1193 [1869]). 3 Tle. Kaliumchlorat, 1 Tl. Galläpfel.

Fontaine (1869). Mischungen von Kaliumchlorat und Kaliumpikrat für Torpedos und Hohlgeschosse; in Paris wurde dadurch eine fürchterliche Explosion verursacht.

Fontana, Barelly und de Choisy (1869). Kriegs-, Jagd- und Sprengpulver, sog. Kastanienpulver, das aus zwei Komponenten zusammengesetzt wird. Die eine Komponente enthält 540 Tle. Kaliumchlorat und 142 Tle. Mennige; die andere Komponente enthält 145 Tle. Ferrocyankalium, 100 Tle. Zucker, 45 Tle. Kohle, 6 Tle. Lycopodium. 30 Tle. Kaliumpermanganat, 10 Tle. Kohlenwasserstoff, 5 Tle. Gummi.

P. Nisser (engl. Pat. 119 [1870]). Kaliumchlorat und -nitrat einerseits, Zucker, Schwefel und Holzkohle andererseits werden für den Gebrauch zusammengemischt.

H. Sprengel (engl. Pat. 921 vom 6. April 1871 und engl. Pat. 2642 vom 5. Oktober 1871). Sauerstoffträger und verbrennliche Substanz wurden bis zum Gebrauch des Sprengstoffs getrennt gehalten. Als Sauerstoffträger werden entweder feste Salze verwendet (Chlorate, Perchlorate, Nitrate) oder Flüssigkeiten (Salpetersäure). Als verbrennliche Substanz nimmt man Nitronaphtalin, Anilinnitrat, Pikrinsäure, Schwefelkohlenstoff, Benzol, Nitrobenzol; die Flüssigkeiten können feste Substanzen — wie Schwefel, Fettsäure, Kohlenwasserstoffe, Nitronaphtalin, Pikrinsäure usw. — gelöst enthalten. Sauerstoffabgabe des Sauerstoffträgers und Oxydation der verbrennlichen Substanz sollen sich entsprechen.

E. A. L. Roberts (engl. Pat. 926 [1873]). Kaliumchlorat, Ferrocyankalium und Zucker werden pulverisiert, gemischt und mit Wasser zu einer dünnen Paste angerührt, die durch Zusatz von Glyzerin feucht gehalten wird. Zur Herbeiführung der Explosion verwendet man Detonatoren.

J. Fenton (engl. Pat. 4148 [1873]). Kaliumchlorat, Zucker, Ferrocyankalium.

E. A. Bjorkman (engl. Pat. 2459 [1875]). Sprengstoff Vigorit, bestehend aus 20 Tln. Kaliumchlorat, 20 Tln. Kalisalpeter, 10 Tln. Zellulose, 10 Tln. Erbsenmehl, 10 Tln. Holzmehl, 30 Tln. Nitrolin. — Der Sprengstoff wird mit Sprengkapsel oder Initialladung von Schwarzpulver zur Detonation gebracht.

A. W. Wahlenberg (engl. Pat. 2422 [1876]). Sprengstoffe aus Kaliumchlorat, nitrierten Benzolen und Alkali- oder Ammonnitrat; letzteres ist durch Stearin oder Paraffin wasserdicht gemacht.

Tschirner (D.R.P. 15508, engl. Pat. 447 [1880]). 1 Gew.-Tl. Pikrinsäure wird mit 1 Gew.-Tl. Teer verrieben, dann werden 5 Tle. Kaliumchlorat zugesetzt; man erhält dann einen steifen Teig.

Pattison (engl. Pat. 810 [1880]). Um Selbstexplosionen von Chloratsprengstoffen zu vermeiden, wird ein Pflanzenmehl (bes. Senf- oder Flachssamen) hinzugefügt, wodurch das Zusammenbacken verhindert wird.

Tschirner (engl. Pat. 3846 [1880]). Kaliumchlorat und Pikrinsäure werden fein pulverisiert, gemischt und dann mit einer Lösung von Gummi, Harzen usw., in Kohlenwasserstoffen überbraust; die Masse wird dann bearbeitet, bis der flüchtige Kohlenwasserstoff verdunstet ist.

Sanlaville und Laligant (D.R.P. 19839, engl. Pat. 4643 [1880], 2488 [1881]). Man stellt zwei Gemische her: a) 36·06 Tle. Kalium- oder Natriumbisulfat, 28·6 Tle. Kalisalpeter, 9·2 Tle. Glyzerin. b) 50 bis 55 Tle. eines Chlorats, 50 bis 45 Tle. kohlenstoffreicher Körper. Letztere Mischung soll bei der Entzündung soviel Wärme produzieren, um im Gemische a die Nitrierung des Glyzerins und die Explosion des Nitroglyzerins zu bewirken. — Das kohlenstoffreiche Material wird mit Lösungen der Bisulfate, des Nitrats und Chlorats getränkt und dann getrocknet; dann rührt man die Masse mit Glyzerin an und bringt sie in Form von Kartuschen.

Noble-Pulver (1880). Verschiedene Zusammensetzungen von Kaliumchlorat mit Zucker, Ferrocyankalium, Stärke, Kampfer usw. Wurden, von der Explosivstoffkommission geprüft, als zu sensibel befunden.

R. S. Divine (amerik. Caveat vom 7. Jan. 1871, engl. Pat. 5584 und 5596 vom 21. Dez. 1881, 5624 und 5625 vom 4. Dez. 1883). Sprengstoff Rack-à-rock. 79 % Kaliumchlorat, 21 % Nitrobenzol oder ähnliche Substanz werden kurz vor dem Gebrauch vermengt und durch starke Sprengkapsel zur Detonation gebracht.

Himly und v. Trützschler-Falkenstein (D.R.P. 19432 und 23258, engl. Pat. 1969 [1882]). Kaliumchlorat, Salpeter und ein fester Kohlenwasserstoff (Paraffin, Kautschuk, Guttapercha, Steinkohle, Asphalt, Pech usw.) werden in dem stöchiometrischen Verhältnisse miteinander vermischt, wie es die vollkommene Verbrennung verlangt. Durch Behandlung der Masse mit einem flüssigen, flüchtigen Kohlenwasserstoff, welcher gut auflösend auf den benützten festen wirkt, wird eine plastische Masse erzeugt; diese wird in Plattenform gebracht und durch Abdestillation des flüchtigen Kohlenwasserstoffes in einen harten Kuchen verwandelt, der zu verschiedenen Korngrößen verarbeitet werden kann. Es können auch die feingepulverten Salze mit der erforderlichen Menge gelösten Kohlenwasserstoffes zu einem plastischen Teig verarbeitet werden, der dann entweder direkt gekörnt oder erst in einen dünnen Kuchen ausgebreitet und durch Abdampfen des Lösungsmittels getrocknet wird. — Statt mit flüchtigen Kohlenwasserstoffen kann man auch mit Wasser anfeuchten und die Masse durch Pressen zu festen zylindrischen oder prismatischen Stücken verdichten.

Hannan (engl. Pat. 4846, 5323 und 5986 [1882], D.R.P. 32911). Gemische von Kalichlorat, Ferrocyankalium, Kalisalpeter, Holzkohle; zum Zusammenkleben der Bestandteile wird etwas Paraffin, Öl, Fett oder Harz zugesetzt. Etwas Eisen-, Blei-, Kupfer-, Mangan-, Vanadin- oder Ceroxyd wird beigefügt.

E. Turpin (engl. Pat. 2139 [1883]). Kaliumchlorat, Kaliumnitrat, Bleinitrat, Pech und Teer. 80 % Kaliumchlorat, 20 % Steinkohlenteer und Holzkohle [Poudres à double effet].

de Castro (engl. Pat. 4043 [1883]). Zu einem Gemisch von Kleie oder irgend einer Zellulose mit Schwefelantimon fügt man eine konzentrierte Lösung von Kaliumchlorat.

Petry und Fallenstein (engl. Pat. 10986 [1884], D.R.P. 31786). 16 bis 21 % Nitrobenzol oder anderer Nitrokohlenwasserstoff, $^3/_4$ bis 1 % Nitrozellulose, 82 $^1/_4$ bis 75 % Kaliumchlorat, 1 bis 3 % Pentasulfid; die Nitrobenzol-Nitrozellulose-Gelatine wird mit dem Chlorat vermengt, zum Schluß gibt man die Schwefelverbindung hinzu; der plastische Sprengstoff wird zu Patronen geformt. (Sprengstoff Kinetit, sehr empfindlich gegen Stoß und Reibung).

Pellier (1884). Chlorat, Salpeter, Schwefel, Holzmehl und Kampecheholz; oder Chlorat, Ferrocyankalium, Schwefel.

André (engl. Pat. 13476 [1884]). Eine poröse Hülle mit gepulvertem Kaliumchlorat (oder Chlorat und Nitrat) wird in ein Bad eines flüssigen Kohlenstoffträgers (Paraffin, Schwefelkohlenstoffe, flüssiger Kohlenwasserstoff) getaucht, so daß der feste Sauerstoffträger sich mit der flüssigen verbrennlichen Substanz vollsaugt.

Dulitz (engl. Pat. 12837 [1885]). Feingepulvertes Kaliumchlorat wird mit einer Gallerte gemischt, die durch Auflösen von Nitrozellulose in Nitrobenzol erhalten wird.

A. Nobel (D.R.P. 36872). Nitrate (oder chlorsaures oder überchlorsaures Kalium) werden mit Nitroglyzerin bzw. gelatiniertem Nitroglyzerin gemengt, ohne Zusatz anderer brennbarer Stoffe.

Sir F. Bolton (engl. Pat. 1955 [1886]). Gekörntes Kaliumchlorat wird mit einer Auflösung von Harz in Nitrobenzol imprägniert.

Hart (engl. Pat. 9164 [1888]). Feingepulvertes Kaliumchlorat wird in angefeuchtetem Zustand einem starken Druck (1200 Pf. auf den Quadratzoll) unterworfen; die Körner werden dann mit Zuckerlösung oder alkoholischer Harzlösung oder flüssigem Kohlenwasserstoff imprägniert. Soll als Schießpulver dienen.

Turpin (franz. Pat. 189426 [1888]). Sprengstoff „Duplexit“ aus 70 % Kalium- oder Bariumchlorat, 10 % Dinitrobenzol, 10 % Kohle, 10 % Steinkohlenteer. Gleiche Mengen Duplexit und Borsäure zusammen geben Sprengstoff „Boritine“ (franz. Pat. 189428).

Pietrowicz und Sieger (engl. Pat. 2129 [1889]). 60 % Kaliumchlorat, 30 % Zucker, 10 % Schwefelantimon. Sprengstoff Silesit.

Sprengstoff Vril (1889):

	Nr. 1	Nr. 2
Kaliumchlorat .	50·0	48·0
Kalisalpeter . .	25·0	24·3
Ferrocyankalium	4·5	9·1
Weidenkohle .	12·5	11·6
Paraffin	6·0	6·5
Kaliumferrat (K_2FeO_4)	2·0	—
Eisenoxyd . . .	2·0	0·5

v. Brauk (D.R.P. 53420 und 57732, engl. Pat. 5027 [1891]). Schießpulver aus 100 Tln. chlorsaurem Kali mit ca. 20 Tln. Carnaubawachs und 6 Tln. Lycopodium; bei Sprengpulver fällt letzteres weg. Ev. setzt man, um die Explosionsgefahr bei der Herstellung zu verringern, 1·5 Gew.-Tle. Traganth oder anderen Gummi, in etwa 40 Gew.-Tln. Essigsprit gelöst, zu; die Gummilösung umhüllt die Körnchen des chlorsauren Kalis.

Kitchen (engl. Pat. 11102 [1889] und 13507 [1891]). Mischungen aus Kaliumchlorat, Kohlenstaub, Harz oder Schwefel.

Landauer (engl. Pat. 19267 [1891]). Um die Chlorate weniger empfindlich gegen Stoß und wasserunlöslich zu machen, werden dieselben mit fettigen Substanzen, Kohlenwasserstoffen und Nitraten überzogen. Beispiele: 1. Kaliumchlorat, Dinitronaphtalin, Schwefel, Teer; 2. Kaliumchlorat, Nitrozellulose, Kokosnußöl, Teer; 3. Kaliumchlorat, Nitroglyzerin, Holzteer; 4. Kaliumperchlorat, Teer, Nitroglyzerin, Kollodiumwolle, nitriertes Holzmehl, Dinitronaphtalin; 5. Kaliumperchlorat, Kalisalpeter, Ammonsalpeter, Dinitronaphtalin.

Schnebelin (engl. Pat. 9359 [1892]). 78·13 % Kaliumchlorat, 19·53 % Stärke, 2·34 % Holundermark.

A. C. Rand (engl. Pat. 12744 [1892]). Gemisch von Kaliumchlorat, Kaliumperchlorat oder Kaliumpermanganat mit Nitrobenzol oder leichtem Teeröl.

Schindler (D.R.P. 76131 [1892]). Ein Schießpulver, bzw. Explosivmittel in der Weise hergestellt, daß man 12 Gew.-Tle. Kaliumchlorat, 3 Gew.-Tle. Zucker und 5 Gew.-Tle. Anthrazit unter Anwendung von Wasser innig miteinander vermengt, worauf die Masse in beliebiger Weise geformt werden kann.

Hawkins (engl. Pat. 6271 [1895]). 32 Tle. Kaliumchlorat, 16 Tle. Zucker, 1 bis 2 Tle. Holzmehl oder Ruß, 1 bis 4 Tle. Kaliumbichromat.

von Stubenrauch (D.R.P. 95278 [1896]). Fein vermahlene, vorher unter Luftabschluß gut ausgeglühte Kohle wird noch möglich heiß mit fettem, entschwefeltem Teer, Naphta, Vaselin, Paraffin oder dgl. durch Verreiben, Vermahlen oder Kneten innig gemischt. Die Verwendung von flüssigem Teer, welcher zur Bindung etwaiger freien Säuren oder anderer im Sprengstoff schädlicher Stoffe vorher zweckmäßig einen Zusatz von Alkali (z. B. Ätznatron oder Karbonat) erhält, hat den Vorzug, daß die feinen Kohlepartikelchen bei äußerst gleichmäßiger Verteilung von dem Teer vollkommen durchdrungen bzw. umschlossen werden, so daß das Material Feuchtigkeit und Gase aus der Luft nicht aufnimmt. Durch die Umhüllung der Kohleteilchen mit Teer oder dgl. werden auch die scharfen Ecken und Kanten derselben ausgeglichen, welche durch Reibung eine unbeabsichtigte Entzündung des Sprengstoffes herbeiführen können. Das so vorbehandelte Kohlematerial wird getrocknet und fein vermahlen, um in diesem Zustande zur trockenen Untermischung mit dem Chlorat verwendet zu werden. Beispiel: 80 % Kaliumchlorat, $5\frac{1}{2}$ bis $7\frac{1}{2}$ % Teer, 12 bis

14 % Kohle, 1/2 bis 1 % Calcium- oder Magnesiakarbonat. Die Sprengstoffmischung wird als loses Pulver verwendet oder in Patronen verfüllt, welche durch eine Zündschnur oder Sprengkapsel zur Zündung gebracht werden. Auch kann die fertige Sprengstoffmischung mit Vaselin, Paraffin, neutral. Teer oder dgl. zu einem Teig angemacht und in dieser Form zu Patronen verfüllt werden.

A. Nobel (engl. Pat. 6431 [1896]). 6 Tle. Kaliumchlorat, 5 Tle. Natriumbikarbonat, 4 Tle. Dextrin.

Tevlev (engl. Pat. 9535 [1897]). Der Sprengstoff besteht aus zwei Teilen, einem Pulver und einer Flüssigkeit. Ersteres ist ein Gemisch von Kaliumchlorat und Eisenoxyd, Mangandioxyd oder beidem. Die Flüssigkeit besteht aus Petroleum oder Terpentinöl mit Zusatz von Bittermandelöl oder einem andern aromatischen Öle. Das pulverförmige Gemisch gibt man in Patronen und sättigt dasselbe mit der Flüssigkeit kurz vor dem Gebrauch.

B. Übersicht über die neueren Chlorat- und Perchloratsprengstoffe.

D.R.P. 100522 vom 11. Juni 1897. Société de Produits chimiques et d'explosives Bergès, Corbin & Cie. in Grenoble.[1] — Verfahren zur Herstellung von Chloratsprengstoffen. — Die vorgenannte Erfindung betrifft die Bereitung von Sprengstoffen mit Chloratbasis und besteht in einem Verfahren, welches diese Sprengstoffe in sehr beständiger, gegen Schlag und Wärme wenig empfindlicher Beschaffenheit unter Wegfall der bisher mit ihrer Fabrikation verknüpften Gefährlichkeiten herzustellen ermöglicht. — Die Erfindung beruht auf der lösenden Wirkung, welche pflanzliche und tierische Öle auf aromatische Nitro- und Azoderivate äußern und welche durch Beihilfe eines Wärmegrades, der unterhalb der Zersetzungstemperatur jener verbleibt, so hoch steigerbar ist, daß die Lösung beim Abkühlen zu einer festen Masse gesteht, wobei man es in der Hand hat, diese vermittelst größerer oder minderer Dosis des Lösemittels mit einem gewünschten Grad von Formbarkeit zu versehen. Diese Lösung läßt sich durch Anwendung eines geeigneten Grades von Leichtflüssigkeit und des Chlorats als feines Pulver so ungemein innig und gleichmäßig mit dem letzteren vermischen, daß eine durchaus homogene Masse entsteht, in welcher die Chloratteilchen so dicht eingehüllt sind, daß sie im Falle von Natriumchlorat keine Spur von Hygroskopizität aufweist. Diese Eigenschaften werden durch den Zusatz von gepulverter Kohle oder Kohlehydraten (wie Stärke) nicht beeinträchtigt, so daß auch diese bekannten Komponenten zur Bereitung der Chloratsprengstoffe mit Vorteil verwendbar sind. — Im Falle die Löslichkeit des aromatischen Nitro- oder Azoderivats im Öl zu gering ist, um durch die gestattete Temperatur zu einer genügend steifen Masse zu gelangen, kann man nach den Erfahrungen des Erfinders die Löslichkeit erheblich da-

[1] Engl. Patente Street. 9970 und 13724 (1897).

durch stärken, daß man das aromatische Nitroderivat oder Azoderivat mit einem zweiten aromatischen Nitroderivat oder Azoderivat verbindet. — Überschuß von Öl ist zu vermeiden, indem derselbe bei höherer Temperatur ausschwitzt; im allgemeinen soll das Öl bei der mit dem angewendeten einfachen Derivat oder der Derivatverbindung angänglichen Höchsttemperatur in solcher Menge zur Anwendung kommen, daß das Gemisch für die Knetbarkeit hinreichend dünnflüssig bleibt, die bereitete feste oder plastische Masse aber bei höchster Sommertemperatur kein Öl ausschwitzt. — Die nach vorliegender Erfindung hergestellten Chloratsprengstoffe lassen sich etwa bis auf 150 bis 200° erhitzen ohne Änderung der Zusammensetzung, und entwickeln bei der Explosion eine vielfache Kraft des Schwarzpulvers. — Bei der Explosion wirkt das Öl als verbrennlicher Körper, d. h. wie auch der etwaige Zusatz von Kohle oder Kohlehydrat als Kohlensäure bzw. Kohlenoxydentwickler. Unter Nitroderivaten sind verstanden aromatische Nitrokohlenwasserstoffe, Nitrophenole oder aromatische Nitroamine.

Beispiele: Rohes Mononitronaphtalin schmilzt bei etwa 52°, gereinigt und sublimiert bei ca. 61°; bei gewöhnlicher Temperatur (15 bis 20°) löst Rizinusöl etwa 25 Gewichtsprozente dieses Nitroderivats, d. h. das Lösungsprodukt enthält auf 75 Gew.-Tle. Rizinusöl 23 Gew.-Tle. Mononitronaphtalin. Von 65° ab nun ist letzteres in jedem Verhältnis mit Rizinusöl mischbar. Leinöl und Olivenöl besitzen so ziemlich das gleiche Lösungsvermögen. Eine mit gleichen Gewichtsteilen hergestellte Lösung erstarrt bei der Abkühlung. — Die rohen Dinitronaphtaline (bekanntlich Gemische von α- und β-Dinitronaphtalin mit den Schmelzpunkten bzw. 270° und 170°) sind nur wenig löslich in Rizinusöl, welches bei gewöhnlicher Temperatur kaum 1% davon aufnimmt; bei 100° wächst die Aufnahmefähigkeit auf 4 bis 5%; bei 125° ist die Löslichkeit auf 60% gestiegen; bei der Schmelztemperatur (170 bis 180°) des Derivats sind letzteres und das Öl in jedem Verhältnis mischbar. Die Lösung erstarrt bei der Abkühlung. — Rohes Dinitrobenzol hat den Schmelzpunkt bei 70°, reines bei 90°. Bei gewöhnlicher Temperatur beträgt seine Löslichkeit in Rizinusöl etwa 4%, in Olivenöl etwa 3%, in Leinöl etwa 5%; bei 90° (Schmelzpunkt) lösen 20 g Rizinusöl 20 g Dinitrobenzol zu einer klaren Lösung, die beim Abkühlen erstarrt. — Pikrinsäure (Trinitrophenol) schmilzt bei 122°; bei gewöhnlicher Temperatur löst Leinöl ungefähr 5%, Rizinusöl ca. 4%, Olivenöl ca. 1%. Bei 100° steigt die Löslichkeit für Rizinusöl auf ca. 20%, bei 125 bis 130° auf mehr als 50% (wendet man mehr Pikrinsäure an, so schwimmt der Überschuß als braun gefärbte Schicht über der Öllösung).

Gewisse der aromatischen Nitro- und Azoderivate besitzen eine selbst in höherer Wärme verhältnismäßig nur geringe Löslichkeit in pflanzlichen und tierischen Ölen. So z. B. löst sich Pikrinsäure bei 125 bis 130° (Schmelzpunkt) nur zu 50%. Diese hohen Temperaturen sind indes technisch nicht in allen Fällen angängig, auch führen sie nicht immer zu einer genügend hochgradigen Lösung. Es hat sich nun gezeigt, daß die Körper, welche aus der chemischen Verbindung von Nitroderivat mit Nitro- oder Azoderivat bzw. von Azoderivat mit Nitro- oder Azoderivat hervorgehen, bei viel niedrigeren Temperaturen im Öl sich lösen, als ihre Komponenten je für sich, so daß sie einen in Beziehung auf den Prozentgehalt des Sprengstoffes an Kohlensäure bzw. Kohlenoxydentwickler sehr vorteilhaften Ersatz für jene bilden, wozu noch der Vorteil tritt, daß die mit den Doppelverbindungen bereiteten Sprengstoffe bei weitem kräftiger wirken. — Die Darstellung der beregten Doppelkörper kann durch Schmelzung erfolgen; man schmilzt zunächst den Komponenten vom niedrigsten Schmelzpunkt und trägt dann den zweiten in die Schmelze ein. Durch Vereinigung eines sehr leicht schmelzbaren Komponenten, wie Mononitronaphtalin, mit einem schwer schmelzbaren, wie Pikrinsäure, wird eine Doppelverbindung erzielt, deren Schmelz- und Lösungspunkte (bezüglich der beregten Öle) bedeutend tiefer liegen als diejenigen der Pikrinsäure. Schließt die Unbeständigkeit des zu benutzenden Nitroderivats die Anwendbarkeit des Schmelzverfahrens aus, so löst man die beiden Nitrokomponenten nacheinander in dem Öl, indem man zunächst das leichter lösliche in Lösung führt. Man kann übrigens diese Ausführungsform in allen Fällen anwenden; sie führt immer zur Auflösung einer ganz beträchtlichen Menge von Nitroderivaten. Z. B. während man vermittelst 1 kg des Öls unter Anwendung einer Temperatur von 125° nur 500 g Pikrinsäure zu lösen vermag, kann man bei 100° davon 555 g in Lösung führen, nachdem man zuvor im Öl 345 g Mononitronaphtalin gelöst hat, und auf 860 g, wenn man die Lösung des Mononitronaphtalins bei 125° bereitete, von welchem bei dieser Temperatur 640 g in Lösung gehen. — Zur Darstellung der beregten Doppelverbindungen kann man auch in der Weise verfahren, daß man die Komponenten in einem beliebigen gemeinsamen Lösemittel, wie Äther, Alkohol, Aceton, Benzin usw., löst, das Lösemittel durch Verdampfung verjagt und die verbleibende Doppelverbindung im gewählten Öl löst. — Der Erfinder mißt den genannten Doppelverbindungen einen ganz hervorragenden Wert für die Sprengstoffabrikation bei, und werden aus diesem Grunde noch einige Einzelheiten über Bereitung, Schmelzpunkte und Löslichkeitsverhältnisse der wertvollsten mitgeteilt. — Zur Bereitung von Pikronitronaphtalin wird in einem vermittelst Wasserbades oder Dampfes auf 90 bis 100° erhitzten Gefäß 1 kg Mononitronaphtalin geschmolzen und der Schmelze in kleinen Portionen 1·320 kg Pikrinsäure hinzugesetzt; nach vollständiger Lösung der letzteren gießt man in Platten. Die erhaltene Doppelverbindung schmilzt bei 74°. In der Kälte lösen sich davon etwa 5% in Rizinusöl; bei 100° gehen 80% in Lösung und es erstarrt die Masse bei der Abkühlung. Bei einer Temperatur von 105 bis 110° vermögen 20 g Rizinusöl vom Pikronitronaphtalin 20, 25 und selbst 30 g aufzulösen. Die anderen Öle verhalten sich ähnlich, nur ist bei Leinöl zu beachten, daß dasselbe in der Wärme etwas angegriffen wird. — Pikronitrobenzol wird in gleicher Weise unter Anwendung von 1 kg Dinitrobenzol und 1·360 kg Pikrinsäure bereitet; es schmilzt bei 88°. In der Kälte löst Rizinusöl davon 6 bis 7%, bei 100° etwa 50%, oberhalb 100° lösen 20 g Rizinusöl 20 g Pikronitrobenzol. — Zur Darstellung der Pikroazoderivate verfährt man in der Weise, daß man zuerst die Azoderivate unter Zuhilfenahme einer Temperatur von 80 bis 100° im Öl löst und dann die Pikrinsäure in kleinen Portionen zusetzt. Die so hergestellten Lösungen vertragen eine die Zersetzungstemperatur der benutzten Azoderivate beträchtlich übersteigende Erhitzung; sie lassen sich, ohne der Zersetzung oder Explosion zu unterliegen, bis auf 200° erhitzen. — Im allgemeinen kann Pikraminsäure als Ersatz der Pikrinsäure Anwendung finden. Weitere Beispiele sind die Verbindungen von Nitrobenzol und Nitronaphtalinen. Hier ermöglicht die Anwesenheit des ersteren Körpers, im Öl eine größere Menge des letztgenannten Nitroderivats einzuführen. Z. B. 20 g Öl lösen in der Kälte nicht über 5 g Nitronaphtalin; nimmt man dagegen 10 g Öl, welches 10 g Nitrobenzol enthält, so kann man darin 10 g Nitronaphtalin lösen. — Als Beispiele für Dosierungverhältnisse seien folgende angeführt, wobei unter Öl ein pflanzliches oder tierisches Öl zu verstehen ist:

1. Öl 100 g, Mononitronaphtalin 70 g, Dinitronaphtalin 50 g.
2. Öl 20 g, Mononitronaphtalin 140 g, Mononitrobenzol 40 g.
3. Öl 50 g, Mononitrobenzol 80 g, Dinitronaphtalin 100 g.
4. Öl 100 g, Azobenzol 90 g, Dinitronaphtalin 40 g.
5. Öl 100 g, Mononitronaphtalin 100 g, Azoxybenzol 50 g.
6. Öl 100 g, Azobenzol 100 g, Azoxybenzol 50 g.
7. Öl 40 g, Mononitrobenzol 80 g, Nitranilin 80 g.

Zur Darstellung der gekennzeichneten Chloratsprengstoffe verfährt man zweckmäßig so, daß man in dem jeweilig geeignetsten Öle das Nitro- bzw. Azoderivat löst unter Zuhilfenahme von Wärme, die im Bedarfsfalle und falls es ohne Zersetzung des Derivats bzw. Explosion angängig ist, bis zum Schmelzpunkte des Derivats gesteigert werden mag, und zwar, um Ausschwitzung des Öls zu verhüten, unter Anwendung des letzteren in solcher Menge, daß die Lösung bei Abkühlung auf die höchste Sommertemperatur zu einer festen bzw. steif breiigen Masse erstarrt. Läßt sich das gewählte Derivat nicht ohne gefährdende Erhitzung in der zur Erzielung einer festen oder noch plastischen Masse benötigten Menge lösen, so stellt man die bezüglich Löslichkeit günstigste Doppelverbindung desselben mit einem zweiten Nitro- oder Azoderivat her und löst diese in der erforderlichen Ölmenge.

Die Lösung wird in eine Knetmaschine gebracht und hier, während man sie auf einer, gute Dünnflüssigkeit sichernden Temperatur erhält, zunächst mit der gepulverten Stärke oder Kohle, wenn man solche im Sprengstoff wünscht, so lange verknetet, bis eine gleichmäßige innige Mischung eingetreten ist. Hiernach fügt man unter fortwährendem

Kneten das (Kalium-Natrium-)Chlorat oder Perchlorat in kleinen Portionen hinzu und knetet so lange, bis möglichst Gleichmäßigkeit erzielt ist. Hiernach ist der Sprengstoff als solcher fertig. Nach den Erfahrungen des Erfinders ergeben die folgenden allgemeinen Dosierungsverhältnisse gute Sprengstoffe:

a) mit Stärke oder Kohle: Öllösung des einfachen oder Doppelderivats 10 bis 20 %, Alkalichlorat 80 bis 65 %, Stärke (Kohle) 10 bis 15 %;

b) ohne Stärke oder Kohle: Öllösung des einfachen oder Doppelderivats 20 bis 30 %, Alkalichlorat 80 bis 70 %.

Beispiele spezieller Zusammensetzung sind:

Kaliumchlorat 3 kg, Öllösung von Nitronaphtalin (mit gleichen Teilen bewirkt) 400 g, Stärke 600 g.

Natriumchlorat 800 g, Öllösung von Pikronitronaphtalin (mit gleichen Teilen hergestellt) 200 g.

Natriumchlorat 750 g, Öllösung von Pikronitronaphtalin (wie oben) 200 g, Stärke 50 g.

Natriumchlorat 300 g, Azobenzol 70 g, Rizinusöl 30 g.

Kaliumchlorat 400 g, Pikroazobenzol 60 g, Rizinusöl 40 g.

Kaliumchlorat 800 g, Mononitronaphtalin 120 g, Specköl 80 g.

Kaliumchlorat 800 g, Mononitronaphtalin 120 g, Pikrinsäure 20 g, Specköl 60 g.

Kaliumchlorat 800 g, Mononitronaphtalin 120 g, Ochsenklauenöl 80 g.

Kaliumchlorat 800 g, Mononitronaphtalin 120 g, Pikrinsäure 20 g, Ochsenklauenöl 60 g.

Kaliumchlorat 800 g, Mononitronaphtalin 120 g, Fischöl 80 g.

Kaliumchlorat 800 g, Mononitronaphtalin 120 g, Pikrinsäure 60 g, Fischöl 20 g.

Kaliumchlorat 800 g, Mononitrobenzol 120 g, Mononitronaphtalin 20 g, Talg 60 g.

Patentansprüche: 1. Verfahren zur Herstellung von Chloratsprengstoffen, dadurch gekennzeichnet, daß man das fein gepulverte Chlorat oder Perchlorat zusammenknetet mit der Lösung eines aromatischen Nitroderivats oder eines aromatischen Azoderivats bzw. von Gemengen oder Verbindungen aus solchen in einem pflanzlichen oder tierischen Öl, mit oder ohne Zusatz von Kohle oder Kohlehydraten.

2. Eine Ausführungsform des durch Anspruch 1 geschützten Verfahrens, bei welcher die Lösung des oder der betreffenden Derivate mit einer solchen Menge Öl, welche dessen Ausschwitzen verhindert, in der Wärme hergestellt und die Zumischung des Chlorats sowie der Kohle bzw. des Kohlehydrats bei einer die Dünnflüssigkeit der Lösung sichernden Temperatur vorgenommen wird.

3. Eine Ausführungsform des durch Anspruch 1 geschützten Verfahrens, bei welcher statt einer Lösung des oder der Derivate letztere

nur mit dem pflanzlichen oder tierischen Öl in der Wärme durchfeuchtet angewendet werden.

D.R.P. 100523 vom 11. Juni 1897. Société des Produits chimiques et d'explosivs Bergès, Corbin & Cie. in Grenoble. — Verfahren zur Herstellung von Chloratsprengstoffen. — Die vorliegende Erfindung besteht in einem Verfahren, sehr beständige, gegen Schlag und Wärme wenig empfindliche Sprengstoffe aus Alkalichlorat bzw. Perchlorat und Azobenzolen (Azobenzol, Oxyazobenzol, Amidoazobenzol und Diamidoazobenzol) in der Art herzustellen, daß man die genannten Derivate zur Mischung mit dem fein gepulverten Chlorat in einem Mineralöl, wie Paraffinöl, Vaseline, schwere Schiefer- und Petroleumöle usw., unter Zuhilfenahme von Wärme löst, indem diese Lösung bei der Abkühlung zu einer festen Masse gesteht. Durch Anwendung einer kleineren oder größeren Gabe des Lösungsmittels hat man es hierbei in der Hand, der Masse einen gewünschten Grad von Formbarkeit zu erteilen. Die Umhüllung der Chloratteilchen ist so dicht, daß in dieser Weise mit Natriumchlorat hergestellte Sprengstoffe keine Spur von Hygroskopizität zeigen. Überschuß an Öl ist zu vermeiden, indem er bei höherer Temperatur ausschwitzt; im allgemeinen ist die Ölgabe so zu bemessen, daß das Gemisch bei der für seine Bereitung zulässigen Höchsttemperatur eine für die Mischarbeit hinreichende Dünnflüssigkeit besitzt, das fertige Produkt aber bei höchster Sonnenhitze kein Öl ausschwitzen läßt. — Die dieser Erfindung gemäß bereiteten Chloratsprengstoffe lassen sich auf 150 bis 200° C erhitzen, ohne in ihrer Zusammensetzung Veränderung zu erfahren; bei der Explosion entwickeln sie im Durchschnitt etwa die drei- bis vierfache Kraft des Schwarzpulvers, hierbei wirkt das Öl als Kohlensäure- bzw. Kohlenoxydentwickler. — Die Sprengstoffe können, ohne Beeinträchtigung zu erfahren, einen Zusatz von Kohle oder Kohlehydraten erhalten. — Für die Herstellung minderwertiger Sprengstoffe genügt es, die Azoderivate in der Wärme mit dem Mineralöl zu durchfeuchten. Zur Bereitung verfährt man zweckmäßig wie folgt: Das Azoderivat, z. B. Azobenzol, wird im Mineralöl, z. B. Paraffinöl, in der Wärme gelöst, wobei letztere bis zuletzt zum Schmelzpunkt des Azoderivats gesteigert werden kann. Die erhaltene Lösung wird in einer Knetmaschine, welche auf der zur benötigten Dünnflüssigkeit der Lösung erforderlichen Temperatur gehalten wird, zunächst mit der in Pulverform zuzugebenden Kohle oder Stärke (Kohlehydrat), falls dieser Zusatz zu machen ist, zu einer innigen gleichmäßigen Mischung verarbeitet. Hiernach wird unter fortwährendem Kneten das gepulverte Alkalichlorat oder -perchlorat in kleinen Gaben zugesetzt und mit dem Kneten bis zur Erzielung möglichster Gleichmäßigkeit fortgefahren, wonach der Sprengstoff fertig ist.

Beispiele: 1. Azobenzol 10 g, Vaselineöl (oder schweres Petroleumöl) 10 g, Kaliumchlorat 80 g.

2. Azobenzol 5 g, Oxyazobenzol 7 g, Vaselineöl (oder schweres Petroleumöl) 10 g, Kaliumchlorat 10 g.

D.R.P. 117051 vom 9. Juni 1898. Ernest Auguste George Street in Paris.[1] — Verfahren zur Herstellung von Chloratsprengstoffen. — In Erweiterung der D.R.P. 100522/23 (engl. Pat. 9970 und 13724 [1897]) sollen auch Zusätze von Nitroglyzerin, Nitrozellulosen und Anilinpikrat zu Chloratsprengstoffen ermöglicht werden. Da genannte Stoffe aber in Öl nicht löslich sind, so werden dieselben zunächst in Nitronaphtalin oder Nitrobenzol gelöst. Nitroglyzerin und Mononitronaphtalin sind bekanntlich bei der Schmelztemperatur des letzteren in allen Verhältnissen mischbar; übersteigt der Zusatz des Nitronaphtalins ein gewisses Verhältnis, so kristallisiert der Überschuß bei der Abkühlung aus. Gießt man zu der Lösung von Mononitronaphtalin in Nitroglyzerin Öl, so löst sich letzteres; ebenso löst sich eine gewisse Menge Nitroglyzerin in einer öligen Nitronaphtalinlösung. Beide Produkte verhalten sich vollkommen inexplosibel gegen Schlag. — Als Beispiele für die Löslichkeiten sei folgendes angeführt: In einer 79 bis 80° C heißen Lösung von 100 g Nitronaphtalin in 50 g Rizinusöl kann man 100 g Nitroglyzerin lösen; bei der Abkühlung wird die Masse durch Abscheidung einer geringen Menge Nitronaphtalin teigig, vom Öl und Nitroglyzerin scheidet sich dagegen nichts aus. Um 100 g Nitroglyzerin in 100 g Öl zu lösen, sind 150 g Nitronaphtalin erforderlich; man erwärmt, wie immer, auf 70 bis 80° C; bei der Abkühlung findet keine weitere Entmischung als eine geringe, die Masse teigig gestaltende Ausscheidung von Nitronaphtalin statt. In der Wärme, bei 70 bis 80° C, ist die Löslichkeit erheblicher und genügt zur Lösung von 100 g Nitroglyzerin in 100 g Öl der Zusatz von 100 g Nitronaphtalin. Unter den gleichen Verhältnissen kann man mit Hilfe von 60 g Nitronaphtalin in 100 g Nitroglyzerin Öl in Menge von 50 g in Lösung bringen. — Mischt man mit den obigen Produkten unter Aufrechterhaltung der Temperatur, also während sie noch flüssig sind, gepulvertes Alkalichlorat oder Perchlorat, so findet bei der Abkühlung ebenfalls keine Ausscheidung statt, sondern es ergibt sich eine durchaus homogene Mischung.

Beispiele: 1. Nitronaphtalin 500 g, Nitroglyzerin 400 g, Rizinusöl 100 g, Kaliumchlorat 2400 g.

2. Nitronaphtalin 110 g, Nitroglyzerin 50 g, Rizinusöl 60 g, Kaliumchlorat 780 g.

Wie Nitroglyzerin ist auch die Dinitrozellulose in pflanzlichen und tierischen Ölen unlöslich, dagegen löslich in Nitronaphtalin, welches sie bei seiner Schmelztemperatur gelatiniert. Die in dieser gelatinierbare Menge Dinitrozellulose ist indes verhältnismäßig schwach; schon bei Anwendung von 6 bis 8% erhält man selbst bei 80° C eine sehr steife Masse, welche beim Abkühlen fest wird. Nimmt man z. B. eine auf dem Wasserbade bewirkte Lösung von 1 g Dinitrozellulose in 20 g Dinitronaphtalin, so kann man in derselben unter Rühren in der Wärme 5 bis 7 g Öl lösen; die Mischung vollzieht sich allmählich zu

[1] Engl. Pat. 12761 (1898).

einer völlig homogenen Masse. Bei Anwendung eines mechanischen Rührers und Zugießen des Öls in kleineren Portionen läßt sich der Ölzusatz noch steigern, ohne die Gleichartigkeit der Masse zu schädigen. Wendet man umgekehrt eine ölige Nitronaphtalinlösung an, so beginnt die Gelatinierung, wenn die Lösung auf 10 g Öl 30 g Nitronaphtalin enthält, vollzieht sich aber langsam; etwas schneller verläuft die Gelatinierung bei einer Lösung von 35 g Nitronaphtalin in der gleichen Ölmenge. — Die Trinitrozellulose wird durch das Nitronaphtalin des Handels ebenfalls, obschon viel langsamer als die Dinitrozellulose, gelatiniert; die Gelatinierung in obiger Nitronaphtalinlösung ist unter gleichen Bedingungen wie oben erreichbar, nur mit etwas langsamerem Verlauf.

Beispiel: Nitronaphtalin 120 g, Rizinusöl 80 g, Dinitrozellulose 10 g, Kaliumchlorat 800 g.

Wie Nitronaphtalin kann auch Nitrobenzol die Lösung von Öl in Nitroglyzerin vermitteln. Nitroglyzerin und Nitrobenzol sind in allen Verhältnissen mischbar; das Gemisch aus gleichen Teilen detoniert nicht mehr unter Schlag. Eine Lösung von 100 g Nitrobenzol in 100 g Rizinusöl löst leicht 100 g Nitroglyzerin. Eine Lösung von 300 g Nitrobenzol in 100 g Rizinusöl vermag 400 g Nitroglyzerin zu lösen. — Die erhaltenen Produkte lassen indes wegen ihrer großen Flüssigkeit nicht eine unmittelbare Vermischung mit dem Chlorat zu, indem sie zu leicht ausschwitzen würden. Man muß daher zu Verdickungsmitteln greifen, als welche sich empfehlen: sehr fein zerteilte Zellulose, wie fein gepulvertes Papierzeug, feste Nitroderivate, insbesondere aber die Dinitrozellulose, indem dieselbe in Nitrobenzol sich leichter als wie in Nitroglyzerin gelatiniert, und zwar in der Kälte. Der Ölzusatz übt keine erheblich beeinträchtigende Wirkung aus: man kann 1 g Kollodiumwolle ebensowohl in einer Lösung von 15 g Nitrobenzol in 5 g Öl, wie in einer Lösung von 10 g des ersteren in 10 g des letzteren lösen. — Dergleichen Nitrozelluloselösungen bilden gegen Schlag unempfindliche gummiähnliche Massen; sie lassen sich mit Chlorat leicht zu durchaus homogenen Mischungen vereinigen.

Beispiele: 1. Kaliumchlorat 800 g, Nitrobenzol 150 g, Rizinusöl 50 g, Kollodiumwolle 10 g.

2. Kaliumchlorat 800 g, Nitrobenzol 100 g, Rizinusöl 100 g, Kollodiumwolle 10 g.

3. Kaliumchlorat 720 g, Nitronaphtalin 80 g, Nitrobenzol 90 g, Kollodiumwolle 20 g, Rizinusöl 10 g.

Außer dem Nitronaphtalin sind noch eine Anzahl von aromatischen Nitro- und Azoderivaten durch ihre Löslichkeit in Nitroglyzerin geeignet, die Einführung von Öl zu vermitteln, z. B. Dinitrobenzol, Azobenzol, Nitranilin usw.

Beispiele: 1. Dinitrobenzol 50 g, Nitroglyzerin 40 g, Rizinusöl 240 g, Kaliumchlorat 10 g.

2. Nitranilin 40 g, Nitroglyzerin 40 g, Rizinusöl 20 g, Kaliumchlorat 240 g.

3. Azobenzol 50 g, Nitroglyzerin 40 g, Rizinusöl 10 g, Kaliumchlorat 240 g.

Auch in diese Kompositionen läßt sich eine gewisse Menge Schießbaumwolle einführen, indem deren Löslichkeit in Nitroglyzerin durch die Gegenwart des Dinitrobenzols und Öls nicht, durch Azobenzol bzw. Nitranilin nur wenig beeinträchtigt wird.

Beispiele: 1. Dinitrobenzol 50 g, Nitroglyzerin 50 g, Kollodiumwolle 10 g, Rizinusöl 10 g, Kaliumchlorat 240 g.

2. Nitranilin 40 g, Nitroglyzerin 60 g, Kollodiumwolle 10 g, Rizinusöl 10 g, Kaliumchlorat 240 g.

3. Azobenzol 50 g, Nitroglyzerin 50 g, Kollodiumwolle 10 g, Rizinusöl 10 g, Kaliumchlorat 240 g.

Bei den mit Nitrobenzol und Nitronaphtalin hergestellten Sprengstoffen kann man letzteres ersetzen durch andere aromatische Nitroderivate bzw. Azoderivate, wie Dinitrobenzol, Dinitronaphtalin, Nitranilin, Azobenzol usw.

Beispiele: 1. Kaliumchlorat 720 g, Dinitrobenzol 80 g, Nitrobenzol 90 g, Kollodiumwolle 10 g, Rizinusöl 10 g.

2. Kaliumchlorat 720 g, Dinitronaphtalin 70 g, Nitrobenzol 100 g, Kollodiumwolle 10 g, Rizinusöl 10 g.

3. Kaliumchlorat 720 g, Nitranilin 70 g, Nitrobenzol 100 g, Kollodiumwolle 10 g, Rizinusöl 10 g.

4. Kaliumchlorat 720 g, Azobenzol 70 g, Nitrobenzol 100 g, Kollodiumwolle 10 g, Rizinusöl 10 g.

Was die Anwendung des Anilinpikrats betrifft, so besitzt dasselbe an sich bekanntlich keine Sprengstoffnatur. Seine Löslichkeit in Öl ist nur schwach, niedriger als 10 % bei 90° C. In Nitrobenzol löst es sich dagegen bei etwa 100° zu ungefähr 20 %. Aus dieser Lösung wird das Pikrat durch einen Zusatz von 10 % Öl bei 80° nicht abgeschieden; bei der Abkühlung scheidet es sich dagegen reichlich aus und man erhält eine sirupartige Masse. Vermischt man die Lösung heiß mit gepulvertem Chlorat und läßt erkalten, so erzielt man eine ungemein feine gleichmäßige Durchsetzung des Chlorats mit dem Pikrat.

Beispiel: Kaliumchlorat 88 g, Anilinpikrat 2 g, Rizinusöl 10 g, Nitrobenzol 10 g.

D.R.P. 118102 vom 9. Juni 1898. Ernest Auguste George Street in Paris. — Verfahren zur Herstellung geschwefelter Chlorat- bzw. Perchloratsprengstoffe.[1] — Man erhält geschwefelte Öle, welche auch in der Wärme ohne zersetzende Einwirkung auf aromatische Nitrokörper bleiben, wenn man Öl mit 10 bis 12 % Schwefel auf 140° C bzw. 180° C erhitzt. Treibt man die Erhitzung nicht über 140°, so scheiden sich beim Abkühlen etwa 6 bis 7 % Schwefel wieder aus; steigert man dagegen die Temperatur über 150° und erhält sie auf etwa 180°, so verdickt sich das Öl unter allmählicher Schwärzung,

[1] Engl. Pat. 12760 (1898).

indem die beiden Komponenten der Lösung in chemische Verbindung treten; die Bindung ist vollendet, wenn ein herausgehobener Tropfen der Flüssigkeit nach der Abkühlung ein klares Aussehen hat. Am besten eignet sich Leinöl, doch kann auch jedes andere pflanzliche und tierische Öl benutzt werden. Die Produkte der Schwefelung sind schwarz, viskos und dick; in der Kälte lassen sie die festen Nitrokörper ungelöst, erlangen jedoch durch Erwärmung die Fähigkeit, dieselben in etwa dem gleichen Verhältnis wie die ungeschwefelten Öle zu lösen. Sie wirken auch in der Wärme nicht reduzierend auf die Nitrokörper ein; man kann die Erhitzung bis auf 100° C treiben, ohne Reaktionsvorgänge hervorzurufen. — Zur Herstellung geschwefelter chlorat- bzw. perchlorathaltiger Sprengstoffe wird nun so verfahren, daß man, je nachdem ein schwächer oder stärker geschwefelter Sprengstoff bereitet werden soll, das Öl durch Erhitzen auf 140° mit dem niederen Schwefelgehalt, oder durch Erhitzen auf 180° mit dem höheren Schwefelgehalt versieht, das zu verwendende feste Nitroprodukt nach Vorschrift des Patents 100522 in der Wärme darin löst und schließlich das Chlorat oder Perchlorat mit der Lösung mischt.

Beispiele: 1. Kaliumchlorat 4 kg, Nitronaphtalin 0·600 kg, geschwefeltes Leinöl 0·400 kg.

2. Kaliumchlorat 4 kg, Nitronaphtalin 0·600 kg, Pikrinsäure 0·100 kg, geschwefeltes Leinöl 0·300 kg.

D.R.P. 104505 vom 28. Januar 1898. Arthur Reichsritter von Stubenrauch. — Verfahren zur Herstellung wasserdichter Sprengstoffe. — Teer, Teeröl usw. oder Nitroderivate dieser Stoffe werden mit 5 bis 6% Chlorschwefel vermischt und so lange gerührt, bis eine klebende, gummiartige Masse entstanden ist. Zu derselben werden dann 75 bis 80% eines fein pulverisierten festen Sauerstoffträgers zugegeben und das Ganze zu einer plastischen Masse verarbeitet bzw. geknetet und hieraus auf gewöhnliche Art Patronen hergestellt.

D.R.P. 119593 vom 7. Januar 1900. Charles Girard in Paris. — Verfahren zur Herstellung von Sprengstoffen mittels festgemachter Öle.[1] — Während Street zu seinen Chloratsprengstoffen Öle verwendet, welche durch Nitro- oder Azokörper konsistent gemacht werden, wird nach vorliegender Erfindung die erforderliche Konsistenz der Öle durch Seifen erzielt; zweckmäßig verwendet man Kali- oder Natronseife, die mit pflanzlichen oder tierischen Ölen hergestellt ist, oder Harzseife. Die Seife muß zunächst bei 120 bis 130° getrocknet werden, um möglichst alle Feuchtigkeit auszutreiben. Die so getrocknete Seife wird dann in Menge von 10 bis 15% zum Öl gegeben, die Masse gerührt und 2 bis 3 Stunden lang auf 150 bis 170° erhitzt; die Seife geht vollständig in Lösung. Wird es erforderlich, zu filtrieren, so führt man die Filtration bei der Schmelzungstemperatur des festgemachten

[1] Engl. Pat. 214 (1900).

Öls aus; dieselbe hängt ab von der Art des Öls; bei Rizinusöl beträgt sie z. B. 105 bis 115°. — Das filtrierte Produkt ist fast fest; seine Konsistenz liegt zwischen derjenigen des Vaselins und Paraffins; es fließt weder bei gewöhnlicher Temperatur, noch selbst bei 40° C; auf 80° erhitzt ist es dagegen sehr leicht mit gepulvertem Chlorat bzw. Perchlorat oder Nitrat mischbar; abgekühlt bildet das Gemisch eine sehr plastische Masse, die sich leicht in Bohrlöcher einbringen läßt und dieselben innig anschließend ausfüllt; die Masse schwitzt nie aus. — Man kann in dieser öligen Seifenlösung Nitro- und Azoderivate wie in dem Öl selbst lösen; ferner auch Nitroglyzerin, Nitrozellulose, Nitromannite, welche indes zur Lösung (gleichwie bei reinem Öl) der Gegenwart von Nitro- oder Azoderivaten bedürfen; die Lösung der genannten Derivate ist nur etwas konsistenter als die Anwendung von Öl allein. Mit sauren Derivaten läßt die ölige Seifenlösung sich nicht ohne Zersetzung der Seife benutzen; so bildet sich bei Zusatz von Pikrinsäure zur öligen Kaliseifenlösung Kaliumpikrat; dagegen kann man sie mit Pikraten mischen. — Die olige Seifenlösung gestattet ferner die Mischung mit verbrennlichen Körpern, wie Stärke, Zellulose, Pech (brai sec), Harz, Holzkohle, Schwefel mit oder ohne Nitroderivaten bzw. Azoderivaten und Sauerstoffträgern, wie Alkalinitrate, -chlorate und -perchlorate.

Beispiele: 1. Kaliumchlorat 80%, festgemachtes Öl 20%.

2. Ammoniumperchlorat 80%, festgemachtes Öl 20%.

3. Kaliumchlorat 80%, Nitronaphtalin 6%, festgemachtes Öl 14%.

4. Kaliumperchlorat 75%, festgemachtes Öl 16%, Nitronaphtalin 4%, Kaliumpikrat 2%.

5. Kaliumchlorat 80%, festgemachtes Öl 16%, Azobenzol 4%, Kaliumpikrat 2%.

Patentanspruch: Verfahren zur Herstellung von Sprengstoffen, dadurch gekennzeichnet, daß der Sauerstoffträger, der aus einem Chlorat, Perchlorat, Nitrat oder Gemisch derselben bestehen kann, in ein festgemachtes Öl eingehüllt wird, welches in bekannter Weise durch in der Wärme bewirkte Lösung einer vollständig getrockneten Seife in gewöhnlichem Öl erhalten wird, wobei der verbrennliche Bestandteil des Sprengstoffes entweder aus dem festen Öl allein oder einer Lösung von Nitroderivaten, Azoderivaten, Nitroäthern oder einem Gemisch derselben in genanntem Öl, oder aus Nitroderivaten, Azoderivaten, Nitroäthern usw. oder Gemischen derselben, welche mit dem festen Öl nur durchfeuchtet sind, besteht.

Engl. Pat. 6045 vom 22. März 1905. Ch. Girard in Paris. — Nach dem Verfahren von Street werden Nitrokörper und Azokörper in Ölen gelöst und dann die Chlorate bzw. Perchlorate mit dem konsistent gewordenen Öle vermischt. Nach vorliegender Erfindung ist die Anwendung von Ölen überflüssig; man stellt vielmehr aus Nitro- und Azokörpern durch Zusammenschmelzen Doppelverbindungen her, die sich durch niedrigen Schmelzpunkt auszeichnen; nachstehend sind einige derselben angeführt:

Erste Substanz	Mol.-Gew.	F.P.	Zweite Substanz	Mol.-Gew.	F.P.	F.P. der neuen Doppelverbindung
Azobenzol	182	66·5°	Dinitrobenzol	168	85°	40°
			Dinitrotoluol	182	71°	34·5°
			Trinitrotoluol	227	80°	51°
			Trinitroresorcin	245	175°	64°
			Nitronaphtalin	173	61°	37°
			Diamidoazobenzol	212	117°	59°
			Trinitrophenol	229	122°	61°
			Paranitranilin	138	147°	66°
			Naphtylamin	143	50°	46°
Pikrinsäure	229	122°	Trinitrokresol	243	107°	70°
			Mononitrophenol	139	45°	30°
			Dinitrobenzol	168	85°	56°
			Dinitrotoluol	182	71°	47°
			Paranitranilin	138	147°	74°
			Nitronaphtalin	173	61°	49°
			Dinitronaphtalin	218	135°	80°
Paratoluidin	107	45°	Azoxybenzol	198	36°	13·5°
			Dinitrobenzol	168	85°	15°
Nitronaphtalin	173	61°	Dinitrotoluol	182	71°	28°
Dinitrotoluol	182	71°	Dinitrobenzol	168	85°	40°
Cresylol	108	31°	Phenol	94	40°	7°
Naphtylamin	143	50°	Paratoluidin	107	45°	13°

Erste Substanz Moleküle und Gewicht	F.P.	Zweite Substanz	F.P.	Moleküle der zweiten Substanz	Gewicht der zweiten Substanz	F.P. der neuen Doppelverbindung
Dinitrotoluol 1 Mol. 182 g	71°	Dinitrobenzol	85°	1 Mol.	168	40°
				1/2 „	84	47°
				1/4 „	42	54°
				1/5 „	33·6	56°
				1/10 „	16·8	64°
Dinitrobenzol 1 Mol. 168 g	85°	Dinitrotoluol	71°	1 Mol.	182	40°
				1/2 „	91	48°
				1/4 „	45·5	54°
				1/5 „	36·4	55°
				1/10 „	18·2	59°
Pikrinsäure 1 Mol. 229 g	122°	Trinitrokresol	107°	1 Mol.	243	70°
				1/2 „	121·5	78°
				1/4 „	60·7	86°
				1/5 „	48·6	101°
				1/10 „	24·3	108°
Trinitrokresol 1 Mol. 243 g	107°	Pikrinsäure	122°	1 Mol.	229	70°
				1/2 „	114·5	80°
				1/4 „	57·2	89°
				1/5 „	45·8	98°
				1/10 „	22·9	101°

Zur Fabrikation der Chloratsprengstoffe wird die auf dem Wasserbad geschmolzene Verbindung in einen geeigneten Behälter gebracht, worauf man das fein pulverisierte Chlorat zufügt und die Masse bis zur vollständigen Homogenität behandelt. Das bei der Schmelztemperatur sehr plastische Produkt wird gesiebt, es bildet bei gewöhnlicher Temperatur ein körniges, trockenes Pulver, das poliert werden kann. Man kann diesen Sprengstoffen andere verbrennliche Körper, wie Stärke, Zucker, fein verteilte Metalle usw. hinzufügen.

Beispiele: 72 Tle. Kaliumchlorat, 28 Tle. Azodinitrotoluol (F.P. 34·5°).

79 Tle. Kaliumchlorat, 21 Tle. Azodiamidoazobenzol (F.P. 59°).

65 Tle. Kaliumchlorat, 35 Tle. Pikroazobenzol (F.P. 61°).

76 Tle. Kaliumchlorat, 24 Tle. Azoparanitranilin (F.P. 66°).

Man kann nach dem Sprengelschen Typus auch beide Bestandteile getrennt halten.

Franz. Pat. 278789 (1898). E. Turpin in Paris. — Pyrodialyte folgender Zusammensetzung:

	Nr. 0	Nr. 1	Nr. 2	Nr. 3
Kaliumchlorat	88	80	40	40
Natronsalpeter	—	—	48	—
Kalisalpeter	—	—	—	40
Teer	10	10	20	20
Pflanzenkohle	5	6	5	—
Natrium- oder Ammoniumbikarbonat	2—3	3—4	4—5	4—5

Statt der einfachen Salze können auch Doppelsalze Verwendung finden.

Franz. Pat. 296964 (2. Februar 1900). E. Turpin in Paris. — Gegen direkte Flamme unempfindlicher Chloratsprengstoff (Pyrodialyt), bestehend aus 85 % Kaliumchlorat und 15 % Harz, die unter Zusatz von $2^1/_2$ % Alkohol in einer Trommel mit Glaskugeln behandelt werden.

D.R.P. 124237 vom 29. September 1900. Joseph Bonnet in Paris. — Verfahren zur Herstellung von gegen Wärme wenig empfindlichen Chloratsprengstoffen. — Man mischt die Chlorate bzw. Perchlorate nicht mit konsistent gemachten tierischen Ölen oder Fetten, sondern mit Fettsäuren (Stearinsäure, Palmitinsäure, Margarinsäure, Ölsäure usw.) oder einem Gemisch von Fettsäuren mit Fetten oder Ölen, die — wie bei dem Streetschen Verfahren — durch Nitrokörper, Azokörper, Doppelverbindungen usw. konsistent gemacht werden. Man schmilzt die Fettsäure, oder das Gemisch der Fettsäuren, oder das Gemisch von Säure und Fettkörpern, fügt darauf die aromatischen Nitro- und Azokörper, die Mischungen von Pikrinsäure mit Nitro- und Azoderivaten (Pikronitro- bzw. Pikroazoderivate) allein oder in Mischung zu und erhitzt so lange, bis alles aufgelöst ist. — Wenn die Auflösung einmal beendet ist, fügt man in der Wärme allmählich den

Sauerstoffträger, wie Chlorat oder Perchlorat, hinzu, indem man fortwährend umrührt, um ihn so viel wie möglich gleichmäßig zu verteilen und um eine homogene Masse zu erhalten, welche man dann erkalten läßt. — Untenstehende Beispiele geben auf Grund ausgeführter Versuche einige Mischungen an, welche gute Resultate ergeben.

Mischung mit Fettsäure allein: Freie Fettsäure (Stearinsäure) 12 Tle., Dinitrobenzol 8 Tle., Kaliumchlorat 80 Tle.

Mischung mit Fettsäure und Fettkörper: Palmitinsäure 6 Tle., Öl oder Fett 2 Tle., Pikronitroderivat (Nitronaphtalin 10 Tle., Pikrinsäure 2 Tle.), Ammoniumperchlorat 80 Tle.

Engl. Pat. **14676** (18. Juli **1901**). E. Steele, C. J. Bower und H. E. Poehlman. — Körner von Kaliumchlorat werden mit einer Substanz (z. B. Nitrophtalsäure) überzogen, welche durch Feuchtigkeit nicht leidet, mit dem Chlorat zusammen einen Explosivstoff gibt.

D.R.P. 188829 vom **14. August 1902**. Frhr. Hans v. Schleinitz in Kriewald. — Verfahren zur Herstellung gekörnter Chloratsprengstoffe. — Vorliegende Erfindung betrifft ein Verfahren zur Herstellung gekörnter, gegen Feuchtigkeit und Stoß beständiger Sprengstoffe, die aus einem Chlorat und einem Nitrokörper, insonderheit aus nitriertem Harzstärkemehlgemisch oder aus v-Nitrophtalsäure bestehen. Das Verfahren bezweckt, unmittelbar aus den pulverisierten Sprengstoffkomponenten ein gekörntes Produkt zu erzeugen, was bisher nicht möglich war. — Bei den bekannten Verfahren zur Herstellung von Chloratsprengstoffen wird nämlich die Sprengstoffmasse zunächst in Breiform bzw. als kompakte Masse erhalten, die erst in geeigneter Weise gekörnt werden muß (vgl. z. B. die Patentschrift **19432**). Durch das vorliegende Verfahren wird diesem Übelstande dadurch abgeholfen, daß man zunächst eine innige, möglichst staubförmige Mischung aus dem Sprengstoffsatz bereitet, diese dann in einer dünnen Schicht ausbreitet und sie (z. B. mit Vorrichtungen nach Art eines Rafraichisseurs) mit einem den Nitrokörper, nicht aber das Chlorat lösenden organischen Lösungsmittel, wie Alkohol, Äther oder dgl., überbraust. Hierbei zieht sich die staubförmige Masse selbsttätig zu kleinen Klümpchen zusammen. Hält man gleichzeitig die Masse in leichter Bewegung, d. h. rührt man sie z. B. leicht um, so verhindert man das Zusammenkleben oder die Vereinigung dieser kleinen Klümpchen und erhält nach dem Trocknen eine körnige Masse. — Man kann zur Ausführung der vorliegenden Erfindung von den Nitrophtalsäuren nur die v-Nitrophtalsäure anwenden, die in kaltem Wasser kaum löslich ist, während sie sich z. B. in Alkohol (Äthyl- und Methylalkohol) oder Äther sehr leicht löst, worin das als Sauerstoffträger dienende Chlorat genügend unlöslich ist. — Ganz besonders eignet sich ein fein zerkleinertes nitriertes Harzstärkemehlgemisch als Nitrokörper. Dieses läßt sich bequem in folgender Weise herstellen: Bis zur Mehlfeinheit gepulvertes Harz wird mit einem Cerealstärkemehl innig gemischt und diese Masse dann ohne Anwendung von Schwefelsäure mit Hilfe von Salpetersäure nitriert.

Die Nitrierung vollzieht sich sehr ruhig und es bildet sich ein gelb bis gelborange gefärbter, auf der Säure schwimmender poröser Kuchen. — Die mit Wasser ausgewaschene Masse wird nach dem Trocknen fein gepulvert und kann dann mit dem Chlorat innig gemischt werden Das Mengenverhältnis zwischen dem Chlorat und dem Nitrokörper kann in weiten Grenzen abgeändert werden. Man hat gute Resultate erzielt mit einem Gemisch aus 1 Gew.-Tl. des Nitrokörpers mit 2 bis 4 Tln. Chlorat. — Diese innige mehlfeine Mischung wird auf eine saubere Platte ausgebreitet und dann mit einem Zerstäuber mit Alkohol leicht überbraust. Auf 2·5 kg des Pulvers braucht man vielleicht 150 g Alkohol. Durch leichtes Umrühren der Masse verhindert man, daß die während des Überbrausens sich selbsttätig bildenden kleinen Klümpchen sich zu größeren Klumpen vereinigen. Die sich bildenden einzelnen Körner erhalten auf diese Weise eine Größe bis etwa 2·5 mm Durchmesser.

Patentanspruch: Verfahren zur Herstellung gekörnter Chloratsprengstoffe, dadurch gekennzeichnet, daß man ein staubfeines Gemenge eines Chlorats mit einem Nitrokörper (v-Nitrophtalsaure bzw. nitriertes Harzstärkemehl) unter Umrühren mit soviel eines den Sauerstoffträger nicht lösenden organischen Lösungsmittels befeuchtet, daß nicht die Gesamtmenge des Nitrokörpers gelöst wird und keine breiartige Masse entsteht.

Amer. Pat. 795940 vom 20. März 1903. James C. Smith in Lovington. — Chloratsprengstoff. — Der Sprengstoff ist zusammengesetzt aus 35 % Kaliumchlorat, 20 % Zucker, 10 % Kalisalpeter und 5 % Steinkohlenpulver. Man löst den Zucker und Salpeter zunächst in so viel Wasser, wie gerade genügend ist, um bei Anwendung von Hitze die beiden Stoffe vollständig zu lösen. Man erhitzt nun zum Sieden, entfernt vom Feuer und versetzt mit Kaliumchlorat. Nachdem auch letzteres vollkommen gelöst ist, gibt man das Steinkohlenpulver hinzu und verarbeitet zu einer Paste, die man sodann trocknet und körnt.

Amer. Pat. 816830 vom 28. Dezember 1903. M. S. Talbot in Durban (Natal). — Chloratsprengstoff, wenig empfindlich gegen Reibung und Stoß. Die Hauptbestandteile sind Kaliumchlorat, Kampfer und Castoröl oder Paraffinwachs; durch die letzteren beiden Körper soll die Verflüchtigung des Kampfers und die darauf beruhende Zersetzung des Sprengstoffes verhindert werden. Zu den Hauptbestandteilen werden dann noch andere Substanzen, welche geeignet sind, die Explosionsgeschwindigkeit zu erhöhen oder zu vermindern, hinzugefügt. Beispiel: 56 Tle. Kaliumchlorat, 4 Tle. Kampfer, 12 Tle. Castoröl, 8 Tle. Umbra, 4 Tle. Mangandioxyd, 12 Tle. Kaliumbichromat, 12 Tle. Wasser. — Herstellungsverfahren: Zunächst werden Umbra, Mangandioxyd und Kaliumbichromat mit dem erwärmten Wasser vermischt, worauf man den fein gepulverten und mit dem Castoröl vermengten Kampfer in diese Mischung einträgt. Man rührt die Masse dann kräftig durch, fügt allmählich das Kaliumchlorat hinzu und rührt so lange weiter, bis die Mischung vollkommen homogen geworden ist. Man trocknet, pulverisiert und patroniert dann.

Amer. Pat. 799687 vom 17. August 1904. Everard Steele. — Chloratsprengstoff. — Chloratsprengstoff, der gegen Reibung, Stoß, Temperaturwechsel und atmosphärische Einflüsse vollkommen unempfindlich sein soll. 90 bis 75 % Kaliumchlorat und 10 bis 25 % nitriertes Harz oder nitriertes Stärkemehl. Die Nitrierung erfolgt mittels Salpetersäure von 42° Bé, der nitrierte Körper hat die Zusammensetzung 46·47 % Kohlenstoff, 3·76 % Wasserstoff, 6·58 % Stickstoff und 43·27 % Sauerstoff.

Engl. Pat. 4028 und 6353 (1904). A. F. Hargreaves und Curtis und Harvey. — Zu drei Teilen einer Mischung von 78 % Kaliumchlorat und 22 % Dinitrotoluol fügt man einen Teil Sprenggelatine (aus 90 % Nitroglyzerin und 10 % Kollodiumwolle bestehend); etwas Holzmehl wird zugesetzt.

D.R.P. 203714 vom 15. Dezember 1904. Louis Lheure in Paris — Verfahren zur Herstellung von Chloratsprengstoffen.[1] — Das den Gegenstand der Erfindung bildende Herstellungsverfahren ist vollständig gefahrlos und liefert einen Sprengstoff feiner Körnung, der infolge seiner geringen Dichte zu Patronen komprimiert werden kann und trotz größter Sprengkraft nicht explosiv ist, d. h. nur durch einen entsprechenden Quecksilberzünder zur Explosion gebracht werden kann — Das Verfahren besteht darin, daß das Chlorat zunächst fein gepulvert und dann in das geschmolzene Paraffin eingetragen wird, worauf die Masse nach dem Erstarren zerkleinert und durch ein Sieb gedrückt wird, wodurch ein granuliertes Produkt entsteht. Die auf diese Weise hergestellten Chloratsprengstoffe entzünden sich bei Berührung mit einem rotglühenden Eisen an freier Luft nicht, brennen im Feuer lebhaft, jedoch ohne Explosionserscheinung; auch durch heftigen Schlag kann die Explosion sich niemals der ganzen Masse mitteilen. Lediglich mittels knallsauren Quecksilbers ist die Explosion an freier Luft eine vollständige. Ein weiterer Vorzug des neuen Sprengstoffes neben seiner großen Sicherheit und seiner starken Explosionswirkung besteht in der wesentlichen Verbilligung. — Beispiel für die Herstellung des neuen Sprengstoffes: Man verwendet einen doppelwandigen Behälter, der durch Dampf beheizt werden kann. Die innere Wand, welche mit den Substanzen in Berührung kommt, besteht vorzugsweise aus Eisenblech oder emailliertem Gußeisen. Wenn man einen Kaliumchloratsprengstoff herstellen will, bringt man — für eine Menge von 25 kg des Sprengstoffes — 2·5 kg Paraffin in den Behälter ein. Für Natriumchloratsprengstoff sind für die gleiche Menge des Sprengstoffes 3 kg Paraffin (oder 12 % der herzustellenden Masse) erforderlich; man läßt Dampf ein, bis das Paraffin vollständig geschmolzen ist, worauf man ungefähr den dritten Teil des Gewichts des fein gepulverten Chlorats unter beständigem Umrühren und unter fortgesetztem Erhitzen zufügt. Nachdem die Masse eine gleichmäßige Färbung angenommen hat und das weiße Pulver des Chlorats in der Masse ver-

[1]) Engl. Pat. 27166 (1904).

schwunden ist, fügt man nach und nach, unter fortgesetztem Erhitzen, den Rest des Chlorats (22 kg für Kaliumchloratsprengstoff und 22 kg für Natriumchloratsprengstoff) zu und fährt mit Umrühren fort, bis alles Chlorat von dem Paraffin gut aufgenommen ist. Dieser Teil der Arbeit dauert 15 bis 20 Minuten. — Nach Beendigung des ersten Arbeitsganges stellt man den Dampf ab; die leicht gelbliche Mischung wird dann auf eine emaillierte Gußeisenplatte gegossen, wo sie erkaltet, so daß das Paraffin erstarrt. Die Masse ist in diesem Zustand leicht bröckelnd, so daß sie, in ein Sieb gebracht und geschüttelt, als ein Gemisch von Körnern und Staub durchfällt. Die zu großen Brocken der Masse, die im Sieb zurückbleiben, lassen sich leicht mit dem Finger zerdrücken. Es bleibt schließlich noch ein Rückstand harter Brocken, die man bei der nächsten Operation wieder mit verarbeitet. — Zur Herstellung von Sprengpatronen für Bergwerke verwendet man den Sprengstoff meist so, wie er aus dem Sieb kommt, d. h. also in Form eines zum Teil gekörnten, zum Teil pulverförmigen Gemisches. — Wenn für gewisse Zwecke, z. B. zur Herstellung komprimierter Patronen, der Staub nicht verwendet werden kann, unterwirft man das Präparat einer wiederholten Durchsiebung und verarbeitet den ausgesiebten Staub bei der nächsten Operation.

Franz. Pat. 353299 vom 15. März 1905. Paul de Golovine. — Chloratsprengstoff. — Der Sprengstoff besteht aus 39 g Kaliumchlorat, 18 g Kaliumborat, 2 g Salmiak, 2 g Koks oder Holzkohle, 2 gr Glyzerin oder raffiniertes Petroleum. (Das Kaliumchlorat kann durch Calcium- oder Magnesiumchlorat, das Kaliumborat zum Teil durch Natriumnitrat ersetzt werden.) Zur Herstellung werden die Substanzen fein gepulvert und gesiebt, dann mischt man zunächst das Chlorat mit der Kohle zu einer vollkommen homogenen Masse und gibt dann der Reihe nach Salmiak, Kaliumborat und Glyzerin oder Petroleum zu, wobei man jedesmal vor dem Zusatz kräftig durchmischt.

Schweizer. Pat. 33219 vom 30. Januar 1905.[1] Georges Grobet in Vallorbe (Schweiz). — Sprengstoffe aus Alkalichlorat und einem aus einer Fettsubstanz und einem flüchtigen Kohlenwasserstoff bestehenden Kohlenstoffträger. Die Fettsubstanz bildet mit den flüchtigen Kohlenwasserstoffen eine enkaustische, plastische Masse, vermindert die Flüchtigkeit der Kohlenwasserstoffe und erhöht somit die Haltbarkeit der Sprengstoffe.

Beispiel: Man schmilzt 50 Tle. Talg und vermischt die Schmelze mit 50 Tln. einer Lösung aus gleichen Teilen Kolophonium oder Petroleum (oder 66 Tln. Talg und 34 Tln. Benzol, oder 60 Tln. Talg und 40 Tln. Terpentin); von dem beim Abkühlen festwerdenden Talggemisch nimmt man 8 bis 12 Tle. zu 100 Tln. Kalium- oder Natriumchlorat; man mengt bei 40 bis 50° C und knetet bis zur vollkommenen Gleichmäßigkeit.

[1] Engl. Pat. 1573 vom 20. Januar 1906.

Engl. Pat. 4372 vom 2. März 1905. Eugène Louis in Houilles (Frankreich). — Chloratsprengstoffe, die gut aufzubewahren, d. h. gegen Temperaturveränderungen und sonstige atmosphärische Einflüsse nicht empfindlich sind; die Sprengstoffe sind auch unempfindlich gegen Schlag und Stoß, entzünden sich nicht an der Flamme und werden nur durch Knallquecksilber zur Detonation gebracht. Man vermischt die Chlorate, event. unter Zusatz anderer Sauerstoffträger, mit tierischen Fetten und einem oder mehreren anderen schmelzbaren Kohlenstoffträgern bei einer Temperatur, die geeignet ist, sämtliche Kohlenstoffträger in den geschmolzenen Zustand überzuführen. Das Kaliumchlorat wird zunächst fein gemahlen, bei 70° getrocknet und dann in geeigneten Mischapparaten mit den geschmolzenen Fetten und Kohlenwasserstoffen und Nitrokohlenwasserstoffen vereinigt. Nach dem Abkühlen wird die erhaltene harte Masse zerkleinert, in üblicher Weise gekörnt und patroniert.

Beispiele: 94% Kaliumchlorat, 6% Schweinefett.

80% Kaliumchlorat, 10% Natriumnitrat, 10% Schweinefett.

80% Kaliumchlorat, 16% Dinitrobenzol, 4% Fett.

70% Kaliumchlorat, 10% Natriumnitrat, 10% Nitronaphtalin, 10% Fett.

Engl. Pat. 5985 vom 31. März 1905. Demetriade, Jonescu und Williams. — Sprengstoffe aus Kaliumchlorat, Nitrobenzol, Pikrinsäre und fein verteilter Zellulose. (Durch Sprengkapsel zu detonieren.) — 650 g fein gepulvertes Kaliumchlorat werden mit 37·5 g fein verteilter Zellulose gemischt; diese Mischung wird in geeignet große Hüllen aus Baumwolle eingefüllt und dann eine halbe Stunde in eine Lösung von 104 g Pikrinsäure in 260 g Nitrobenzol eingetaucht. Zwecks Entfernung der überschüssigen Flüssigkeit hängt man die so erhaltenen Patronen zunächst an zinnernen Haken auf und umhüllt sie dann mit Pergamentpapier oder Zinnfolie. — Der neue Sprengstoff stellt eine zähe Masse von rotgelber Farbe dar, die eine Dichtigkeit von 2·5 besitzt.

Engl. Pat. 2985 vom 7. Februar 1906. St. Laszcynski. — Kaliumchlorat wird mit 10% Petroleum, oder Natriumchlorat mit 12% Petroleum vermischt (dem stöchiometrischen Verhältnis entsprechend). Zur Detonationseinleitung 0·5 g Knallquecksilber.

Engl. Pat. 8746 vom 25. April 1905.[1] Léon Thomas in Paris. — Da bei Zusatz von Ölen die Chloratsprengstoffe nur schwierig oder doch unvollkommen detonieren, durch Hinzufügen von sog. Erregern aber spontane Explosion eintreten kann, so werden nach vorliegender Erfindung nitrierte Toluole mit Chlorat verarbeitet. Man bringt auf dem Dampf- oder Wasserbade p-Nitrotoluol, Dinitrotoluol, Trinitrotoluol oder ein Gemenge dieser Substanzen zum Schmelzen und trägt dann das fein gepulverte Chlorat oder Perchlorat ein. Nach dem Er-

[1] Franz. Pat. 359562. — Amer. Pat. 826389.

kalten reibt man die Masse durch ein Sieb und patroniert dann in geeigneter Weise. Will man plastische Sprengstoffe herstellen, so trägt man in die Schmelze der Nitrotoluole noch Nitrozellulose ein, bzw. Nitroglyzerin und Nitrozellulose; die so erhaltene Gelatine vermischt man dann mit dem feingepulverten Chlorat bzw. Perchlorat. — Beispiele: 1. 25 % Dinitrotoluol, 75 % Chlorat. — 2. 23 % Dinitrotoluol, 2 % Nitrozellulose, 75 % Chlorat. — 3. 10 % para-Nitrotoluol, 10 % Nitroglyzerin, 2 % Nitrozellulose, 78 % Chlorat.

Franz. Pat. 363919 vom 5. Februar 1906. Stanislaus Laszcynski. — Kalium- bzw. Natriumchlorat wird mit gewöhnlichem Lampenpetroleum in solchem Verhältnis gemischt, daß letzteres vollkommen verbrennt (100 $KClO_3$: 10 Tln., oder 100 $NaClO_3$: 12 Tln. Petroleum). Durch Sprengkapseln mit 0·5 g Knallquecksilber soll vollständige Detonation eintreten, nicht aber durch 0·2 bis 0·3 g Knallquecksilber.

Franz. Pat. 374656 vom 15. Februar 1907. M. A. G. Himalaya. — Handhabungssichere Sprengstoffe aus Kaliumchlorat und Stärke. — Man stellt zunächst aus Kaliumchlorat und $^1/_3$ seines Gewichts Wasser einen Brei her und vermischt denselben dann innig mit einer Paste aus gleichen Teilen Stärke und Wasser. Die Mischung wird sodann unter beständigem Rühren auf etwa 80° erhitzt, so daß die Stärkekörner aufquellen und den Sauerstoffträger aufnehmen, ohne dabei zerstört zu werden. Schließlich setzt man der Masse noch ein trockenes Öl, z. B. Nußöl hinzu, bringt sie durch Pressen in die gewünschte Form und trocknet. Zur Erhöhung der Explosivkraft kann man noch eine oder mehrere aktive Substanzen in geringer Menge zusetzen, wie MnO_2, CuO, BaO_2 oder auch Nitroglyzerin, Schießwolle, Pikrinsäure.

Franz. Pat. 374932 (22. Februar 1907). M. A. G. Himalaya. — Man vermischt Kaliumchlorat in Form eines feinen Pulvers mit so viel eines trocknenden Öls, z. B. Leinöl, daß eine mehr oder weniger plastische Masse gebildet wird. Letztere vermengt man sodann mit der geeigneten Menge eines festen und möglichst trockenen Kohlenstoffträgers (Stärke, Baumwolle, Zucker, Harz, Holzkohle), körnt die so erhaltene Masse und setzt sie der Einwirkung der Luft aus zwecks Oxydation des trocknenden Öls, wodurch die Körner hart und widerstandsfähig werden. Z. B. 75 bis 85 % Kaliumchlorat, 8 bis 19 % Stärke, 6 bis 15 % Öl. Event. noch aktive Stoffe oder andere Explosivstoffe.

Engl. Pat. 3199 vom 8. Februar 1907. M. A. G. Himalaya. — In den früheren Patenten wurden Sprengstoffe aus Kaliumchlorat, trocknendem Öl und Stärke beschrieben; die Stärke wird nun ganz oder teilweise durch andern Kohlenstoffträger, z. B. Anthrazit, ersetzt. — Beispiel: 76 Tle. Kaliumchlorat, 10 Tle. Anthrazit werden in einem geeigneten Apparat innig vermischt, worauf man die so erhaltene Masse komprimiert, körnt und patroniert. Event. Zusatz von MnO_2. — 30 bis 85 % $KClO_3$, 4 bis 20 % Anthrazit, 1 bis 20 % Öl und 0·5 bis

40% Mangansuperoxyd. Das Öl kann tierischen, pflanzlichen oder mineralischen Ursprungs sein; besonders empfohlen werden die bei der Petroleumindustrie zurückbleibenden Schweröle.

Franz. Pat. 391106 vom 19. August 1907. Soc. anon. d'Explosifs et de produits chimiques. — Gemische von Chloraten oder Perchloraten mit Hexanitro-oxanilid.

Franz. Pat. 391107 vom 19. August 1907. Soc. anon. d'Explosifs et de produits chimiques. — Man nitriert alkylierte aromatische Diamine und mischt diese mit Chloraten und Perchloraten, z. B. Pentanitrodimethylmetaphenylendiamin.

Amer. Pat. 886038 vom 1. Oktober 1907. A. E. Charbonneaux in Los Angeles (Kalifornien). — Drei Teile Kaliumchlorat und ein Teil Saccharin werden in fein verteilter Form innig miteinander vermischt, zu einer Paste verarbeitet und dann in Formen gepreßt. Als Zersetzungsgleichung wird angegeben:

$$9\,KClO_3 + 2\,C_6H_4SO_2CONH$$
$$= 2\,NH_3 + 2\,H_2O + 14\,CO_2 + 9\,KCl + SO_2 + SO\,.$$

Schweizer. Pat. 41370 vom 27. Januar 1908. Giovanni Cornaro in Turin. — Man mischt Chlorate oder Perchlorate mit Aluminium und Antimon; die Mischung wird dann zwecks Verhinderung vorzeitiger Oxydation mit einem aus Ruß, Leinöl und Terpentin bestehenden Firnis behandelt. — Beispiele: 84 Tle. Kaliumchlorat, 8 Tle. Antimon, 8 Tle. Aluminium. — 80 Tle. Kaliumperchlorat, 10 Tle. Antimon, 10 Tle. Aluminium.

Engl. Pat. 4046 vom 22. Februar 1908. F. W. Bawden in Johannesburg. — Für hartes Gestein: 75% Kaliumchlorat, 25% Zucker und Sirup, oder 65% Kaliumchlorat, 25% Zucker, 10% Sirup. — Für Kohlengruben: 50 bis 60% Kaliumchlorat, 50 bis 40% Zucker und Sirup. — Für feuchten Boden oder mit Wasserbesatz: 65% Kaliumchlorat, 7·5% Lampenruß, 5% Zucker, 12·5% Benzol, 10% Sirup.

Engl. Pat. 20279 vom 26. September 1908. F. W. Bawden in Johannesburg. — Wenn man Lampenruß und Melasse im Verhältnis von 1 : 1 bis 1 : 4 verwendet, kann man dauernd plastische Sprengstoffe erhalten. — Beispiele: 80% Kaliumchlorat, 11% Rüböl, 5·5% Rohrzucker, 2% Melasse, 1·5% Lampenruß. — 75% Kaliumchlorat, 11·5% Rüböl, 10% Rohrzucker, 2% Melasse, 1·5% Lampenruß. — Für Kohlengruben: 75% Kaliumchlorat, 20% Melasse, 5% Lampenruß, oder 61% Kaliumchlorat, 19% Rohrzucker, 16% Melasse, 4% Lampenruß.

Engl. Pat. 20574 vom 30. September 1908. Farris und Jex in Kanada. — Sprengstoff aus 53% Kaliumchlorat, 5% Kaliumnitrat, 5% gelöschtem Kalk, 33% Weizenmehl, 2% einer Verbindung aus Pikrinsäure und Kaliumchlorat, 1% Lampenruß. Die einzelnen Bestandteile werden innig miteinander vermischt; hierauf setzt man Wasser zu und verarbeitet die Masse zu einer Paste, die gekörnt und getrocknet wird. Die Körner werden dann schließlich durch Besprengen mit einer aus Teeröl und Salpetersäure hergestellten Flüssigkeit mit einem wasserdichten Überzug versehen. (Die Verbindung aus Kaliumchlorat und Pikrinsäure soll durch Vermischen der wäßrigen Lösung beider Stoffe und längeres Stehenlassen der Mischung erhalten werden.)

Amer. Pat. 933060 vom 7. September 1909. Charles Clément in Vallorbe und Jean Langhard in Hauensheim, Schweiz. — Sprengstoff. — Die Verwendung von flüchtigen Kohlenwasserstoffen, wie Petroleum, Terpentin, Benzin oder Benzol zur Herstellung von Chlorat- oder Perchloratsprengstoffen ist wegen der außerordentlich schnellen Oxydation jener Stoffe sehr vorteilhaft. Dagegen ist die Stabilität solcher Sprengstoffe mit Rücksicht auf die große Flüchtigkeit der genannten Kohlenwasserstoffe sehr gering. — Nach der vorliegenden Erfindung soll dieser Übelstand nun dadurch vermieden werden, daß man die Kohlenwasserstoffe mit einem Fettkörper vermischt, der mit ihnen eine plastische Masse bildet und ihre Verdunstung verhindert. Derartige plastische Massen können beispielsweise aus 1 Tl. Benzol und 2 Tln. Talg oder aus 2 Tln. Terpentin und 3 Tln. Talg oder aus 1 Tl. Petroleum und 2 Tln. Talg hergestellt werden. — Diese Mischungen sind bei 50° C flüssig und werden bei dieser Temperatur mit dem gepulverten Kaliumchlorat vermischt, und zwar im Verhältnis von 8 bis 12 Tln. des Kohlenstoffträgers auf 100 Tle. Kaliumchlorat. — In derselben Weise lassen sich Sprengstoffe aus 100 Tln. Kalium- oder Ammoniumperchlorat mit 10 bis 14 Tln. eines aus 2 Tln. Benzol und 5 Tln. Talg oder aus 5 Tln. Terpentin und 7 Tln. Talg bestehenden Kohlenstoffträgers herstellen. — Das Fett kann event. zum Teil durch Harz ersetzt werden.

Amer. Pat. 934990 vom 28. September 1909. F. H. Briggs in Painesville, Ohio. U. St. A. — Sprengstoff. — Die Erfindung betrifft die Herstellung eines Ersatzes für den unter dem Nameu „Rack-a-rock“ bekannten Sprengstoffes. — Dieser außerordentlich kräftige, aus Kaliumchlorat und Mirbanöl (Nitrobenzol) bestehende Sprengstoff muß bekanntlich entweder am Verwendungsort selbst hergestellt oder auf kostspielige Weise verpackt werden, da er infolge der Flüchtigkeit des Mirbanöls leicht und rasch verdirbt. — Nach vorliegender Erfindung soll nun ein ebenso wirksamer, aber haltbarer Sprengstoff vom Rack-a-rock-Typus dadurch erhalten werden, daß man dem Gemisch aus Kaliumchlorat und Mirbanöl ein innertes, pulverförmiges Absorptionsmittel zusetzt. — Nach den Beobachtungen des Erfinders soll sich besonders gepulverter Schiefer für den genannten Zweck vorzüglich eignen. — Beispielsweise wird eine Mischung aus 112 Pfund Kaliumchlorat, 35 Pfund Mirbanöl und 24 Pfund Schieferpulver empfohlen. — Infolge der Verwendung des Schieferpulvers ist es möglich, eine weit größere Menge Mirbanöl zu verwenden als wie bei dem Rack-a-rock, so daß sich der neue Sprengstoff, besonders auch mit Rücksicht auf den Schieferzusatz, bedeutend billiger stellt als jener bekannte Sprengstoff. — Als weiterer Vorteil wird auch hervorgehoben, daß der

Sprengstoff bei Frostwetter nicht steinhart wird wie der Rack-a-rock, sondern nur eine feste, aber leicht verreibliche Masse bildet.

Amer. Pat. 909915 vom 19. Januar 1909. Georg Lezinsky.[1] — 1 bis 3 Gew.-Tle. Kaliumchlorat werden mit einem Gew.-Tl. Nitroprodukt vermischt, mit Wasser zu einer homogenen Paste angerieben, geformt und getrocknet. Zum Schutz gegen Feuchtigkeit wird der Sprengstoff nach der Formgebung in Paraffin getaucht oder mit einem anderen wasserundurchlässigen Überzug versehen. Den Nitrokörper stellt man her, indem man 53 % Harz und 27 % gewöhnliches Mehl mit 20 % Salpetersäure von 38° Bé vermischt und die Masse event. bis zum Eintreten der Reaktion erwärmt.

Sprengstoffe des sog. Sprengel-Typus, die erst an Ort und Stelle aus Chlorat und verbrennlicher Substanz zusammengesetzt werden, sind in folgenden beiden Patenten beschrieben.

D.R.P. 150113 vom 10. November 1901. Wassiliy Kirsanoff in Taganrog. — Sprengstoff des Sprengel-Typus. — Dem chlorsauren Kali wird eine größere Menge von übermangansaurem Kali zugesetzt und als flüssiger Bestandteil eine Mischung von Terpentinöl mit etwas Karbolsäure verwendet. Terpentinöl in Verbindung mit Nitrobenzol und den vorgenannten Sauerstoffträgern wurde schon verwendet z. B. gemäß der britischen Patentschrift 8101 (1901). Die neue Mischung aber hat gegenüber den vorerwähnten den Vorteil intensiverer Verbrennung bei geringerer Gefahr, und es wird, da der Zusatz von Stickstoffverbindungen zu jedem Bestandteil des Sprengstoffes vermieden ist, erreicht, daß, wie bereits erwähnt, die bei der Explosion entstehenden Gase gut atembar bleiben. — Als beste Mengenverhältnisse für den neuen Sprengstoff wurden die im nachfolgenden Beispiel angegebenen gefundeh. Beispiel: 70 Gew.-Tle. chlorsaures Kali und 20 Gew.-Tle. übermangansaures Kali werden fein gepulvert und gemischt und in der üblichen Weise in Hülsen aus Leinwand, Baumwolle und dergl. eingepreßt. In einen in beliebiger Weise beim Einpressen ausgesparten Längskanal wird eine Mischung von 9 Gew.-Tln. Terpentinöl und 1 Gew.-Tl. Karbolsäure eingegossen, die sich rasch durch die ganze Masse verbreitet. Die so hergerichtete Patrone wird dann, wie üblich, mit einem Sprenghütchen und einer Zündschnur versehen und in das Bohrloch gebracht. — Patentanspruch: Ein durch Tränken eines Gemisches von 70 Gew.-Tln. chlorsauren Kalis und 20 Gew.-Tln. von übermangansaurem Kali mit einer Mischung von 9 Tln. Terpentinöl und 1 Gew.-Tl.Karbolsäure hergestellter Sprengstoff.

Amer. Pat. 829362 vom 16. März 1905. Louis Barthélemy in Paris. — Am Ort der Verwendung aus zwei Komponenten herzustellender Sprengstoff. — 70 Tle. Kaliumchlorat, 30 Tle. verbrennliche Substanz; letztere wird am Ort der Verwendung durch Erwärmen auf 65° verflüssigt und dann mit dem Chlorat vermischt. Die verbrennliche Substanz besteht im wesentlichen aus nitrierten oder

[1] Vgl. franz. Pat. 395635 vom 24. Oktober 1908.

nicht nitrierten flüssigen und festen Kohlenwasserstoffen, und zwar wird besonders ein Gemisch aus Paraffin, Orthonitrotoluol und Trinitrotoluol empfohlen, wobei die Mengenverhältnisse der genannten Stoffe, je nachdem ein mehr oder weniger kräftiger Sprengstoff hergestellt werden soll, entsprechend geändert werden. Zwecks Erhöhung der Dichte und der Explosionstemperatur kann man der Mischung noch eine gewisse Menge Metallspäne (Aluminium, Eisen oder dergl.) zusetzen.

Die bisher erwähnten Patente beziehen sich auf Chloratsprengstoffe, doch ist in einigen auch Verwendung von Perchloraten angegeben, worunter wohl meist Kaliumperchlorat verstanden ist.

Ein wettersicherer Sprengstoff mit Perchlorat, der als Permonit vielfache Verwendung findet, ist nachfolgend beschrieben:

Franz. Pat. 356845 vom 10. Juli 1905. C. E. Bichel. — Man vermischt Ammonnitrat mit Kaliumperchlorat und Kochsalz in solchem Verhältnis, daß die Menge des ersten dieser Körper die der beiden anderen um das anderthalbfache übersteigt und fügt dann zu dieser Mischung Trinitro- oder Dinitroglyzerin, in dem etwa gleiche Mengen Trinitrotoluol gelöst sind und außerdem Stärke, Holzmehl oder Getreidemehl zwecks besserer Absorption des Nitroglyzerins hinzu. — Als vorteilhafte Mischung wird empfohlen: 70 bis 80 % der Ammonsalpeter-Perchlorat-Kochsalz-Mischung, 4 bis 10 % Trinitro- oder Dinitroglyzerin, 6 bis 10 % Trinitrotoluol.

Mit den Bestrebungen, die Chlorat- und Perchloratsprengstoffe möglichst unempfindlich, insbesondere nicht direkt entzündbar zu machen, stehen nachfolgende Patente in Widerspruch.

D.R.P. 177687 vom 12. April 1905. Roburitfabrik Witten a. d. Ruhr G. m. b. H. — Verfahren zur Herstellung von Sprengstoffen. — Die Perchlorate, insbesondere Kaliumperchlorat, sind an sich allein, selbst unter Anwendung starker Zündkapseln, wie sie für den öffentlichen Verkehr noch zulässig sind, nicht vollkommen zu zerlegen und reagieren auf die einfache Flamme oder Zündschnur, d. h. ohne die Anwendung der Zündkapsel, überhaupt nicht. — Wir haben indessen festgestellt, daß die Perchlorate und insbesondere das Kaliumperchlorat die Eigenschaft leichter Zerlegbarkeit annehmen in Verbindung mit Salzen der Ferro- oder Ferricyanwasserstoffsäuren bzw. Gemischen dieser Salze. — Bei entsprechend festem Widerstand gegen die Entweichung der Gase, der in der Praxis durch die Bohrlochwandung und den Besatz gegeben wird, explodieren solche nach diesem Verfahren hergestellte Sprengstoffe unter Anwendung einfacher Zündschnur, d. h. ohne Zündkapsel glatt mit großer Kraftentfaltung, während sie dagegen bei der Trauzlprobe keine wesentliche Ausbauchung ergeben. — Beispiel: 70 % Kaliperchlorat, 30 % Ferrocyankali. — Patentanspruch: Verfahren zur Herstellung von Sprengstoffen, die sich allein durch Zündschnur, d. h. ohne Anwendung von Zündkapseln zur Explosion bringen lassen, dadurch gekennzeichnet, daß man Perchloraten, insbesondere Kaliumperchlorat, Ferro- oder Ferricyanverbindungen oder Gemische derselben zusetzt.

D.R.P. 183355 vom 27. Oktober 1905. Castroper Sicherheitssprengstoff-Aktiengesellschaft in Dortmund. — Verfahren, Chlorat- und Perchloratsprengstoffe reaktionsfähiger zu machen. — Mit Chlorat- und Perchloratsprengstoffen wurde im Bergbau häufig die Beobachtung gemacht, daß sie lange Bohrlochpfeifen stehen ließen und mit schlechter Wirkung arbeiteten. Dieser Übelstand ist darauf zurückzuführen, daß manche Chlorat- bzw. Perchloratsprengstoffe sehr träge reagieren und unvollständig explodieren. Freiliegend, d. h. an freier Luft ohne Besatz, sind viele Chloratsprengstoffe überhaupt nicht zur Explosion zu bringen. — Allen diesen Übelständen zu begegnen ist nun dadurch gelungen, daß den Sprengstoffen etwas Kupferchlorür zugesetzt wird. Dieses Salz wirkt schon in geringer Menge in der Art auf die Chlorate und Perchlorate ein, daß sie ihren Sauerstoff leicht und vollständig schon bei niedrigen Temperaturen abgeben, so daß die damit hergestellten Sprengstoffe einen höheren Gebrauchswert erlangen. — Setzt man beispielsweise einem Sprengstoff, welcher besteht aus:

Kaliumchlorat	78·2
Nitroxylol	8·0
Kollodiumwolle	0·5
Xylidin	1·5
Kurkuma	4·0

und welcher in 25 mm-Patronen freiliegend nicht zur Explosion zu bringen ist, etwa 10 % Kupferchlorür hinzu, so entsteht ein Sprengstoff, der freiliegend mit Kapsel Nr. 2 (0·4 g Knallsalz) vollkommen explodiert und im Bohrloch von vorzüglicher Wirkung ist, obwohl er im Trauzlschen Bleiblock nur eine geringe Ausbauchung gibt. — Bei einigen Mischungen ist die Steigerung der Reaktionsfähigkeit so groß, daß sie ganz ohne Sprengkapsel, allein schon durch die Zündschnur zur Explosion gebracht werden können. Stellt man z. B. folgende Mischungen her: 1·0 Naphtalin, 7·5 Kaliumchlorat oder 1·0 Naphtalin, 6·5 Kaliumperchlorat, so findet man, daß beide durch die Stichflamme einer gewöhnlichen Zündschnur nicht zu entzünden sind. Mischt man aber beiden noch etwa 10 % Kupferchlorür zu, so bewirkt die Zündschnurflamme eine explosionsartige Verbrennung.

Von besonderem Interesse sind die Sprengstoffe mit Ammonperchlorat als wesentlichem Bestandteil. Hierher gehören folgende Patente:

D.R.P. 94516 vom 23. September 1896. Oskar Frederik Carlson in Stockholm. — Sprengstoff aus Ammoniumperchlorat und brennbaren Stoffen. — Passende Mischungen von Ammoniumperchlorat und brennbaren Stoffen, welche zusammen kräftige Sprengstoffe bilden, sind die nachfolgenden drei Mischungen:

a) 60 Gew.-Tle. Holzkohlenpulver, 470 Gew.-Tle. Ammoniumperchlorat,

b) 1710 Gew.-Tle. Rohzucker und 5640 Gew.-Tle. Ammoniumperchlorat,

c) 168 Gew.-Tle. Dinitrobenzol und 470 Gew.-Tle. Ammoniumperchlorat.

Zahlreiche Schießversuche wurden mit Abel-Trauzls Brisanzmesser sowohl mit den obengenannten Mischungen als auch mit anderen Stoffen und in verschiedenen Mengenverhältnissen zwischen dem Perchlorat und den brennbaren Stoffen angestellt. — Dabei zeigte es sich, daß Mischungen, welche demjenigen unter a) am meisten gleichen, weniger brisant sind als Dynamit; die Mischungen, welche denjenigen unter b) am meisten gleichen, nähern sich in bezug auf die Brisanz dem Dynamit, und diejenigen, welche c) gleichen, übertreffen das Dynamit erheblich in bezug auf die Brisanz und dürften sogar noch kräftiger sein als Nitroglyzerin. Man kann deshalb mit einem Zusatz von z. B. Vaselin, welches, wie bekannt, die Brisanz herabsetzt, in geeigneter Menge einen plastischen Sprengstoff erhalten, und zwar von der Brisanz, die man gerade wünscht. — An Hand der angestellten Versuche ist nun eine Reihe von verschiedenen Zusammensetzungen ermittelt worden, die sich als vorteilhaft verwendbar erwiesen haben. Einige von diesen sind in der nachfolgenden Tabelle unter a) bis f) zusammengestellt:

	a	b	c	d	e	f
Ammoniumperchlorat	40—80	50—80	60—70	60—70	80	80
Astatka (Petroleumdestillationsrückstand)	30—10	—	20—10	—	—	—
Naphtalin	5—8	20—0	—	—	—	—
Petroleum	—	—	—	20—10	—	—
Paraffin, Ceresin	—	25—10	10—20	10—20	—	—
Holzmehl	20—5	—	—	—	—	—
Holzkohlenpulver	—	5—20	—	—	—	—
Vaselin	—	—	—	—	7—16	—
Zucker	—	—	—	—	—	32—16

Patentanspruch: Sprengstoff, bestehend aus einer Mischung von Ammoniumperchlorat mit brennbaren Stoffen.

Engl. Pat. 9190 (1897). U. Alvisi und E. Pulifici. — Mischungen von Ammoniumperchlorat mit Schwefel und Kohle oder einem derselben; ferner Mischungen von Ammonperchlorat mit Nitrophenol oder Pikrinsäure oder Trinitrokresol.

Engl. Pat. 25838 (1898). U. Alvisi. — Ammonperchlorat wird anderen Explosivstoffen, wie Dynamit, Schießbaumwolle usw. hinzugefügt. Oder in gewöhnlichem Schwarzpulver verwendet man als Sauerstoffträger statt des Kalisalpeters das Ammonperchlorat.

Franz. Pat. 223269 (22. November 1898. — 24. Februar 1899). E. Turpin in Paris. — Pyrodialyte mit Kaliumperchlorat oder Ammoniumperchlorat

Kaliumperchlorat . . .	80	60	—	—	—	—	—	—
Ammonperchlorat . . .	—	—	85	75	60	50	40	30
Kaliumchlorat	—	—	—	—	15	—	40	20
Teer.	10	10	15	10	10	10	10	10
Ammontrinitrokresylat .	10	—	—	—	—	—	—	10
Ammonpikrat	—	30	—	—	10	—	10	—
Ammontrinitrobenzoat .	—	—	—	15	—	—	—	—
Guanidinnitrat	—	—	—	—	—	40	—	—
Ammonpermanganat . .	—	—	—	—	5	—	—	—

Belg. Pat. 143499 und 143653 (1899). Yonck in Belgien. Gemenge von 50 Tln. Ammonperchlorat, 10 Tln. Trinitrotoluol und 40 Tln. Ammonkarbonat oder Ammonoxalat. Ferner Gemenge gleicher Teile von Ammonperchlorat und Ammonsalpeter.

Amer. Pat. 857580 vom 5. Oktober 1904. F. E. Wilkins Bowen. — Sprengstoff aus Ammonperchlorat, Paraffin und Aluminium. Statt Paraffin auch Kohlenhydrate oder organische Nitroverbindungen.

Für Sprengtechnik: 71·47 % Ammonperchlorat, 17·54 % Nitronaphtalin, 10·99 % Aluminium.

Hohlgeschoßfüllung: 77·85 % Ammonperchlorat, 14·95 % Paraffin und 7·2 % Aluminium.[1])

Franz. Pat. 370813 vom 3. Januar 1906. Société de produits chimiques et d'explosif. Bergès, Corbin & Co. — Ammoniumperchlorat-Sprengstoffe. — Diese Sprengstoffe leiden im allgemeinen an dem Übelstand, daß sie bei der Explosion beträchtliche Mengen Salzsäure entwickeln. Um dies zu verhüten, wird ein Teil des Ammonperchlorats durch Kalium- oder Natriumnitrat ersetzt, so daß auf 45 bis 55 Tle. Perchlorat 40 bis 30 Tle. Nitrat kommen. Dadurch wird auch die Stabilität der Sprengstoffe erhöht.

Schweiz. Pat. 38593 vom 17. Dezember 1906. Bergès, Corbin & Co. — Plastischer Sprengstoff aus einem Öl, Nitrokörper, Ammonperchlorat und Alkalinitrat. — Man löst einen oder mehrere Nitrokörper in dem Öl und vermischt dann diese Lösung mit dem Gemenge aus Ammonperchlorat und Kaliumnitrat. Durch den Zusatz des Nitrats wird die Entstehung von Salzsäuredämpfen bei der Explosion verhindert.

Franz. Pat. 370899 vom 5. Januar 1906. Charles Girard in Paris. — Nach dem franz. Pat. 350371 werden explosive Körper

[1] In dem engl. Pat. 11179 vom 11. Mai 1909 sind folgende Beispiele angegeben: 40 % Ammonperchlorat, 30 % Natronsalpeter, 10 % Trinitrotoluol, 10 % Paraffin, 10 % Aluminiumpulver; und 43 % Ammoniumperchlorat, 32 % Natronsalpeter, 15 % Trinitrotoluol, 10 % Aluminiumpulver.

zwecks Herstellung von Sprengstoffen mit einem äquimolekularen Gemisch von Nitraten vereinigt. Nach vorliegender Erfindung wird dieses Verfahren auf Ammoniumperchlorat ausgedehnt, zum Zweck, die Explosivkraft desselben zu erhöhen und die Entwicklung von Salzsäuregas bei der Explosion zu verhüten.

Franz. Pat. 389905 vom 5. Mai 1908.[1] B. E. D. Kilburn. — Ammonperchlorat (oder Gemisch von Ammonperchlorat mit Salpeter) wird gemischt mit feingepulverten, tanninhaltigen Stoffen (z. B. Myrobalanen, Divi-divi, Valonea). Z. B. 64 Tle. Ammonperchlorat, 36 Tle. Myrobalanen oder 36—35 Tle. Ammonperchlorat, 28—29 Tle. Salpeter, 36 Tle. Myrobalanen. Für plastische Form setzt man Öl oder geeignetes Bindemittel (Fischleim, Agar-Agar usw.) zu.

Engl. Pat. 15916 vom 27. Juli 1908. Karl Pieper. — Ammoniumperchlorat, Kalium- oder Natriumnitrat, ein Kohlenwasserstoff der Paraffinreihe und ein aromatischer Nitrokörper werden in der Weise miteinander vermischt, daß die beiden Sauerstoffträger stets in molekularen Mengen in der Mischung vorhanden sind und daß ihre Totalmenge ausreicht, um eine vollständige Verbrennung der Kohlenstoffträger zu gewährleisten. — Beispiel: 42 % Ammonperchlorat, 31 % Natriumnitrat, 14 % Trinitrotoluol, 13 % Paraffinwachs.

Franz. Pat. 394833 vom 2. Oktober 1908. W. H. Palmer. — 50 % Ammonperchlorat, 14 % Dinitrotoluol, 31 % Kali- oder Natronsalpeter, 5 % Aluminiumpulver, 5 % Paraffinwachs. Evtl. setzt man geringe Menge Holzkohle zu.

Franz. Pat. 404301 vom 22. Juni 1909.[2] B. E. D. Kilburn in England. — Verfahren zur Herstellung von Sprengstoffen. — Die Erfindung bezieht sich auf solche Sprengstoffe, bei denen Ammoniumperchlorat neben einem Alkalinitrat und einem oder zwei Kohlenwasserstoffen zur Verwendung gelangt. Dementsprechend setzen sich die den Gegenstand der Erfindung bildenden Sprengstoffe zusammen aus Ammoniumperchlorat, Kalium- oder Natriumnitrat und zwei Kohlenwasserstoffen, von denen einer ein festes oder flüssiges, nicht flüchtiges Petroleumprodukt ist, während der andere ein nitriertes Teerölprodukt darstellt. Zweckmäßig verwendet man hierbei die beiden Sauerstoffträger stets in denselben molekularen Verhältnissen und in solchen Mengen, daß eine vollständige Verbrennung der Kohlenstoffträger erfolgen muß. — Ein derartiger Sprengstoff wird beispielsweise durch Mischung von 13 % Paraffin, 14 % Trinitrotoluol, 42 % Ammoniumperchlorat und 31 % Natriumnitrat erhalten. Der Sprengstoff, bei dem selbstverständlich auch andere Kohlenwasserstoffe oder Gemische derselben Verwendung finden können, wird, wenn notwendig, mit einem geeigneten Bindemittel behandelt, um seine Handhabung zu erleichtern. Als solches kann z. B. Agar-Agar benutzt und den Sprengstoffen in Mengen von 5—15 % zugesetzt werden.

---

[1] Engl. Pat. 10510 vom 6. Mai 1907.

[2] Engl. Pat. 15916 (1908).

Franz. Pat. 404302 vom 22. Juni 1909. B. E. D. Kilburn in England. — Neuerung in der Herstellung von Sprengstoffen. — Der den Gegenstand der Erfindung bildende, neue Sprengstoff setzt sich zusammen aus Ammoniumperchlorat, Natrium- oder Kaliumnitrat und einer oder mehreren Stärkearten bzw. Stoffen, welche Stärke in geeigneter Form enthalten. — Die Sauerstoffträger werden bei der Herstellung dieses Sprengstoffs zweckmäßig stets in denselben molekularen Mengenverhältnissen und in solchen Mengen verwendet, daß eine vollkommene Verbrennung des Kohlenstoffs stattfindet. — Beispielsweise sollen folgende Mischungen gute Sprengstoffe ergeben: 1. Stärke 44 %, Ammoniumperchlorat 32 %, Natriumnitrat 24 %, oder 2. Stärke 26 %, Mehl 18 %, Ammoniumperchlorat 32 %, Natriumnitrat 24 %. Um die Handhabung der Sprengstoffe zu erleichtern, kann man sie mit einem Bindemittel, z. B. mit 1—2 % Kollodium oder mit 5—15 % Agar-Agar vermischen. Die Sprengstoffe könnenin Pulverform oder auch in fester komprimierter Form zur Verwendung kommen.

Engl. Pat. 12506 vom 27. Juli 1909. Karl Pieper. — Sprengstoff aus 32 % Ammonperchlorat, 44 % Stärke, 24 % Natriumnitrat.

Engl. Pat. 18622 vom 12. August 1909. C. Wester in Helsingborg (Schweden). — Sprengstoff aus 35 % Ammonperchlorat, 45 % Natronsalpeter, 10 % Dinitrobenzol, 10 % Sägemehl; von letzterem können 2 % durch Vaseline ersetzt werden.

Siebenter Abschnitt.

Cheddite mit Kaliumchlorat bzw. Natriumchlorat.

Es werden nachfolgend die von der französischen Explosivstoffkommission in der Zeitschrift „Mémorial des Poudres et Salpêtres“ veröffentlichten Berichte über diese Sprengstoffe, weiterhin Versuche und Gutachten deutscher Sachverständiger, endlich einige Bemerkungen bezüglich praktischer Verwendung mitgeteilt.

A. Berichte der französischen Explosivstoffkommission.

1. Bericht Nr. 119, erstattet am 9. Dezember 1897 von Vieille. Mit drei verschiedenen Proben folgender Zusammensetzung:

a) 75 % Kaliumchlorat, 20 % Pikronitronaphtalin, 5 % Rizinusöl,

b) 74·6 % Kaliumchlorat, 5·5 % Nitronaphtalin, 5 % Rizinusöl, 14·9 % Stärke,

c) 80 % Kaliumchlorat, 12 % Nitronaphtalin, 8 % Rizinusöl,

wurden vorläufige Versuche mit Rücksicht auf Arbeitsleistung, Empfindlichkeit und Brisanz vorgenommen. Für erstere ergab sich ein Wert von 1·7 (die Leistung von Schwarzpulver = 1, die von Schießbaumwolle = 3 angenommen); die Empfindlichkeit gegen Schlag war etwas geringer als die von Dynamit Nr. 1 (mit 75 % Nitroglyzerin); auch die Brisanz war etwas geringer als bei Dynamit.

2. Bericht Nr. 136, erstattet am 8. März 1900 von Morin.[1] Bei fortgesetzter Untersuchung der im vorigen Bericht erwähnten, von der Firma Corbin & Co (als Inhaberin der Streetschen Patente) vorgelegten Sprengstoffe ergab sich, daß a) und b) eine zu große Verbrennungsgeschwindigkeit hatten; die Schnelligkeit der Fortpflanzung (in einer Metallrinne von 18 mm Durchmesser) betrug in der Sekunde bei a): 250 mm, bei b): 117 mm, bei c) dagegen nur 2·5 bis 5 mm. Letzterer, als Typ 41 bezeichneter Sprengstoff wurde näher untersucht; ferner wurde an Stelle der unbrauchbaren Sorten a) und b) eine neue Sorte, Typ 60, zur Untersuchung vorgelegt. Geprüft wurden also zwei Sprengstoffe folgender Zusammensetzung:

	Typ 60	Typ 41
Kaliumchlorat . . .	80	80
Mononitronaphtalin .	12	12
Rizinusöl	6	8
Pikrinsäure	2	—

Bei der Herstellung der Proben in Sevran wurden mechanische Verfahren für die Vermischung der Bestandteile vermieden. Die Vermischung erfolgt in zwei doppelwandigen Behältern aus emailliertem Gußeisen, in den Zwischenräumen zwischen den Wandungen befindet sich durch Dampf erhitztes Wasser. In dem einen, auf 70° erhitzten Behälter wird Mononitronaphtalin (für Typ 41), bzw. Mononitronaphtalin und Pikrinsäure (für Typ 60) in dem warmen Rizinusöl aufgelöst; in dem zweiten Behälter, der auf 55 bis 60° erwärmt ist, wird gepulvertes Kaliumchlorat mit der geschmolzenen Masse vermischt; das Chlorat befindet sich in einem verschlossenen Behälter und wird portionsweise zugegeben, man rührt dann so lange mit einem Holzspatel um, bis jeder weiße Punkt verschwunden ist. Die entleerte Masse wird mittels einer Schaufel mit der Hand auf einen Tisch aus emailliertem Basalt gebracht und, sobald die Masse sich auf 30 bis 35° abgekühlt hat, in dünne Schichten ausgebreitet und dann mittels einer Holzwalze zermahlen. Das Produkt wird durch ein Sieb mit Öffnungen von 0·6 mm gesiebt; der zu grobe Teil wird von neuem, nach Erhitzen mit der folgenden Charge zerkleinert. Es wurden dann eine Reihe von Versuchen angestellt, teils um die Sprengkraft zu ermitteln, teils um die Fabrikationsgefahren festzustellen; in letzterer Hinsicht muß nicht nur die Gefährlichkeit der fertigen Produkte, sondern auch die der Abfälle, des Staubes usw. untersucht werden.

I. Messungen in der Druckbombe zur Bestimmung des spezifischen Drucks *f*.

Die beiden Sprengstoffe wurden in pulverförmigem Zustand in den Ladedichten 0·2 und 0·3 untersucht; hierbei wurden im Zentral-Laboratorium folgende Resultate erhalten:

[1] Mém. Poudr. Salp. XI, 22.

	Fassungsraum der Bombe	Ladedichte	Gewicht des Stempels	Querschnitt des Stempels	Höhe des gestauchten Zylinders	Druck in Kilogramm	Mittel	Wert α	Wert f
Typ 60 (in Sevran hergestellt)	22 ccm	0·2	60 g	1 qcm	10·34 mm	1279	1279	0·7	5492
	„	0·2	„	„	10·34 „	1279			
	„	0·3	„	„	9·55 „	2084	2086		
	„	0·3	„	„	9·55 „	2089			
Typ 41 (in Sevran hergestellt)	„	0·2	„	„	10·06 „	1374	1360	0·8	5718
	„	0·2	„	„	10·15 „	1347			
	„	0·3	„	„	8·69 „	2234	2260		
	„	0·3	„	„	8·61 „	2286			

Da für Schwarzpulver der Wert f früher mit **2919** gefunden wurde, so ergibt sich, Schwarzpulver als Einheit genommen, ein Wert der Sprengstoffe Street von 1·9.

(Es sei daran erinnert, daß der Gasdruck $P = f \cdot \Delta$ [spez. Druck $\times$ Ladedichte]).

II. Versuche im Bohrloch.

Der pulverförmige Sprengstoff wurde zu Patronen geformt von 70 mm Länge, 30 mm Durchmesser und 50 g Gewicht; dieselben wurden mit Pergamentpapier umwickelt. In jedes Bohrloch brachte man 150 g Sprengstoff. Vergleichsversuche wurden angestellt mit Sprengstoff P Nr. 2 und Dynamit Nr. 1. Der Vergleich bezog sich auf das Verhältnis von erzeugtem Hohlraum V zum Gewicht des Sprengstoffs G. (Liter pro Gramm.)

Sprengstoff	Höhe des Besatzes	Verhältnis $\frac{V}{G}$ Mittel aus 3, bzw. 5 Versuchen	Bemerkungen
Street Nr. 41 (fabr. Zentral-Lab.)	0·85 m	0·133	Bei einem der drei Versuche war die Detonation unvollständig
Street Nr. 41 (fabr. Sevran)	0·80 „	0·240	Sehr hartes Gestein
Typ P Nr. 2	0·79 „	0·170	—
Typ P Nr. 2	0·80 „	0·230	Sehr hartes Gestein
Street Nr. 60 (Zentral-Lab.)	0·80 „	0·312	—
Street Nr. 60 (Sevran)	0·80 „	0·430	Von fünf Versuchen erfolgte der eine in feuchtem, ein zweiter in sehr hartem Gestein
Dynamit Nr. 1	0·87 „	0·496	—
Dynamit Nr. 1 Cugny	0·80 „	0·390	Von fünf Versuchen erfolgte der eine in feuchtem, zwei andre in sehr hartem Gestein

Trotz der teilweisen Unregelmäßigkeit kann man wohl schließen, daß für diese Art der Verwendung der Sprengstoff 41 ähnliche Wirkung hat wie Typ P Nr. 2 und der Sprengstoff 60 dem Dynamit Nr. 1 ähnelt. — Aus weiteren Versuchen ergab sich, daß die Beschaffenheit des Nitronaphtalins, die Feinheit des Chlorats und die Korngröße des Sprengstoffs keinen bemerkenswerten Einfluß auf die Eigenschaften des fertigen Sprengstoffs ausübten.

III. Detonation an freier Luft auf Bleizylindern, Messung der Stauchungen.

Die Sprengstoffe 41 und 60 (und im Vergleich damit 75 prozentiges Dynamit) wurden — in Patronen von 10 und 20 g — auf Bleiblöcken von 67 mm Höhe und 40 mm. Durchmesser zur Explosion gebracht (mit Sprengkapseln von 1·5 g Knallquecksilber) und die Stauchungen gemessen.

Sprengstoffe	Gewicht	Stauchung
Sprengstoff 41 (Zentral-Lab.)	10 g 20 „	4·1 mm 6·8 „
Sprengstoff 41 (Corbin)	10 „ 20 „	4·9 „ 5·3 „
Sprengstoff 60 (Zentral-Lab.)	10 „ 20 „	4·4 „ 7·7 „
Sprengstoff 60 (Corbin)	10 „ 20 „	4·2 „ 6·5 „
Dynamit 75 prozentiges	10 „ 20 „	7·2 „ 9·6 „

Die Sprengstoffe 41 und 60 sind also hier ziemlich gleich, dagegen ist Dynamit erheblich wirksamer.

IV. Übertragung der Detonation an freier Luft.

Es wurden bei jedem Versuch sechs Patronen in eine Reihe gelegt und die erste mit einem Detonator von 1·5 g Knallquecksilber gezündet; der Abstand der zweiten Patrone von der ersten war 0 (in Kontakt), der dritten von der zweiten Patrone: 1 cm, der vierten von der dritten: 2 cm, der fünften von der vierten: 4 cm, der sechsten Patrone von der fünften: 6 cm.

Die Patronen waren mit Pergamentpapier umwickelt, der Sprengstoff mehr oder weniger zusammengedrückt; bei den 100 g Patronen lag jede Patrone auf einer Stahlplatte von 50 cm Länge, 15 cm Breite und 2 cm Dicke, die auf Schienen ruhten, welche 40 cm voneinander entfernt waren.

Sprengstoff	Gewicht der Patronen	Zustand des Sprengstoffs	Zahl der detonierten Patronen	Bemerkungen
Sprengstoff 41	50 g	nicht zusammengedrückt	5	Die sechste Patrone wurde fortgeschleudert.
Sprengstoff 60	50 „	nicht zusammengedrückt	5	do.
Sprengstoff 60	50 „	leicht zusammengedrückt	5	do.
Sprengstoff 60	100 „	leicht zusammengedrückt	4	Die fünfte Patrone wurde fortgeschleudert, die sechste blieb intakt.
Sprengstoff 60	100 „	komprimiert	3	Die vierte Patrone wurde fortgeschleudert, die fünfte und sechste blieben intakt.

Daraus geht also hervor, daß die Detonation bei beiden Sprengstoffen (in wenig komprimiertem Zustand) auf eine Entfernung von 4 cm, aber niemals auf eine solche von 6 cm übertragen wurde.

V. Fallhammerversuche.

a) Es wurden zunächst Versuche angestellt mit sehr kleinen Mengen Sprengstoff in dünnen Metallkapseln unter einem Fallhammer von 5 kg Gewicht, der aus variabler Höhe herabfiel; die Wahrscheinlichkeit (50 %) der Detonation wurde festgestellt

für 75 prozent. Dynamit bei Fallhöhe 0·239 m
„ Sprengstoff 60 „ „ 0·253 „
„ Sprengstoff 41 „ „ 0·325 „

Sprengstoff 60 ist also ungefähr so empfindlich wie Dynamit, dagegen ist Sprengstoff 41 erheblich unempfindlicher.

Beide (60 u. 41) sind jedoch viel sensibler gegen Schlag als Schwarzpulver, bei dem etwa die zehnfache Fallhöhe wie bei Dynamit angewendet werden muß.

b) Wichtiger als die Frage der Entzündung kleiner Mengen ist die Frage, inwieweit die an einem Punkte durch Schlag, Reibung usw. eingetretene Detonation sich fortpflanzt. Für die diesbezüglichen Versuche wurden drei Apparate benutzt:

1. ein zylindrischer Fallhammer von 30 kg Gewicht und 15 cm Durchmesser (Oberfläche 176 qcm), der aus 4·5 m Höhe fiel und während des Falles geführt wurde,

2. ein Fallhammerstück von 30 kg Gewicht und nur 45 mm Durchmesser (Oberfläche 16 qcm), das aus 4·5 m Höhe fiel und während des Falles geführt wurde;

3. ein zylindrischer Fallhammer von 40 cm Durchmesser, in eine Kugelschale ausgehend; Gewicht 286 kg und von 5·15 m Höhe fallend.

Der Sprengstoff lag auf einem Amboß aus Gußeisen von 27 cm Durchmesser, der sich auf der Sohle einer Vertiefung von 1·40 m befand; die Wandungen der Vertiefung waren mit zusammengeschweißten Zinkscheiben bedeckt; in der Vertiefung war noch ein Holzwerk angebracht mit einer Winde, um den Fallhammer am Seil in die Höhe zu ziehen. Der Fallhammer ist an einer Sperrklinke aufgehängt, die man nach Belieben durch Zug an einer Schnur auslösen kann; der Hammer fällt alsdann, geführt von zwei Kabeln, die durch Ringe am Fallhammer hindurchgehen.

Der zu untersuchende Sprengstoff war gleichmäßig in einer Dicke von etwa 1 mm ausgebreitet, entweder auf einem Eisenblech von 28:50 cm (1400 qcm Oberfläche) oder auf dem Boden eines blechernen Kastens von 514 qcm Oberfläche, dessen Wände das Ausgleiten des Sprengstoffs verhinderten. Nach jedem Versuch wurden die Rückstände gesammelt und gewogen; bei einigen Versuchen wurden dieselben auch analysiert und das nicht zersetzte Chlorat bestimmt.

1. Versuche mit dem zylindrischen 30-kg-Fallhammer.

Sprengstoff (vor dem Versuch 1 Tag bei 30° getrocknet)	Gewicht des untersuchten Sprengstoffes	Vom Sprengstoff bedeckte Oberfläche	Nicht explodierter Rückstand	Explodierter Sprengstoff	Dem explod. Sprengstoff entsprech. Oberfläche	Bemerkungen
	g	qcm	g	g	qcm	
Typ 60	100	1400	41·00	50·00	826	Starke Detonation.
	100	1400	31·00	69·00	966	Sehr starke Detonation.
Typ 60	50	514	17·20	32·80	337	Sehr starke Detonation.
	50	514	10·00	40·00	411	„ „ „
	50	514	6·70	43·30	445	„ „ „, ein Stück von 450 g wurde vom Fallhammer abgerissen und herausgeschleudert.
Typ 60 (von Corbin)	50	514	7·90	42·10	433	Sehr starke Detonation, weitere Stücke Gußeisen wurden vom Fallhammer abgerissen.
Typ 41	100	1400	90·00	10·00	140	Schwache Detonation.
	50	514	31·00	19·00	195	„ „
	50	514	11·30	38·70	398	Starke Detonation.

Diese Versuche zeigen, daß die Explosion sich außerhalb der direkt getroffenen Teile fortpflanzt, ohne daß jedoch der gesamte Explosivstoff detoniert. Bei einem Versuch mit Sprengstoff 60 erstreckte sich die Detonation auf eine Oberfläche von 966 qcm, also das 5·5fache der Oberfläche des Fallhammers; die Detonation hat sich also durchschnittlich um 10 cm von der direkt getroffenen Stelle fortgepflanzt.

Mit dem Sprengstoff 41 war die Fortpflanzung geringer und hat niemals sich weiter wie 4 cm von der getroffenen Stelle ausgedehnt.

2. Zylindrisch-konischer Fallhammer von 30 kg.

Sprengstoff	Gewicht vor dem Versuch	Bedeckte Oberfläche	Zahl der Versuche	Exlodierter Sprengstoff		Entsprechende Oberfläche	
				Max.	Min.	Max.	Min.
		qcm		g	g	qcm	qcm
Typ 60 (1 Tag bei 30° getrocknet)	50	514	7	31	13	319	134
Typ 41 (do.)	50	514	9	19	6	195	62
Typ 60 (2 Monate in der Kiste feucht aufbewahrt, dann 25 Stunden bei 35° getrocknet u. pulverisiert)	50	514	7	47	15	483	154
Typ 41 (do.)	50	514	7	29	5	298	51

Da bei diesem Fallhammer die direkt getroffene Oberfläche nur 16 cm beträgt, so fand in allen Fällen Fortpflanzung statt; für die normal aufbewahrten Sprengstoffe betrug der lineare Abstand höchstens 8 cm für Nr. 60 und höchstens 6 cm für Nr. 41. Bei den Sprengstoffen, die zuerst feuchter Luft ausgesetzt und dann getrocknet wurden, erfolgte die Detonationsübertragung leichter; bei einem Versuch mit Sprengstoff 60 detonierte beinahe der gesamte Sprengstoff, während der direkt getroffene Teil nur etwa $^1/_{32}$ der Gesamtoberfläche betrug.

3. Fallhammer von 286 kg. Diese Versuche wurden in Sevran vorgenommen; der Sprengstoff befand sich auf einer eisernen, etwas hohlgewölbten Platte von $1^1/_4 : 1$ m; die Oberfläche des vom Fallhammer direkt getroffenen Teils ist ein Kreis von etwa 10 cm Durchmesser.

Sprengstoff	Menge	Anordnung des Sprengstoffes	Bemerkungen
Typ 60 (aus d. Lager)	5 Patronen à 100 g	Die fünf Patronen unter dem Fallhammer.	Vollständige Detonation.
do.	do.	do.	Unvollständ. Detonation. Ein Teil Sprengstoff wurde fortgeschleudert.
do.	do.	Drei Patronen direkt unter dem Fallhammer; zwei Patronen in Kontakt mit den ersten drei, jedoch nicht unmittelbar unter dem Hammer.	Unvollständ. Detonation. Die zwei letzteren Patronen wurden lediglich fortgeschleudert.
do.	1 kg pulverförmig. Sprengstoff	Auf einem Rechteck von 1 m Länge und 0·3 m Breite ausgebreitet.	Sehr heftige Detonation. 24 g Rückstand.

Sprengstoff	Menge	Anordnung des Sprengstoffes	Bemerkungen
Typ 60 (aus d. Lager)	1 kg pulverförmig. Sprengstoff	Gleichmäßig in etwa 2 mm Dicke auf einem Rechteck von 1·25 : 0·90 m ausgebreitet.	Die Detonation wurde außerhalb der Vertiefung nicht gehört. Der Sprengstoff wurde lediglich in der unmittelbaren Nähe des getroffenen Teils zur Explosion gebracht. Der Rest wurde auf der Platte oder in der Vertiefung gefunden.
do.	do.	Der Sprengstoff wurde auf einem Rechteck von 1·25 : 0·40 m ausgebreitet; in der Mitte war die Dichte etwas größer.	Sehr heftige und vollständige Detonation; es wurde keine Spur von Rückstand gefunden.
Typ 41 (aus d. Lager)	do.	do.	Sehr schwache Detonation; der größte Teil des Stoffes wurde intakt gefunden.
do.	do.	do.	do.
Typ 41 (1 Tag bei 30° getrocknet)	do.	do.	do.

Bei einigen Versuchen wurde also durch den heftigen Stoß des Fallhammers vollständige Detonation des Sprengstoffes 60 herbeigeführt, wobei sich die Detonation um 57 cm von den getroffenen Teilen fortpflanzte. Sprengstoff 41 ist viel weniger empfindlich, die Detonation war immer eine sehr beschränkte.

VI. Verbrennungsgeschwindigkeit an freier Luft.

Die Versuche wurden in einer halbzylindrischen Metallrinne (aus Schwarzblech) vorgenommen, die auf einem graduierten Holzbrett angebracht war. Der Sprengstoff wurde pulverförmig hineingebracht und ohne Zusammendrücken gleichmäßig angeordnet, dann an dem einen Ende mit einer brennenden Zündschnur entzündet. Derartige Versuche wurden im Laufe der Fabrikation täglich angestellt; sie ergaben, daß die Produkte schwer entzündbar sind und die Verbrennungsgeschwindigkeit nur etwa 1 mm in der Sekunde beträgt. Dagegen brannten die in den Werkstätten zusammengekehrten Abfälle, Staub usw. erheblich schneller ab.

Das Gesamtresultat der im Zentrallaboratorium und in Sevran angestellten Versuche ist folgendes:

1. Der Sprengstoff 41 entzündet sich sehr schwierig und erlischt häufig, selbst wenn derselbe möglichst getrocknet oder zehn Tage lang in dünner Schicht dem Einflusse von Luft und Licht ausgesetzt worden war.

2. Sprengstoff 60 brennt regelmäßig; unter normalen Verhältnissen aufbewahrt ergibt er eine rußende Flamme und eine Verbrennungsgeschwindigkeit von etwa 1·5 mm per Sekunde; aber unter der Einwirkung verschiedener Umstände (abwechselndes Trocknen und Feuchtwerden, Aussetzen in dünner Schicht) wird die Flamme hell, die Dämpfe weiß und die Verbrennungsgeschwindigkeit kann bis zu 22 mm in der Sekunde gehen.

3. Für die zusammengekehrten Abfälle ist die Geschwindigkeit 47 mm in der Sekunde.

VII. Lagerung des Sprengstoffs.

a) In pulverförmigem Zustand gelagert zeigte der Sprengstoff acht Monate nach seiner Herstellung keine Veränderung; die oberen Partien der Lagertonnen waren lediglich etwas dunkler gefärbt und die dem Licht ausgesetzten Teile waren gebräunt, ähnlich wie dies bei den nitrierten Naphtalinen der Fall ist; an einzelnen Stellen hatten sich kleine weiße Nadeln gebildet, wie dies auch bei Stücken Mononitronaphtalin vorkommt. b) Bei den normal gelagerten Patronen war das Umhüllungspapier fettig geworden, der Sprengstoff selbst zeigte kein Anzeichen einer Veränderung. Die Farbe war nicht verändert und auch unter der Lupe sah man keine weißen Punkte.

Fabrikationssicherheit. Aus den früher mitgeteilten Versuchen ergibt sich, daß die Street-Sprengstoffe gegen Schlag viel empfindlicher sind als Schwarzpulver, daß aber bei Entflammung die an einem Punkt vorgenommene Entzündung sich nur langsam weiter verbreitet. Die Herstellung ist im allgemeinen relativ sicher, wenn man sorgfältig alle Werkzeuge ausschließt, die eine heftige Erschütterung herbeiführen können. Die empfindlichste Prozedur, das Körnen, darf nur mit halb erkalteter, noch plastischer Masse ausgeführt werden. Staubentwicklung in den Werkstätten ist möglichst zu vermeiden und Ansammlungen häufig — unter Benetzung — zu entfernen.

Transportsicherheit. Da die Explosionsgefahr durch Schlag sicher geringer ist wie bei Dynamit, so können diese Sprengstoffe Street wie Schwarzpulver verschickt werden. Die Klassifizierung unter den Sicherheitssprengstoffen ist nicht angängig, da ein Schlag von hinreichender Stärke die Detonation der Gesamtmenge herbeiführen kann.

Praktische Verwendung. Die Versuche in der Druckbombe haben eine spez. Kraftleistung von 1·9 ergeben, gegenüber der von Schwarzpulver = 1·0 und der von Dynamit = 3·0.

Bei der Detonation an freier Luft (Stauchung eines Bleizylinders) ist die Wirkung nur halb so groß wie bei Dynamit; im Bohrloch unter Besatz ist aber — bei mittelhartem Material — die Arbeitsleistung von Sprengstoff 60 ungefähr gleich der des gleichen Quantums Dynamit.

Die Sprengstoffe sind also praktischer Anwendung fähig.

Herstellungskosten. Ausschlaggebend ist der Preis des Kaliumchlorats, das 80 % des Sprengstoffs ausmacht. Die Firma

Corbin & Co. hat nachgewiesen, daß in London der mittlere Preis für 100 kg Kaliumchlorat im Jahre 1899 79 Fr. betrug und daß die Firma im Jahre 1900 im Ausland zu 53·50 bis 65 Fr. verkaufte. Da aber in Frankreich ein Eingangszoll auf Kaliumchlorat besteht (nach dem Maximaltarif 38 Fr., nach dem Minimaltarif 32 Fr.), so haben die französischen Fabriken für das Inland den Preis auf etwa 110 Fr. gehalten.

Es scheint also zweckmäßig, einen Preis von 65 Fr. und einen solchen von 110 Fr. für die 100 kg Kaliumchlorat in Rechnung zu stellen.

Es ergeben sich dann folgende Kalkulationen (für 100 Kilo):

A. Chlorat zu 65 Fr.

	Preis	Sprengstoff 41		Sprengstoff 60	
		Menge	Kosten	Menge	Kosten
Kaliumchlorat . . .	65 Fr.	80	52·—	80	52·—
Mononitronaphtalin .	75 „	12	9·—	12	9·—
Rizinusöl	65 „	8	5·20	6	3·90
Pikrinsäure	230 „	—	—	2	4·60
Arbeitslohn	—	—	12·—	—	12·—
Allgem. Unkosten . . u. Verpackung .	—	—	15·—	—	15·—
Transport u. Lagerkosten	—	—	5·—	—	5·—
Gesamtkosten . . .			98·20		101·50

B. Chlorat zu 110 Fr.

	Preis	Sprengstoff 41		Sprengstoff 60	
		Menge	Kosten	Menge	Kosten
Kaliumchlorat . . .	110 Fr.	80	88·—	80	88·—
Mononitronaphtalin .	75 „	12	9·—	12	9·—
Rizinusöl	65 „	8	5·20	6	3·90
Pikrinsäure	230 „	—	—	2	4·60
Arbeitslohn	—	—	12·—	—	12·—
Allgem. Unkosten u. Verpackung .	—	—	15·—	—	15·—
Transport u. Lagerung	—	—	5·—	—	5·—
Gesamtkosten . . .			134·20		137·50

Verkaufspreis. Die staatliche Abgabe, welche nach der Kraft des Sprengstoffs festgesetzt wird, würde bei den Street-Sprengstoffen 0·95 Fr. je Kilo betragen. Der Verkaufspreis könnte für das gekörnte Produkt vom Staat auf 1·95 bis 2 Fr. festgesetzt werden, wenn das Kaliumchlorat zu 65 Fr. geliefert wird. Muß der hohe Preis für das Kaliumchlorat bezahlt werden, so ist der Verkaufspreis 2·30 bis 2·35 Fr. Nur im ersteren Falle wäre der Preis derart, daß die Konsumenten den neuen Sprengstoff benutzen würden.

Es kommt also auf den Preis des Kaliumchlorats an.

3. Bericht Nr 156 (von Lheure).[1] Geprüft wurde ein neuer Typ 60 bis folgender Zusammensetzung: 80% Kaliumchlorat, 13% Mononitronaphtalin, 2% Dinitrotoluol und 5% Rizinusöl; gegenüber Typ 60 war also Ersatz der 2% Pikrinsäure durch 2% Dinitrotoluol eingetreten. Herstellungs- und Verwendungssicherheit wurden dadurch nicht geändert.

4. Durch Verfügung vom 9. September 1903[2] wurden die Chloratsprengstoffe Typ 41, Typ 60, dann nach obigem Bericht auch Typ 60 bis in Frankreich und Algier zum Verkauf zugelassen unter der Bezeichnung O Nr. 1; diese Sprengstoffe werden in der Pulverfabrik Vonges hergestellt und in Säcken aus starker Leinwand (die wieder in Kisten untergebracht sind) geliefert. Preis per Kilo: 2 Fr.

5. Berichte Nr. 163 und 164 (von Lheure) über Chloratsprengstoff Typ 60 bis modifié.[3] Der neue Sprengstoff enthält wesentlich mehr Dinitrotoluol, wie folgende Nebeneinanderstellung zeigt.

	Typ 60 bis	Typ 60 bis, abgeändert
Kaliumchlorat	80%	75%
Mononitronaphtalin	13%	1%
Dinitrotoluol	2%	19%
Rizinusöl	5%	5%

Bei der vergleichenden Prüfung wurde nicht nur die Frage der Herstellungssicherheit berücksichtigt, sondern auch die der Erhärtung beim Lagern, da hiervon die Beibehaltung der explosiven Eigenschaften abhängt.

Bei den in Sevran hergestellten Proben wurde zunächst ein von Bergès, Corbin & Co zur Verfügung gestelltes Dinitrotoluol vom Schmelzpunkt 42° angewandt; der damit hergestellte Sprengstoff zeigte eine ausgesprochene Neigung zum Ausschwitzen der öligen Substanzen unter dem Einfluß der Wärme. Es wurden daher neue Versuche mit einem Dinitrotoluol[4] vom Schmelzpunkt 66 bis 68° vorgenommen.

[1] Mém. Poudr. Salp. XII, S. 122.
[2] Mém. Poudr. Salp. XII, S. 130 des zweiten Teiles.
[3] Mém. Poudr. Salp. XIII, S. 144.
[4] Folgendes sind die Schmelzpunkte der verschiedenen Dinitrotoluole in reinem Zustand

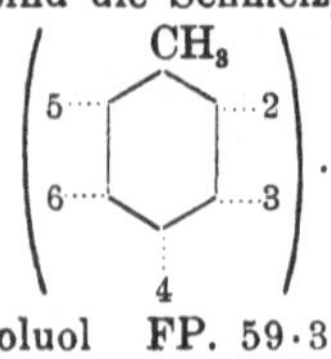

2·3 Dinitrotoluol	FP. 59·3		2·6 Dinitrotoluol	FP. 65·2
2·4 „	„ 70·1		3·4 „	„ 58·3
2·5 „	„ 50·2		3·5 „	„ 92·6

Die Erhärtungsproben wurden vorgenommen mit Patronen aus pulverigem Sprengstoff und mit komprimierten Patronen sofort nach Herstellung und drei Monate nach der Lagerung.

Das Resultat der Kommissionsprüfung war folgendes:

1. Bei Anwendung eines über 60^0 schmelzenden Dinitrotoluols bietet die Fabrikation von Cheddit 60bis modifié genügende Sicherheit, obwohl die Sensibilität etwas größer ist als bei den bereits autorisierten Chedditen.

2. Was das Ausschwitzen von öligen Substanzen betrifft, so erscheint der neue Typ 60bis erheblich besser als der ältere.

3. Dagegen zeigt in bezug auf Erhärtung der neue Typ keinen Fortschritt gegenüber dem früheren; die Kommission behält sich indessen weitere Versuche vor.

Die Kommission kommt zu dem Schluß, die Fabrikation von Typ 60bis abgeändert in den Staatsfabriken zu gestatten, wobei zweckmäßig ein Dinitrotoluol mit FP. über 60^0 angewandt wird, um ein Ausschwitzen zu vermeiden. Bezüglich Magazinierung schlägt die Kommission vorläufig ein Lagerungsmaximum von einem Jahr vor.

6. Durch Verfügung[1] vom 8. Januar 1905 wurde der Chloratsprengstoff Typ 60bis modifié unter der Bezeichnung Typ O Nr. 2 zum Verkauf in Frankreich und Algier zugelassen zum staatlichen Preise von 2·25 Fr. per Kilo.

7. Bericht Nr. 171 von Dautriche[2] über neue Abänderung des Typ 60, bezeichnet als Typ O Nr. 2 modifié. Der neue Typ enthält 4 % Kaliumchlorat mehr und entsprechend weniger Dinitrotoluol; Zusammensetzung im Vergleich mit dem früheren Typ:

	Typ 60bis modifié oder Typ O Nr. 2	Typ O Nr. 2 modifié
Kaliumchlorat	75 %	79 %
Mononitronaphtalin . . .	1 %	1 %
Dinitrotoluol	19 %	15 %
Rizinusöl	5 %	5 %

Der abgeänderte Typus soll den Vorteil bieten, daß die Sprenggase weniger Kohlenoxyd enthalten, so daß die Arbeiter weniger von schädlichen Nachschwaden belästigt werden.

Zur Untersuchung erhielt die Kommission von Bergès-Corbin 20 kg des neuen Sprengstoffes in Patronen mit paraffinierter Umhüllung; die Patronen hatten 12 cm Höhe, 20 cm Durchmesser und wogen 75 g. Nach $2^1/_2$ monatlicher Lagerung waren die Patronen hart geworden und bei den meisten wackelte der zusammengebackene Inhalt in den Hülsen; bei den am stärksten zusammengesinterten Patronen betrug der Spielraum etwa 5 mm. Beim Zerdrücken der Masse mit

---

[1] Mém. Poudr. Salp. XIII, S. 29 des zweiten Teiles.

[2] Mém. Poudr. Salp. XIII, S. 282.

der Hand blieben grobe, kieselsteinähnliche Körner von 2 bis 3 mm Durchmesser, die sich nur schwer zerdrücken ließen. — Eine Nachprüfung der Fabrikation des neuen Sprengstoffes fand nicht statt, vielmehr wurde der von der Firma Bergès-Corbin gelieferte in ähnlicher Weise untersucht wie die früheren Typen; das Resultat war folgendes:

1. Der neue Typ scheint in der Herstellung ebenso sicher zu sein als die bereits genehmigten Cheddite.

2. Die vorgeschlagene Änderuug gibt nicht Veranlassung zu einer gefährlichen chemischen Zersetzung und macht keine Änderung in der Patronierung oder Verpackung erforderlich.

3. Für die Gebrauchsfähigkeit ist von Bedeutung, daß der neue Typ eine ähnliche Sprengkraft besitzt wie die anderen Cheddite; er ist wie diese hinlänglich unempfindlich.

Andererseits aber zeigt der neue Typ die unangenehme Eigenschaft des Hartwerdens, worauf Bergès-Corbin selbst beim Typ 60bis aufmerksam gemacht hatten. Bei 60bis modifié (O Nr. 2) war dieser Übelstand vermieden. Bei O Nr. 2 modifié ist dagegen der Nachteil des Hartwerdens der Patronen wieder vorhanden, so daß dem Vorteil der Mischung (bessere Nachschwaden und etwas geringerer Preis) wieder der früher gerügte Nachteil des Hartwerdens gegenübersteht.

8. Bericht Nr. 174 von Dautriche.[1] Ergänzende Untersuchung über Typ O Nr. 2 modifié. Die Firma Bergès-Corbin legte großen Wert auf diesen Typ, da eine Verminderung des Kohlenoxyds in den Sprenggasen von größter Bedeutung sei; der im Bericht Nr. 171 gerügte Fehler des Hartwerdens sei für die praktische Brauchbarkeit des Sprengstoffes nicht störend, wenn man Dinitrotoluol von genügender Reinheit verwende. Entsprechend hergestellter Sprengstoff (in 100-g-Patronen) wurde untersucht.

Im Gegensatz zu den Patronen der früheren Fabrikation (1905) war der Sprengstoff in den neuen Patronen nach zweimonatlicher Lagerung nicht zusammengebacken. Es wurden damit Versuche betr. Explosionsfähigkeit vorgenommen; an freier Luft kamen die neuen Patronen bei Initiierung mit einer 0·2-g-Sprengkapsel zur vollständigen Detonation, während die Patronen von 1905 — je nach dem Grade ihres Zusammenbackens — einer 0·3- bis 0·5-g-Sprengkapsel bedurft hatten. Bei den Übertragungsversuchen mit in einer Reihe liegenden Patronen wurde die erste Patrone mit einer 0·5-g-Sprengkapsel initiiert, die Übertragung erfolgte bei den neuen Patronen noch auf 4 bis 5 cm Abstand, bei den alten nicht über 1 cm Abstand hinaus; die neuen Patronen sind also denjenigen von 1905 in bezug auf Detonationsfähigkeit bedeutend überlegen.

---

[1] Mém. Poudr. Salp. XIV, S. 33.

Ein auffallender Unterschied ergab sich indessen in der Dichte der beiden Patronen; die neuen Patronen hatten nämlich nur eine Dichte von kaum mehr als 1·30, während die Patronen von 1905 eine Dichte von 1·45 bis 1·50 gezeigt hatten.

Das Hartwerden verringert die Detonationsfähigkeit, aber bei geringer Dichte macht sich diese Wirkung nicht bemerkbar. Die Kommission gibt also ihr Urteil bezüglich des Typ. O Nr. 2 modifié nur ab, soweit Patronen von der geringen Dichte 1·3 in Betracht kommen.

9. Bericht Nr. 172 (Dautriche). Über einen neuen Chloratsprengstoff Street (Cheddit Typ. 60 N mit Natriumchlorat).[1] Auf ein im Jahre 1902 an den Minister gerichtetes Gesuch der Firma Bergès-Corbin & Co. um Aufnahme des oben genannten neuen Typs von Chloratsprengstoff in die Staatsfabrikation wurde derselbe seitens der französischen Sprengstoffkommission einer näheren Prüfung unterworfen. Typ 60 N soll nach Angabe der fabrizierenden Firma ungefähr um 10 % sprengkräftiger sein als Typ 60 bis, der seinerseits um 5 bis 8 % sprengkräftiger sei als Typ 60. — Als vorteilhafte Eigenschaft des neuen Typ wurde von der gleichen Firma im Jahre 1905 geltend gemacht, daß die Dichte der Cheddite mit Natriumchlorat ungefähr um 10 % größer sei als diejenige der entsprechenden Kaliumchloratsprengstoffe; demzufolge seien kleinere Bohrlöcher erforderlich, wodurch die Herstellungskosten sich verminderten; Fabrikation und Sicherheitsmaßnahmen, insbesondere das regelmäßige Waschen aller Holzgeräte bleiben die gleichen wie für den Kalichloratsprengstoff. Infolge der hygroskopischen Eigenschaft des Natriumchlorats dürfe der Sprengstoff allerdings während und nach der Fabrikation (Ausbreiten auf Tischen, Abkühlen) möglichst wenig mit der atmosphärischen Luft in Berührung kommen und müsse in dicht schließenden Gefäßen aufbewahrt werden. Während in der Handhabung das Natriumchlorat nicht gefährlicher sei als das Kalisalz, habe sich gezeigt, daß der Staub von Natriumchlorat leichter und tiefer in Gewebe und Stoffe eindringe als solcher von Kaliumchlorat, so daß dieselben feuergefährlicher werden. Die für die Fabrikation von Chedditen mit Kaliumchlorat bestehenden Vorschriften seien jedoch ausreichend, um die an sich größere Staubgefahr der Fabrikation von Natriumchlorat-Chedditen zu bekämpfen. Nach einer Mitteilung der Pulverfabrik Bouchet besteht die spezielle Gefahr bei der Verarbeitung von Natriumchlorat darin, daß die Gerätschaften durch Aufnahme von Chloratstaub sehr feuergefährlich und stoßempfind-

---

[1] Mém. Poudr. Salp. XIV, S. 26.

lich werden können, ohne daß dies sich äußerlich bemerkbar macht. Ferner soll mit der Hand zusammengepreßter Sprengstoff nicht mit Sicherheit durch eine 1·5-g-Knallquecksilbersprengkapsel zur Detonation kommen. Die spezifische Kraftleistung von 60 N soll 6259, das Kovolumen 0·7 betragen. Die Zusammensetzung wurde im Juli und Oktober 1902 von der fabrizierenden Firma etwas verschieden angegeben: a) 82 % Natriumchlorat, 11·7 % Mononitronaphtalin, 1·8 % Dinitrotoluol, 4·5 % Rizinusöl. b) 80 % Natriumchlorat, 13 % Mononitronaphtalin, 2 % Dinitrotoluol und 5 % Rizinusöl.

Von Bergès-Corbin & Co. gingen im Oktober 1902 zur Probe 20 kg Cheddit N ein in komprimierten Patronen von 50 und 100 g (30 mm Durchmesser, 6 cm, bzw. 12 cm Länge), Feuchtigkeitsgehalt 0·38 %; die Patronen waren äußerlich paraffiniert, außerdem zu je 2 kg in Paketen vereinigt, die nochmals paraffiniert waren. Im Oktober 1905 betrug die Feuchtigkeit 0·85 %. Der Sprengstoff hatte sich zusammengezogen und ballotierte in den Hülsen; die Höhenverminderung der 100-g-Patronen betrug 2 cm. — In der Pulverfabrik Sévran wurden im Januar 1903 versuchsweise 300 kg Cheddit Typ 60 N hergestellt; zur Prüfung der in der Zerstäubung des Chlorats liegenden besonderen Gefahr wurden dann die Kleider der Arbeiter verbrannt; sie verbrannten ruhig mit Ausnahme derjenigen des Arbeiters, welcher das Sieben und Befördern des Natriumchlorats besorgt hatte. Diese entzündeten sich sofort und brannten lebhaft ab unter Schmelz- und Verpuffungserscheinungen; in wenigen Sekunden hatte die Flamme die ganze Oberfläche der Stoffe ergriffen; die vollständige Verbrennung vollzog sich dann langsam.

Der fertige Sprengstoff wurde im Januar 1903 lose in dichte Kisten gefüllt, welche verlötet wurden. Im Oktober 1905 wurde eine Kiste geöffnet; der obere Teil des Sprengstoffes war hellgelb, der untere Teil dunkelgelb, beinahe rot gefärbt; der Sprengstoff war so fest zusammengebacken, daß nur mit Hilfe eines Werkzeugs Proben herausgenommen werden konnten; die Stücke ließen sich aber leicht von Hand zerreiben; am Boden der Kiste liegender Sprengstoff war weniger hart. — Der Sprengstoff wurde folgenden Prüfungen unterworfen:

1. Abbrennen in einer Metallrinne. Die Zündung gelang nicht mit einer Kerze, wohl aber durch Anzünden einer auf dem Sprengstoff liegenden paraffinierten Patronenhülse. Die helle weiße Flamme erlosch sehr rasch. — 2. Detonation durch Schlag. Die Versuche ergaben die gleiche Empfindlichkeit gegen Schlag wie bei den früher untersuchten und zugelassenen Chloratsprengstoffen. — 3. Detonation an freier Luft mit Knallquecksilberkapseln. Cheddit 60 N, in Sévran hergestellt, drei Jahre gelagert, dann zerdrückt und ohne Pressen patroniert, detonierte vollständig mit einer 0·5-g-Sprengkapsel. Dagegen detonierten Patronen, die im Oktober 1902 von der

Fabrik Bergès-Corbin & Co. eingegangen waren, nach dreijähriger Lagerung nur unvollständig mit einer 2-g-Sprengkapsel, während bei gleichen Patronen drei Monate nach Erhalt mit einer 0·5-g-Sprengkapsel noch vollkommene, mit einer 0·4-g-Sprengkapsel unvollkommene Detonation erzielt worden war. 4. Detonationsübertragung bei in einer Reihe liegenden Patronen. Mit zerriebenem Cheddit 60 N hergestellte Patronen wurden in Abständen in eine Reihe gelegt; die erste Patrone wurde mittels einer 1·5-g-Sprengkapsel zur Detonation gebracht; bei einem Abstand von 1·5 cm fand unter zwei Versuchen je einmal Detonationsübertragung statt. Über 2 cm Abstand wurde niemals die Detonation übertragen. 5. Stauchversuche auf Bleizylindern an freier Lust. Auf Bleizylindern von 36 mm Durchmesser wurden 20 g-Proben mit 1·5-g-Sprengkapsel zur Detonation gebracht; die Stauchung betrug bei Cheddit von Sévran im Mittel 14·1 mm, bei Cheddit von Bergès-Corbin & Co. im Mittel nur 10·2 mm. — 6. Ausbauchung im Bleiblock. Die Bleizylinder hatten 25 cm Durchmesser und 28 cm Höhe, das Bohrloch war 18 cm tief und hatte 2·8 cm Durchmesser. Es wurden 10-g-Sprengstoff mit einer 1·5-g-Sprengkapsel eingesetzt und nach Abdichtung mit einem oben paraffinierten Korkpfropfen mit Wasser besetzt. Cheddit 60 N (von Bergès-Corbin) ergab eine Volumvergrößerung von 174 ccm, Cheddit 60 bis unter gleichen Bedingungen eine solche von 180 ccm. — 7. Detonation im Bohrloch. Vergleichende Versuche wurden mit Cheddit 60 N (von Bergès sowie von Sévran) und mit Cheddit 60 angestellt; die Ladung betrug je drei Patronen von 100 g, initiiert durch 1·5 g Sprengkapsel. Bei einem Besatz von 70 cm Höhe betrug das Verhältnis $\frac{V}{P}$ (Volumen der Ausbauchung: Gewicht des Sprengstoffs) für 60 N von Sévran: 0·67 und 0·75; für Typ 60 bei einem Besatz von 72 cm: 0·60 und 0·63; 60 N von Bergès detonierte bei einem Besatz von 65 cm in zwei Fällen nur unvollkommen, so daß man keine brauchbaren Resultate erhielt. — 8. Verbrennung in der Bombe. Für Cheddit 60 N von Sévran wurde gefunden

bei Ladedichte 0·2 ein Gasdruck von 1303 kg,
„ „ 0·3 „ „ „ 2059 „ ,

entsprechend einer Sprengkraft von 5893 und einem Kovolumen von 0·39. — Für Cheddit 60 N von Bergès wurden bei entsprechenden Ladedichten erhalten 1337 kg und 2116 kg Gasdruck, entsprechend einer Sprengkraft von 6052 und einem Kovolumen von 0·44.

Auf Grund vorstehender Versuche kam die Kommission zu der Ansicht, daß die Fabrikationssicherheit für Cheddit N geringer ist als für die bereits zugelassenen Kaliumchloratsprengstoffe. Dieser Mangel an Sicherheit wird hauptsächlich auf die spezielle Eigenschaft des Natriumchloratstaubes zurückgeführt, tief in die Kleidungsstücke einzudringen und dieselben sehr feuergefährlich zu machen. Demzufolge werden die für die Kaliumchlorat-

Chedditefabrikation vorgeschriebenen Sicherheitsmaßregeln als ungenügend erachtet für die Fabrikation von Natriumchloratsprengstoffen; für letztere wären ergänzende Vorschriften erforderlich. Während der Lagerung in dicht verschlossener Verpackung scheint eine chemische Zersetzung gefährlicher Art nicht zu befürchten zu sein. Die Sprengkraft von Cheddit N ist ungefähr die gleiche wie diejenige anderer Cheddite, seine mechanische Empfindlichkeit scheint eher geringer zu sein. Die Erscheinung des Hartwerdens zeigt Cheddit 60 N in gleichem Maße wie Cheddit 60bis.

B. Gutachten von Geh. Rat Prof. Dr. Bergmann und Prof. Dr. Lenze in Berlin.

1. Über die Herstellung der Cheddite teilen Bergmann und Lenze in einem Gutachten vom 8. Januar 1906 folgendes mit:

a) Rohmaterialien. Aus den Staßfurter Kaliwerken bezogenes Chlorkalium wird in Chedde auf elektrochemischem Wege in Kaliumchlorat übergeführt. Eine Analyse des letzteren gab folgende Resultate:

Untersuchung auf	Kaliumchlorat roh	Kaliumchlorat getrocknet und gesiebt
in Wasser unlösliche Beimengungen	0·16 %	0·11 %
darin Asche:	0·14 %	0·10 %
Salzsäure bzw. Chloride	Starke Trübung mit Silbernitrat	Starke Trübung mit Silbernitrat
Schwefelsäure bzw. Sulfate	keine	keine
Kalk	Schwache Trübung mit Ammonoxalat, desgl. mit Schwefelsäure	Sehr schwache Trübung mit Ammonoxalat, keine mit Schwefelsäure
Kohlensäure bzw. Karbonate	Mit Schwefelsäure keine Gasentwicklung	wie nebenstehend

Analog wird Chlornatrium elektrochemisch in chlorsaures Natrium übergeführt; Analysen desselben liegen nicht vor. Das Rizinusöl ist von genügender Reinheit; Prüfung nach Finkener: Sehr schwache Trübung mit Weingeist von 0·829 spez. Gew. (bei 17·5°), demnach wenig Verunreinigung durch andere Öle; Prüfung nach Hager: Trübung mit Petroleumäther; Prüfung nach Gilbert: Keine Schwärzung mit Salpetersäure (1·31), demnach keine Ölsäure vorhanden.

Dinitrotoluol und Nitronaphtalin sind technische Produkte, welche zur Abscheidung der mechanischen Verunreinigungen (Sand u. dgl.) in der Fabrik in zweckmäßiger Weise gereinigt werden; der Aschengehalt wird dadurch beträchtlich herabgesetzt. — Während der Schmelzpunkt des reinen Dinitrotoluols bei 70·5°, der Schmelzpunkt des reinen Nitronaphtalins bei 58·5° C. liegt, lagen die Schmelzpunkte der in der Fabrik verwendeten Produkte relativ niedrig, wahrscheinlich infolge von Beimengungen niedriger nitrierter Verbindungen bzw. von Verunreinigungen, die jedoch keinen ungünstigen Einfluß auf Empfindlichkeit und Haltbarkeit der fertigen Sprengstoffe ausüben.

Untersuchung auf	Dinitrotoluol roh	Dinitrotoluol gereinigt	Nitronaphtalin roh	Nitronaphtalin gereinigt
In Benzol unlöslich	0·30 % (darin freie Schwefelsäure)	0·02 %	0·52 %	0·31 %
Asche	0·18 % (darin Schwefelsäure)	0·01 %	0·17 % darin Schwefelsäure und Salzsäure	0·06 %
Schwefelsäure	0·10 %	0·01 %	0·004 %	0·004 %
Salpetersäure	keine	keine	sehr starke Reaktion mit Diphenylamin	wie neben
Aussehen der Schmelze	hellgelb, schwach trübe, viel Bodensatz	hellgelb, klar, kein Bodensatz	dunkelrot, trrübe, viel roter Bodensatz	dunkelrot, etwas trübe, wenig Bodensatz
Erstarrungspunkt	66·0° und 66·3°	67·0° und 67·5°	51·2°	51·5°
Schmelzpunkt	60—69°	60—70°	45—53°	45—54°

b) Herstellung des Sprengstoffes. In einem doppelwandigen, innen emaillierten, eisernen Mischgefäß werden Dinitrotoluol und Nitronaphtalin in dem 60—70° warmen Rizinusöl gelöst; in die warme ölige Lösung wird dann das zuvor fein gepulverte, getrocknete und gesiebte Kaliumchlorat allmählich unter fortwährendem Umrühren bzw. Durchkneten mit einem großen Holzspatel eingetragen. Der Prozeß des Einknetens dauert etwa zehn Minuten. In jedem der vorhandenen 5 Mischgefäße werden in einer Operation 25 kg Sprengstoff hergestellt. Die Bestandteile werden in Gegenwart eines Werkmeisters genau abgewogen, das Chlorat in dem Sieb-, bzw. Trockenraum, die drei anderen Bestandteilen in einem besonderen Raum. Vor dem Mischen einer Charge (25 kg) muß außerdem jeder Arbeiter das Dinitrotoluol und das Nitronaphtalin zusammen, das Chlorat und das Öl jedes für sich zur Kontrolle nachwägen. Nach dem Mengen werden die Chargen in einem andern Raum auf glatter Holzunterlage zur Vervollständigung der gleichmäßigen Mischung von mehreren Arbeitern mit Mangelhölzern 10 Minuten lang durchgearbeitet, wobei das ausgewalzte Material wiederholt zusammengeschaufelt wird. Hierbei körnt sich der Sprengstoff derart, daß die Hauptmenge in feinkörniger Form, der kleinere Teil in gröberen Körnern erhalten wird. In diesem Raume wird gleichzeitig die letzte (dritte) Kontrolle ausgeübt über Innehaltung des richtigen Mischungsverhältnisses durch Wägen jeder einzelnen Charge. Das Gewicht muß genau 25 kg betragen. Das gröbere Material wird von dem feineren abgesiebt und in kleinen Mengen ($^1/_2$ kg) je einer Charge in den Mischgefäßen vor dem Mengen zugesetzt, um es zusammen mit der größeren Menge noch einmal durchzumischen. Das feinkörnige Material wird nach sechstägigem Stehenlassen in einem Magazin nach dem Patronenraum geschafft, wo es weiterverarbeitet wird.

Das Anfertigen der Patronen geschieht in der Weise, daß in Holzformen mit durchgehender Ausbohrung vom Durchmesser der Patronen oben offene Papierhülsen eingesetzt und diese mit dem Sprengstoff gefüllt werden. Hierbei wird die Masse nach und nach mit Holzstäben von Hand festgestopft, danach die Hülse geschlossen und die Patrone aus der Holzform herausgedrückt. Die Patronen werden alsdann einzeln in eisernen Bügeln befestigt und eine größere Anzahl solcher Bügel mit Patronen in ein auf ca. 80° erhitztes Paraffinbad schnell eingetaucht und nach dem Abtropfen des überschüssigen Paraffins und nach dem Erkalten zur Verpackung bereitgestellt. Die Patronen werden in Mengen von 2,5 kg in Pappschachteln untergebracht und 10 solcher Patronenschachteln in eine Holzkiste, die seitlich mit Holzleisten für eine bessere Handhabung versehen ist, verpackt. Diese Originalkisten sind 44·5 cm lang, ca. 30 cm breit und 28 cm hoch. Die Stärke des Kistenbrettes beträgt ca. 10 mm.

Folgende Cheddite mit Kaliumchlorat, bzw. Natriumchlorat wurden hergestellt.

Typ 41: 80 % Kaliumchlorat, 12 % Nitronaphtalin, 7 % Rizinusöl.

Typ 60: 80 % Kaliumchlorat, 10 % Nitronaphtalin, 2 % Dinitrotoluol, 8 % Rizinusöl.

Typ 41 neuer Art: 79 % Kaliumchlorat, 15 % Nitronaphtalin, 6 % Rizinusöl.

Typ 60 neuer Art: 79 % Kaliumchlorat, 15 % Dinitrotoluol, 1 % Nitronaphtalin, 5 % Rizinusöl.

Typ 41 N: 80 % Natriumchlorat, 12 % Nitronaphtalin, 8 % Rizinusöl.

Typ 60 N: 80 % Natriumchlorat, 20 % (Nitronaphtalin, Dinitrotoluol, Rizinusöl).

Typ 60 N neuer Art: 75 % Natriumchlorat, 19 % Dinitrotoluol, 1 % Nitronaphtalin, 5 % Rizinusöl.

Die chemische Untersuchung von 3 Proben Cheddit älterer Fabrikation (mit Kaliumchlorat) aus verschiedenen Fabrikationsstadien ergab folgendes:

Untersuchung auf	Probe A (10 Minuten durchgeknetet, an verschiedenen Stellen dem Mischgefäß entnommen)	Probe B (10 Minuten durchgeknetet u. 10 Minuten gewalzt)	Probe C (Von Probe B abgesiebte gröbere Körner)	Bemerkungen (Ausführung der Untersuchung)
Kaliumchlorat	78·3 %	79·2 %	78·5 %	Das „Organische" wurde durch Ausziehen der Probe mit Benzol und Eindampfen der Lösung bestimmt. Der benzolunlösliche Rückstand wurde als Kaliumchlorat getrocknet und gewogen. Darin wurden durch Lösen in Wasser und Filtrieren die Verunreinigungen bestimmt
Darin wasserunlöslicher Rückstand	0·2 %	0·4 %	0·3 %	
Organisches	21·3 %	21·4 %	21·8 %	
Gesamt	99·6 %	100·6 %	100·3 %	

2. Versuche über Cheddite vom Geh. Rat Prof. Dr. Bergmann und Prof. Dr. Lenze. (Gutachten vom 8. Oktober 1906.)

Ältere Versuche.

Hierzu wurden Cheddite folgender Zusammensetzung verwandt:

Typ 41: Kaliumchlorat 80 %, Nitronaphtalin 12 %, Rizinusöl 8 %.

Typ 60: Kaliumchlorat 80 %, Nitronaphtalin 10 %, Dinitrotoluol 2 %, Rizinusöl 8 %.

Zum Vergleich wurden von den Dynamiten Gelatinedynamit und von den Ammoniaksalpeter-Sprengstoffen Donarit, in einigen Fällen auch Roburit herangezogen.

Äußere Beschaffenheit. Die Cheddite bestehen aus einer feinkörnigen, weichen Masse, die sich infolge ihrer plastischen Beschaffenheit leicht zusammendrücken läßt. Sie werden in Form von Patronen von 22 cm Länge und 2·5 cm Durchmesser in einer Umhüllung von paraffiniertem Papier in den Handel gebracht.

Lagerbeständigkeit. Die Lagerbeständigkeit bei gewöhnlicher und bei erhöhter Temperatur war ausreichend. Der Sprengstoff hatte auch nach mehrmonatiger Lagerung bei höherer Temperatur (bis zu 80°) noch seine plastische Beschaffenheit; allerdings wurde das Cheddit in den äußeren Schichten der Patronen allmählich etwas härter, doch ist diese geringe Veränderung nicht von Bedeutung. Eine Entmischung des Sprengstoffes tritt unter normalen Verhältnissen nicht ein.

Sprengwirkung. Bei der Prüfung im Trauzlschen Bleiblock gaben die Cheddite geringere Aufbauchungen als Gelatinedynamit und Donarit, was in dem hohen Gehalt der Verbrennungsprodukte der ersteren an festen anorganischen Bestandteilen begründet ist. Auch bei der Stauchprobe (Kupferzylinder) erreichten sie nicht die Wirkung der genannten Vergleichssprengstoffe.

Verhalten beim Erhitzen und bei Einwirkung einer Flamme. Zur Prüfung der Cheddite auf ihr Verhalten beim Erhitzen wurde eine größere Reihe von vergleichenden Versuchen mit den 3 Sprengstofftypen ausgeführt, und zwar:

a) Bestimmung der Entzündungstemperatur,
b) Entzündung in auf hohe Temperaturen (200—300°) und bis zur Rotglut erhitzten Eisenschalen,
c) Entzündung durch offene Flamme (brennendes Streichholz, Bickfordsche Zündschnur),
d) Abbrennen des losen, nicht verpackten Sprengstoffes an freier Luft zur Bestimmung der Brennzeit,
e) Abbrennen kleinerer Mengen des verpackten Sprengstoffes
   1. in kleinen Holzkistchen (500 bis 1000 g),
   2. in kleinen Eisenblechkästchen (Inhalt wie vor),
   3. in kleinen Holzkistchen (Inhalt wie vor) durch Zündung mittels Termits zur Erzielung starker lokaler Überhitzung,
f) Abbrennen größerer Mengen des verpackten Sprengstoffes, und zwar
   1. je 100 kg (4 Kisten) in Originalverpackung im offenen Holzfeuer,
   2. je 50 kg in mit 2 mm starkem Eisenblech ausgeschlagenen Holzkistchen, deren Kanten außerdem noch mit Winkeleisen versehen waren,
   3. je 25 kg in Originalkisten durch Zündung mit Termitmasse, wie unter e 3.

Die Ergebnisse dieser umfangreichen Versuche lassen sich wie folgt zusammenfassen:

Am günstigsten hat sich bei allen Versuchen das Donarit, d. h. der Ammoniaksalpetersprengstoff verhalten. Es war nur schwer zur Entzündung zu bringen und brannte offen und bei festem Einschluß auch in größeren Mengen äußerst langsam und fast ohne Feuererscheinung ab.

Die Cheddite verhielten sich wesentlich ungünstiger, sie kamen leichter zur Entzündung und brannten mit großer helleuchtender Stichflamme lebhaft ab. Explosionen traten indes auch beim Abbrennen größerer Mengen (bis zu 100 kg, vorschriftsmäßig verpackt) nicht ein. Lokale Verpuffungen wurden beobachtet besonders beim Abbrennen des Sprengstoffes unter erschwerten Bedingungen.

Gelatinedynamit verhielt sich im allgemeinen analog den Chloratsprengstoffen (Chedditen), doch wurde in einem Falle (1 kg Sprengstoff in Eisenblechkästchen) eine heftige Detonation erhalten. Beim Abbrennen von Gelatinedynamit in vorschriftsmäßiger Verpackung trat aber auch bei Anwendung von 100 kg Sprengstoff Detonation nicht ein.

Verhalten gegen Reibung und Schlag. Zur Prüfung der genannten drei Sprengstoffe[1] auf Verhalten gegen Reibung und Schlag wurden gleichfalls ausgedehnte Versuche, und zwar in verschiedenen Richtungen, mit kleinen und großen Mengen, lose, in Patronen und in vorschriftsmäßiger Verpackung, ausgeführt. Sie erstreckten sich auf Prüfung:

I. Kleinerer Mengen:

a) gegen Reibung (im Porzellanmörser mit rauher Innenfläche),
b) gegen gleitenden Stoß auf einer Granitplatte mittels eines starken eichenen Stabes mit abgeschrägter Stoßfläche,
c) gegen Schlag auf harter Granitunterlage mittels Stempels aus verschiedenem Material (Weißbuchenholz, Kupfer, Messing, Stahl),
d) gegen Schlag unter dem Fallhammer mittels eines 2 kg schweren Fallgewichtes.

II. Größerer Mengen:

a) gegen Schlag mittels 10 kg schwerer Stahlkugeln aus 1 bis 4 m Fallhöhe auf fertige, auf einer Stahlplatte liegende Patronen,
b) gegen Schlag mittels einer eisernen, 50 kg schweren Kugel aus 10 m Höhe auf Originalkisten mit 25 kg Sprengstoff und Kisten mit kleineren Abmessungen und Inhalt (Höhe 5 cm, Inhalt 1 kg) fallend.
c) gegen Schlag in der Weise, daß Originalkisten mit 25 kg Sprengstoff aus 10 m Höhe auf betonierten Backsteinboden fallen gelassen wurden,
d) durch Beschuß von in Holzkisten in Patronen und lose verpacktem Sprengstoff (5 kg) mit einem Militärgewehr aus 25 m Entfernung.

Bei der Prüfung kleiner Sprengstoffmengen auf Empfindlichkeit gegen Reibung und Schlag ergab sich im allgemeinen, daß der Ammoniaksalpetersprengstoff Donarit unempfindlicher ist als Cheddit und Gelatinedynamit. Nur bei den Versuchen mit dem Fallhammer trat diese Überlegenheit des Donarits weniger hervor. Hierzu ist zu bemerken, daß Donarit unter den Ammoniaksalpetersprengstoffen einer der empfindlichsten ist, was darauf zurückgeführt werden muß, daß es 4% Nitroglyzerin enthält. Roburit, ein Ammoniaksalpetersprengstoff ohne Nitroglyzerinzusatz, der zum Vergleich mit herangezogen wurde, verhielt sich gegen Schlag und Reibung wesentlich günstiger.

Die Cheddite besitzen größere Empfindlichkeit als Roburit und auch Donarit, sie nähern sich mehr dem Gelatinedynamit. Die Versuche ergaben indes deutlich, daß letzteres der empfindlichste von den drei Sprengstofftypen ist. Die wichtigsten Ergebnisse dieser Versuche waren im einzelnen folgende:

---

[1] Cheddit 41 ist als der ungefährlichere bei den meisten dieser Versuche nicht mit geprüft worden.

Beim Reiben von Cheddit im Porzellanmörser erfolgten leicht kleine lokale Explosionen, die sich durch starkes Knistern bemerkbar machten, Gelatinedynamit detonierte besonders im angewärmten Mörser heftig. Donarit gab keine Explosion, im angewärmten Porzellanmörser wurden nur zuweilen Brandspuren beobachtet. Der Unterschied in der Empfindlichkeit zwischen Cheddit und Gelatinedynamit trat bei den Versuchen unter I. c) am deutlichsten hervor. Während bei Anwendung eines Stempels von Weißbuchenholz Cheddit ebenso wie Donarit nicht zur Explosion gebracht werden konnte, explodierte Gelatinedynamit in einigen Fällen mit starkem Knall.

Ein etwas abweichendes Resultat wurde erhalten bei der Prüfung von fertigen Patronen unter den Bedingungen nach II. a), insofern, als bei den Chedditen schon bei 2 m Fallhöhe (10 kg schwere Stahlkugel) lokale Explosion erfolgte, bei Gelatinedynamit dagegen erst bei 4 m Fallhöhe. Donarit entzündete sich bei 4 m Fallhöhe noch nicht. Offenbar hat unter diesen Bedingungen die größere Plastizität des Gelatinedynamits gegenüber dem Cheddit das günstigere Verhalten des ersteren bewirkt.

Bei der Prüfung der in Holzkisten verpackten drei Sprengstoffe gelang es auch unter den schärfsten Bedingungen bei keinem der drei Sprengstoffe, eine Explosion herbeizuführen. E s g e h t h i e r a u s h e r v o r, w e l c h e n g r o ß e n S c h u t z g e g e n E x p l o s i o n s g e f a h r d i e V e r p a c k u n g d e r S p r e n g s t o f f e i n s t a r k e n H o l z k i s t e n b i e t e t.

Deutliche Unterschiede (gegen Einwirkung von Schlag) ergaben sich dagegen wieder bei der Beschußprobe. Hierbei hat sich das Gelatinedynamit als der empfindlichste Sprengstoff erwiesen. Sowohl in Patronen als auch in loser Form kam es bei jedem ersten Schuß zur Detonation. Cheddit in loser Form zeigte die gleiche Empfindlichkeit, in Patronen verpackt verhielt es sich dagegen günstiger, insofern, als hier nicht sofort Explosion, sondern zunächst eine Entzündung und erst bei einem der folgenden Schüsse Detonation erfolgte. Donarit zeigte größere Unempfindlichkeit als Cheddit, besonders in loser Form. Bei weitem am unempfindlichsten verhielt sich Roburit, das durch den Beschluß nicht zur Explosion gebracht werden konnte.

D e t o n a t i o n s ü b e r t r a g u n g s f ä h i g k e i t. Einen Anhalt über den Grad der Empfindlichkeit eines Sprengstoffes gibt auch die Prüfung auf Detonationsübertragung. Es wurden deshalb mit vorerwähnten Sprengstoffen Versuche in zwei verschiedenen Richtungen ausgeführt:

a) im kleinen Maßstabe in der Weise, daß auf einer Granitplatte unter einen Stahlstempel eine dünne Schicht des Sprengstoffes gebracht, um den unteren Stempel eine etwas größere Menge desselben Sprengstoffes herumgeschichtet und dann zur Einleitung der Explosion ein Schlag auf den Stempel ausgeführt wurde.

b) im größeren Maßstabe in der Weise, daß 25 kg Sprengstoff in Originalpaketen (ohne Kiste) aufgestapelt und in Abständen von 1·5, 2·5 und 4 m kleinere Stapel (7·5 kg) desselben Sprengstoffes gelegt und die Hauptmenge mittels Sprengkaspel zur Detonation gebracht wurde.[1]

In beiden Versuchsreihen verhielt sich Gelatinedynamit am ungünstigsten. Bei den Versuchen unter a) kam es bei diesem Sprengstoff unter 6 Versuchen 5 mal zu einer Detonationsübertragung von der unter dem Stempel entzündeten Sprengstoffschicht auf die um den Stempel geschichtete Sprengstoffmenge. Beim Cheddit erfolgte Explosion der unter dem Stempel befindlichen dünnen Sprengstoffschicht, es trat indes keine Übertragung auf die Hauptmenge ein. Donarit entzündete sich bei 6 Versuchen nur in 3 Fällen lokal, eine Übertragung fand gleichfalls nicht statt.

Ein beachtenswertes Resultat lieferten die mit größeren Mengen ausgeführten Übertragungsversuche. Während detonierendes Gelatinedynamit (25 kg) die Detonation auf die kleineren Mengen (7·5 kg), die natürlich nicht mit Sprengkapseln versehen waren, in Abständen von 1·5 und 2·5 m übertrug, fand bei Cheddit und auch bei Donarit keine Detonationsübertragung statt.

Aus vorstehend zusammengestellten Versuchsergebnissen geht hervor, daß die Cheddite in bezug auf Gefährlichkeit zwischen den Dynamiten und den Ammoniaksalpetersprengstoffen stehen, sich aber mehr den ersteren nähern.

Neuere Versuche.

Die Firma Bergès Corbin & Cie. hat inzwischen die Zusammensetzung der Cheddite etwas abgeändert. Es werden jetzt nach Angabe der Firma 3 Typen gefertigt, deren Zusammensetzung im Vergleich zu Typ 60 alter Art in nachstehender Tabelle angegeben ist.

	Typ 41 neuer Art	Typ 60 neuer Art	Typ 60 N	Typ 60 alter Art
Kaliumchlorat . . .	79	79	—	80
Natriumchlorat . . .	—	—	75	—
Dinitrotoluol . . .	—	15	19	2
Nitronaphtalin . . .	15	1	1	10
Rizinusöl	6	5	5	8

Wie aus der Tabelle ersichtlich ist, hat die Fabrik in Typ 60 neuerer Art den Gehalt an Rizinusöl und Nitronaphtalin wesentlich herabgesetzt und den Gehalt an Dinitrotoluol entsprechend erhöht. Außerdem fertigt sie einen Sprengstoff mit Natriumchlorat als Basis, der bei gleichem Rizinusöl- und etwas erhöhtem Dinitrololuolgehalt 75 % chlorsaures Salz enthält. Typ 41 neuer Art enthält etwas

[1] Ein ähnlicher Versuch wurde noch mit etwas größeren Mengen und unter etwas abgeänderten Bedingungen ausgeführt.

weniger Rizinusöl als Typ 41 alter Art und dementsprechend etwas mehr Nitronaphtalin. Es wird, ebenso wie Typ 60 alter Art, nur in geringeren Quantitäten gefertigt. Mit Rücksicht auf die abweichende Zusammensetzung wurden die wichtigsten der im ersten Abschnitt besprochenen Versuche mit Typ 60 alter Art, Typ 60 neuer Art und Typ 60 N wiederholt.

Chemische Zusammensetzung. Die zur Untersuchung verwandten Cheddite wurden zunächst daraufhin untersucht, ob sie die von der Fabrik angegebene Zusammensetzung haben. Der Chloratgehalt wurde genau entsprechend der Angabe der Firma ermittelt:

	Gefunden:	Angabe der Firma:
Cheddit Typ 60 alter Art . . .	79·8 %	80 %
„ „ 60 neuer Art. . .	79·1 %	79 %
„ „ 60 N	74·9 %	75 %

Der benzollösliche Teil der Sprengstoffe, bestehend aus Dinitrotoloul, Nitronaphtalin und Rizinusöl, betrug:

	Gefunden:	Angabe der Firma:
bei Cheddit Typ 60 alter Art . .	19·85 %	20 %
„ „ „ 60 neuer Art .	20·80 %	21 %
„ „ „ 60 N	24·35 %	25 %

Aus diesen Zahlen geht hervor, daß die zu den Untersuchungen herangezogenen Sprengstoffe die angegebene Zusammensetzung haben. Der in dem wasserlöslichen Teile der Sprengstoffe ermittelte Chlorgehalt läßt darauf schließen, daß von der Fabrik ein ziemlich reines Kalium- bzw. Natriumchlorat verwandt worden ist.

Verpackung. Die Verpackung der neuen Cheddite ist die gleiche wie die der früheren. Patronen mit einer Umhüllung aus paraffiniertem Papier werden in Mengen von je 2·5 kg in Pappschachteln verpackt und von diesen je 10 in einer Holzkiste untergebracht. Die Kiste ist aus 1 cm starken Holzbrettern gefertigt. Sie ist etwa 28 cm hoch, 44·5 cm breit und 30 cm tief. An den Seitenkanten sind zur besseren Handhabung Holzleisten angebracht.

Äußere Beschaffenheit. Cheddit 60 n. A. und 60 N sind in ihrem Aussehen von dem älteren Typ etwas verschieden. Infolge des geringeren Rizinusölgehaltes sind sie etwas weniger plastisch, doch ist der Unterschied nicht wesentlich.

Lagerbeständigkeit. Von den drei Sprengstoffen wurden je 10 g in offenen Schalen und in geschlossenen Wägegläschen 50 Tage bei 50° gelagert. Der Gewichtsverlust (in offenen Schalen) betrug:

	nach 10 Tagen		nach 55 Tagen
bei Cheddit a. A.	1·2	Mittel	
	0·8	1 %	8·3 %
„ „ n. A.	0·7	Mittel	
	0·7	0·7 %	5·5 %
„ „ N	0·6	Mittel	
	0·7	0·7 %	4·5 %

Die neueren Typen sind mithin infolge des niedrigen Nitronaphtalingehalts bei höheren Temperaturen gewichtsbeständiger. Wesentliche Veränderungen wurden nicht beobachtet.

Entmischungen sind niemals nachgewiesen worden und sind auch ausgeschlossen. Hierauf wurden im besonderen einige ältere Patronen, die mehrere Jahre gelagert hatten, untersucht. Abgesehen davon, daß der Sprengstoff in der Plastizität etwas zurückgegangen war, glich er in seiner Beschaffenheit dem neugefertigten Sprengstoff.

Sprengwirkung. Die Abänderung der Zusammensetzung der Cheddite hat offenbar den Zweck, die Sprengkraft zu erhöhen. Daß dies erreicht ist, zeigen einige Sprengversuche im Trauzlschen Bleiblock und mit dem Stauchapparat. Die Aufbauchung im Trauzlschen Bleiblock (Normalprüfung) und die Stauchung von Kupferzylindern (21 mm Durchmesser und 10,5 mm Höhe) betrug:

	Aufbauchung je 2 Versuche	Stauchung je 3 Versuche
für Cheddite a. A.	5 325 ccm	0·98 mm
für Cheddite n. A.	28 17 332 ccm	1·4 mm
für Cheddit N	2 3 383 ccm	1·38 mm

Verhalten beim Erhitzen und bei Einwirkung einer Flamme. a) Kleine Mengen. Die Verpuffungstemperatur wurde ermittelt durch Erhitzen von 0·5 g Sprengstoff (im Woodschen Metallbade).

Das Reagenzglas mit dem Sprengstoff wurde bei 100° in das Bad eingesetzt, und die Temperatur in 17—18 Minuten auf die Entzündungstemperatur gesteigert. Die Verpuffungstemperatur lag

bei Cheddit 60 a. A. bei 260—261°
„ „ 60 n. A. „ 256—259°
„ „ 60 N „ 249—264°

Die Unterschiede sind belanglos.

Beim Zünden kleiner Mengen mittels brennenden Streichholzes oder glühenden Eisenstabes oder durch Einwerfen in glühende Eisenschalen brannte Cheddit a. A. etwas leichter an und auch etwas schneller ab als die beiden anderen Cheddite. In allen Fällen verbrannten die Cheddite mit großer, helleuchtender Flamme.

Mit brennender Bickfordscher Zündschnur gelang es nicht, die in Reagenzgläsern befindlichen Sprengstoffe zur Entzündung zu bringen.

b) Größere Mengen. In einem Steinbruch wurden die Sprengstoffe in Originalverpackung, und zwar je 1 Kiste mit 25 kg Inhalt, auf ihr Verhalten im offenen Feuer geprüft. Die Kisten brannten in einem starken Holzfeuer lebhaft unter großer Flammenbildung ohne Explosion ab. Die Zeit bis zum Beginn des Abbrennens der Sprengstoffpatronen in den Kisten betrug etwa 4—9 Minuten, das Abbrennen des Sprengstoffes dauerte bei

Typ. 60 a. A.	etwa	2	Minuten
„ 60 n. A.	„	$1^1/_4$	„
„ 60 N	„	$1^1/_2$	„

Infolge des heftigen Feuers wurden bei allen drei Versuchen aus den Kisten einige Patronen unter schwacher Verpuffung einige Meter weit fortgeschleudert. Wesentliche Verschiedenheiten traten nicht hervor.

Von größeren Brandversuchen mit 100 kg Sprengstoff, wie sie früher durchgeführt worden sind, wurde Abstand genommen, da ein abweichendes Verhalten der neuen Sprengstoffe auf Grund dieser Ergebnisse nicht zu erwarten war.

Verhalten gegen Reibung und Schlag. Reiben im Porzellanmörser. Das Verhalten der Sprengstoffe beim Reiben in einem unglasierten Porzellanmörser mit unglasiertem Pistill war bei verschiedenen Temperaturen das folgende:

a) bei etwa 10 bis 15°

Cheddit a. A. keine wahrnehmbare Einwirknug,
Cheddit n. A. } sehr schwaches Knistern,
Cheddit N }

b) bei etwa 25°

Cheddit a. A. Knistern, bzw. schwache Explosion,
Cheddit n. A. } kräftigere lokale Explosion,
Cheddit N }

c) bei 60°

bei allen 3 Sprengstoffen lokale Explosion, leichter und etwas kräftiger als bei 25°.

Fallhammerversuche. Die Empfindlichkeit gegen Schlag wurde mittels des Fallapparates und der Stempelmethode. die in der Zeitschrift für das gesamte Schieß- und Sprengstoffwesen 1905, Seite 287 veröffentlicht worden ist[1], und zwar bei verschiedenen Temperaturen geprüft. Die Resultate sind in der nachstehenden Tabelle zusammengestellt.

---

[1] F. Lenze, Über Erfahrungen mit der Fallhammermethode bei Versuchen zur Bestimmung der Empfindlichkeit von Sprengstoffen gegen mechanische Einwirkungen.

Empfindlichkeit von 3 Typen Cheddit gegen Schlag.
(Stempelmethode). Fallgewicht 20 kg.

Sprengstoff	geprüft mit Apparat	Art der Einwirkung	Fallhöhe in cm bei einer Versuchstemperatur von								
			10° bis 15° in Kalimischung abgekühlt		28° bis 29° normale Versuchstemperatur					60° im Trockenschrank angewärmt	
			8 cm	10 cm	4 cm	6 cm	8 cm	10 cm	12 cm	10 cm	12 cm
Cheddit	I	Keine Einwirkung	3		3	3		1	1	2	2
		Schwache Explosion					2	1	1	1	1
		Detonation					1	1	1		
60	II	Keine Einwirkung	2		2		2	1		2	
		Schwache Explosion	1		1	2	1				
a. A.		Detonation				1		2	3	1	3
Cheddit	I	Keine Einwirkung	2		2	1	1				
		Schwache Explosion				1					
		Detonation	1	3	1	1	2	3	3	3	3
60	II	Keine Einwirkung	1		2						
		Schwache Explosion	1		1	1	3				
n. A.		Detonation	1	3		2		3	3	3	3
Cheddit	I	Keine Einwirkung			1			1	2	1	
		Schwache Explosion			1	1		1	1		
		Detonation	3		1	2		1		2	3
60	II	Keine Einwirkung	1		2	2		1			
		Schwache Explosion				1	2				
N.		Detonation	1		1		1	2	3	2	3

Bemerkungen: Die Sprengstoffe wurden vorher gut getrocknet. Der Knall bei „Detonation" ist sehr stark, besonders bei 60 neu und 60 N. Die Probe verbrennt in der Regel vollständig. Bei jeder Fallhöhe wurden mit jedem Sprengstoff und mit jedem Apparat je 3 Versuche ausgeführt.

Aus der Tabelle ergibt sich in Übereinstimmung mit den Reibungsversuchen, daß Cheddit 60 n. A. und Cheddit N. etwas empfindlicher gegen Schlag sind als Cheddit a. A., was auf die veränderte Zusammensetzung zurückzuführen ist. Die Unterschiede sind indes nicht wesentlich.

Beschußprobe. Schließlich wurden die neuen Typen auch noch im Vergleich mit Cheddit a. A. der Beschußprobe unterworfen. Kleine Holzkisten nach Art der Originalkisten, die 5 kg Sprengstoff in Patronen enthielten, wurden aus einem Unterstand auf 25 m Entfernung mit einem Militärgewehr beschossen. Das Verhalten war folgendes:

Typ 60 a. A.

Versuch I. 1. bis 4. Schuß: keine Zündung,
5. Schuß: Zündung, Rauchbildung, keine Explosion.
„ II. 1. Schuß; Detonation.
„ III. 1. und 2. Schuß: keine Zündung,
3. Schuß: Explosion, (unvollständige Detonation).
„ IV. 1. bis 4. Schuß: keine Zündung.

Typ. n. A.

Versuch I. 1. Schuß: Zündung, Raucherscheinung,
2. lokale Explosion.
„ II. 1. Schuß: Zündung, Raucherscheinung,
2. bis 5. Schuß: keine Explosion, Raucherscheinung.
„ III. 1. Schuß: Raucherscheinung,
2. Schuß: Detonation.
„ IV. 1. bis 2. Schuß: keine Zündung,
3. Schuß: Detonation.

Typ. 60 N.

Versuch I. 1. Schuß: Raucherscheinung,
2. Schuß: Detonation.
„ II. 1. Schuß: keine Zündnng,
2. Schuß: Detonation.
„ III. 1. bis 5. Schuß: keine Zündung.
„ IV. 1. bis 3. Schuß: keine Zündung,
4. Schuß: Detonation.

Die 3 Sprengstoffe zeigen mithin auch bei der Beschußprobe keine wesentlichen Unterschiede, woraus zu schließen ist, daß sich auch die neugefertigten Cheddite günstiger verhalten als Gelatinedynamit, das unter den gleichen Bedingungen bei jedem ersten Schuß zur Detonation kommt (vergl die älteren Versuche dieses Gutachtens).

Von Detonationsübertragungsversuchen unter Anwendung von Kisten in Originalverpackung wurde Abstand genommen, da zu erwarten war, daß die neuen Typen sich auch in dieser Hinsicht nicht abweichend von dem Cheddit 60 a. A. verhalten würden.

Aus den Resultaten der beschriebenen neueren Versuche ergibt sich somit, daß die Cheddite n. A. in ihrem Verhalten bei Einwirkung von Feuer sowie von Reibung und Schlag nicht wesentlich von dem Cheddit 60 a. A. abweichen. Infolge seines etwas niedrigeren Rizinusölgehaltes und höheren Dinitrotoluolgehaltes ist Cheddit n. A. ein wenig empfindlicher, bei dem Typ 60 N., der gleichfalls etwas empfindlicher ist, kommt als Grund noch hinzu, daß das Natriumchlorat bei der Explosion des Sprengstoffes wirksamer ist, da es über mehr Sauerstoff für die Oxydation der Kohlenstoffträger verfügt, als eine gleiche Menge Kaliumchlorat. Aus diesem Grunde ist auch die Natriumchloratmenge etwas geringer gewählt worden (75 gegenüber 79 %).

C. Praktische Anwendung.

Die Cheddite, welche außer in Frankreich auch in anderen Staaten Eingang in die zivile Sprengtechnik gefunden haben, werden nach einem Prospekt der Firma sowohl in Patronen, als in gekörntem Zustand (ähnlich wie Sprengpulver) geliefert.

Die Chedditpatronen kommen in drei Sorten in den Handel: als „Cheddit 41", sogenannter progressiver Typ, für Steinbruchsarbeiten usw., bei denen man mehr den Felsen spalten als ihn zerschmettern will; als „Cheddit 60", brisanter Typ für Sprengung harter Felsen, in Stollen usw.; endlich als „Cheddit 60 N", sehr brisanter Typ, zu Arbeiten in engen Galerien in sehr harten Felsen.

Für Chedditpatronen gibt die Firma folgende Gebrauchsanweisung:

1. Chedditpatronen werden in Paketen von je 2 kg verpackt; jede Kiste enthält 12 Pakete von 2 kg und eines von 1 kg, zusammen also netto 25 kg per Kiste. In jedem Paket sind einige halbe Patronen.

2. Vor dem Laden muß man zuerst das Bohrloch reinigen und sich versichern, daß weder Erde noch Steine daran haften, die den Durchgang der Patronen stören könnten.

3. Man wendet vorzugsweise Patronen des gleichen Durchmessers wie die des Bohrloches an, um eine gute Füllung des letzteren zu erlangen.

4. Sind die Patronen von weit kleinerem Durchmesser als der des Bohrloches, so werden sie vor ihrer Einführung in genügender Zahl zusammengebunden, um ein zylindriges Paket zu bilden, welches das Bohrloch gut ausfüllt.

5. In hartem Gestein steckt man die Patronen sorgfältig eine nach der andern in das Bohrloch und drückt solche zur Erreichung einer hohen Ladedichte aneinander, so daß sich die Patronen sicher berühren und kein Zwischenraum bleibt.

6. In weichen, losen und gespaltenen Gestein drückt man die Patronen nur leicht in das Bohrloch, doch sollen sich die Patronen berühren.

7. Die letzte Patrone wird als Zündpatrone eingesetzt; man legt dann einen Papierstöpsel darauf und prüft mit dem Ladestock, ob die Zündpatronen die vorhergehende Patrone berührt. Es dürfen nur hölzerne Ladestöcke verwandt werden, solche von Metall sind ausgeschlossen.

8. Zum Schluß besetzt man sehr sorgfältig mit Erde, feuchtem Sand oder einer andern weichen plastischen Masse (oder wenn die Bohrlöcher nach aufwärts gehen, mit Besatzpatronen) bis zur Mündung des Bohrloches.

9. Man zündet mit Sprengkapseln Nr. 7 ($1^1/_2$ g Knallquecksilber).

10. In feuchten Bohrlöchern kann man, wenn die Ladezeit nicht länger als $^1/_2$ Stunde beträgt, gewöhnliche Chedditpatronen verwenden; andernfalls paraffinierte Patronen.

11. Sind die Patronen durch lange Lagerung etwas hart geworden, so muß man solche vor der Verwendung durch Rollen zwischen den Fingern erweichen.

Die Typen 41 und 60 werden auch in Form von abgerundeten und harten Körnern von verschiedenen Größen geliefert für Steinbrucharbeiten, Laden von Sprengkammern usw.; diese Körner sind in Pakete von je $^1/_2$ Kilo verpackt; jede Kiste Körner enthält außerdem ein Paket von halben gewöhnlichen Chedditpatronen, welche zur Aufnahme der Sprengkapseln dienen. — Zur Verwendung schüttet man die Körner in das Bohrloch ein; nach Einführung von einigen hundert Gramm drückt man sie leicht zusammen, um so zu vermeiden, daß die Körner an den Wänden des Bohrloches hängen bleiben. Nach der Körnerladung fügt man eine halbe Chedditpatrone mit Sprengkapsel Nr. 7 ein und besetzt dann mit Erde. Handelt es sich um Ladung von Sprengkammern mit mehreren Kilo Körnern, so legt man die Zündpatrone vorzugsweise mitten in die Masse.

Betreffs der Handhabungssicherheit von Cheddit mögen zwei kurze Mitteilungen aus der „Monatsschrift für die Steinbruchsgenossenschaft“ angeführt sein.[1]

1. In Nr. 2 der genannten Zeitschrift vom Jahre 1910 heißt es (auf Seite 33):

Die Sektion I (Bayern) berichtet uns neuerdings über einen beim Laden eines Bohrloches mit Cheddit vorgekommenen Unfall, der wiederholt beweist, daß beim Gebrauch dieses Sprengstoffes mit der gleichen Vorsicht zu verfahren ist, wie bei der Verwendung von Schwarzpulver. Der Vorgang war folgender: In einem Diabassteinbruch war ein senkrecht in die Tiefe gehendes Bohrloch von 2·30 m Länge mittels Druckluftbohrers im trockenen Verfahren hergestellt worden, welches mit 10 Stück Chedditpatronen hätte geladen werden sollen. Der Bohrer war 3 bis 4 mm breiter als der Durchmesser der Patronen. Zwischen der Fertigstellung des Bohrloches und dem Beginn des Ladens desselben lag ein Zeitraum von beiläufig vier Minuten. Als der Schießmeister die erste Patrone, die mit einer Sprengkapsel selbstverständlich nicht versehen war, in das Bohrloch einführen wollte, fiel ihm vor Einbringen der Patrone aus seiner oberen Westentasche eine kleine eiserne, 1 qcm große Schraubenmutter heraus und in das Bohrloch hinein. Diese konnte er

[1] Die Gesellschaft „Sprengstoff Cheddit“ bemerkt hierzu, daß nachstehende Angaben den Tatsachen nicht entsprächen, die Ausführungen daher zur Beurteilung des Sprengstoffes nicht geeignet sein könnten.

jedoch wegen der Tiefe des Bohrloches und mangels geeigneten Werkzeugs nicht mehr herausholen und bei der ihm angepriesenen Ungefährlichkeit des Cheddits hat er auch keine Bedenken getragen, den Fremdkörper im Bohrloch liegen zu lassen. Als er nun hierauf die erste Patrone einführte und dieselbe mit dem hölzernen Ladestock ohne Gewaltanwendung in das Bohrloch hinabdrückte, entzündete sich die Patrone, wodurch ihm das Gesicht und die linke Hand verbrannt wurden.

In Rücksicht darauf, daß das Bohrloch mittels Druckluftbohrers trocken hergestellt war, darf bei dem kurzen Zeitraum, der zwischen dem Fertigstellen des Bohrloches und dem Einbringen der ersten Patrone lag, angenommen werden, daß die Bohrlochwandungen noch ziemlich warm gewesen sind. Ob aber die Entzündung der Patrone auf diesen Umstand zurückzuführen ist, oder die Entzündung durch die Berührung der Patrone mit der eisernen Schraubenmutter verursacht wurde, konnte nicht festgestellt werden. Derartige Möglichkeiten sollten jedoch bei Verwendung von sogenannten „Sicherheitssprengstoffen“ als ausgeschlossen anzusehen sein und müssen wir unsere Mitglieder zur Vermeidung der in § 112 Absatz 1 Ziffer 1 des Gewerbeunfall-Versicherungsgesetzes angedrohten Folgen wiederholt darauf aufmerksam machen, beim Besetzen der Sprenglöcher mit Cheddit oder mit anderen sogenannten Sicherheitssprengstoffen stets so zu verfahren, wie es die einschlägigen Unfallverhütungs-Vorschriften bei Verwendung von Schwarzpulver bestimmen.

2. Jahrgang 1910 S. 60, heißt es:

Gefährliche Sicherheitssprengstoffe. In der Nr. 2 hatten wir unter dieser Überschrift eine uns von unserer Sektion I zugegangene Zuschrift abgedruckt. Die Sprengstoffabrik „Cheddit“ behauptet, die Beschreibung des Vorganges, wie der beschriebene Sprengunfall sich zugetragen habe, sei falsch, sowohl was die Angaben über das Verhältnis des Bohrlochdurchmessers zum Patronendurchmesser betreffe, sowie auch hinsichtlich des Zeitpunkts, an welchem die Schraubenmutter in das Bohrloch gefallen sei. Sektion I, der wir diese Behauptung mitgeteilt haben, bemerkt hierzu, daß ihre Ausführungen sich auf die bestimmten Angaben der bei dem Unfall beteiligt gewesenen Personen stützen, und daß für die Sektion I kein Grund vorliege, diese Angaben anzuzweifeln.

In dem Artikel war auch ausgeführt, daß es sich nicht habe feststellen lassen, ob die Entzündung der Patrone auf die erhöhte Temperatur der durch das Bohren noch ziemlich warmen Bohrlochwandungen zurückzuführen oder ob die Entzündung durch die Berührung der Patrone mit der eisernen Schraubenmutter verursacht worden ist. Hieran war die Bemerkung geknüpft, derartige Möglichkeiten sollten bei Verwendung von sogenannten Sicherheitssprengstoffen für ausgeschlossen anzusehen sein. Diese Bemerkung greift die Sprengstoffabrik „Cheddit“ ebenfalls als unrichtig an. „Jeder Sprengstoff,“ so bemerkt diese Firma, „berge eine gewisse Gefahr in sich, und Möglichkeiten, wie sie in dem Artikel beschrieben, seien deshalb auch nicht bei den sogenannten Sicherheitssprengstoffen als ausgeschlossen anzusehen.“

Die „Monatsschrift“ bemerkt, daß hier eine Ansicht über die von Sicherheitssprengstoffen zu fordernden Eigenschaften der anderen Ansicht gegenüberstehe.

Anhang. Verwendbarkeit von Chloratsprengstoffen zur Füllung von Hohlgeschossen nach dem Bericht Nr. 155 der französischen Explosivstoff-Kommission (erstattet von Lheure.)[1]

In bezug auf Leistung ergab sich folgendes:

a) Versuche auf Zerlegungsfähigkeit, ausgeführt mit 9 cm-Granaten aus Gußeisen und Stahl in offenen Sprenggruben (Detonation an freier Luft); die Granaten wurden einerseits mit Cheddit 60 und 60bis, andrerseits mit geschmolzener bzw. pulverisierter Pikrinsäure gefüllt. Nach der Explosion wurden die Bruchstücke der Granaten gesammelt und nach Umfang und Gewicht registriert. Die Zerlegungsfähigkeit von Cheddit erwies sich als etwas geringer gegenüber der von Melinit. Bei Granaten aus Gußeisen, wo die Wirkung des Melinits etwas zu weit geht und das Metall teilweise pulverisiert, wäre Cheddit vorteilhaft; letzteres wäre nicht der Fall bei Stahlgranaten, bei welchen Melinit eine sehr vollständige, nicht zu weit gehende Zerlegung gibt.

b) Zur Bestimmung des Sprengtrichters ließ man in natürlichem Boden in gleicher Tiefe gleiche Mengen Cheddit 60 und geschmolzenes Melinit detonieren und maß die Kapazität der gebildeten Sprengtrichter. Letzterer war mit Cheddit — bei vollständiger Detonation — in lehmigem Boden erheblich größer als mit Melinit, wo es wohl von der geringeren Detonationsgeschwindigkeit des Cheddits herrührt. Bei diesbezüglichen vergleichenden Versuchen in Zinnröhren wurden die Sprengstoffe durch Sprengkapseln von 1·5 g Knallquecksilber zur Detonation gebracht und die Zeit gemessen, nach welcher feine Kupferdrähte am Ende der Röhren zum Zerreißen gebracht werden. Man fand als mittlere Detonationsgeschwindigkeit

für Cheddit 60: 3175 m per Sekunde
für Melinit D: 6246 m „ „ ;

hieraus erklärt sich die verschiedene Wirkung im Erdboden. Im allgemeinen kam die Kommission zu dem Schlusse, daß Cheddit 60bis in bezug auf Herstellungspreis und Wirkung dem Melinit überlegen ist. Die Zerlegungsfähigkeit von Granaten ist geringer, was je nach den Verhältnissen ein Vorteil oder ein Nachteil ist. In bezug auf Brisanzwirkung steht Cheddit ausgesprochen hinter Melinit zurück. Beide Sprengstoffe sind genügend sicher in bezug auf Herstellung, Lagerung und Transport; bei Melinit ist dies durch lange Erfahrung bestätigt, für Cheddit sind die Verhältnisse noch nicht genügend festgestellt und erscheinen länger fortgesetzte Versuche notwendig. — Bei weiteren Versuchen sollte berücksichtigt werden: Stabilität der explosiven Eigenschaften des Cheddits, Zündungssicherheit, Rohrsicherheit, Stoßsicherheit, Wirkung der Geschosse.

[1] Mém. Poudr. Salp. XII, 117.

Achter Abschnitt.

Andere Kaliumchloratsprengstoffe.

1. Silesiasprengstoffe.

Von den Sprengstoff-Fabriken Kriewald bei Gleiwitz der „Oberschlesischen Aktiengesellschaft für Fabrikation von Lignose, Schießwollfabrik für Armee und Marine“ wird unter der Bezeichnung Silesiapulver oder Sprengstoff Silesia ein Sprengstoff aus Kaliumchlorat, Kochsalz und vorbehandeltem Harz, in wechselnden Mengenverhältnissen nach eigenartigem Verfahren hergestellt.

Der Harzkörper wird in der Weise erzeugt, daß 150 kg eines Harz-Mehl-Gemisches, bestehend aus 10 Tln. trocknem feingepulvertem Kolophonium und 1 Tl. Cerealienstärkemehl, in kleinen Portionen in 45 kg Salpetersäure von 42° Bé (= 1·412 spez. Gew., entsprechend 67·5% HNO_3) bei gewöhnlicher Temperatur ohne Mitanwendung von Schwefelsäure eingetragen wird; hierbei vollzieht sich eine intensive, jedoch ruhig verlaufende Oxydation und es bildet sich ein gelb bis gelborange gefärbter, auf der Säure schwimmender poröser Kuchen, der sich unter dem Mikroskop als amorphe Masse darstellt. Nach Beendigung der Reaktion wird der Kuchen durch Zerkleinern und Waschen mit Wasser von der überschüssigen Säure befreit und dann bei einer die Normaltemperatur etwas übersteigenden Wärme und bei Zugluft getrocknet; hierbei würde sich, falls die Säure nicht vollkommen entfernt wäre, eine Nachreaktion geltend machen. Der Kuchen wird dann gepulvert. Das oxydierte Produkt für sich (ohne chlorsaures Kali) verbrennt langsam mit stark rußender, nicht sehr leuchtender Flamme, ist also schwer und unvollständig verbrennbar; das Produkt hat demnach für sich nicht den Charakter eines Sprengstoffes, sondern ist eine relativ indifferente Substanz, die erst durch Zusatz eines Sauerstoffträgers (chlorsaures Kali) sprengkräftig wird. Eine besondere Gefahr bei der Herstellung des Produktes aus dem Harz-Mehl-Gemisch und bei der Handhabung besteht danach nicht; in bezug auf Feuergefährlichkeit steht es etwa auf der gleichen Stufe wie das Kolophonium, aus dem es gefertigt wird. In Alkohol ist das Produkt mit gelber Farbe löslich; man erhält beim Vermengen des Produktes mit chlorsaurem Kali und Befeuchten mit Alkohol eine sehr innige Mischung und Durchdringung des chlorsauren Kalis und überzieht teilweise auch die einzelnen Kriställchen desselben beim späteren Verdunsten mit einem in Wasser von gewöhnlicher Temperatur so gut wie unlöslichen Häutchen des gelösten organischen Körpers.

Statt des mit Salpetersäure vorbehandelten Harzes scheint die Fabrik neuerdings auch reines Harz direkt zu verwenden.

Zur Herstellung des Sprengstoffes werden die verschiedenen Rohstoffe fein gemahlen, gut getrocknet und darauf gemischt. Das Mahlen erfolgt in sog. Gloriamühlen, das Mischen in Trommeln, wie sie auch in der Schwarzpulverindustrie gebraucht werden, unter Verwendung von Pockholzkugeln. Nach dem Mischen erfolgt die Körnung, welche sich durch Zusatz von Alkohol unter beständigem Umrühren vollzieht; die sich bildende, noch etwas klebrige Masse wird dann in einem sog. Trockenhause bei einer Temperatur von durchschnittlich $+ 10^{0}$ C innerhalb weniger Stunden getrocknet und dann in üblicher Weise patroniert. Über die spezielle Eigenart des Verfahrens liegen folgende Angaben vor:

Das fertig gemahlene staubförmige Gemisch von z. B. 70 % Kaliumchlorat, 8 % organischem Produkt und 22 % Kochsalz wird in Mengen von 1 bis 5 kg abgewogen und in dünner Schicht auf einem Zinkblech ausgebreitet. Darauf wird es mit Alkohol überbraust; gleichzeitig wird das Gemisch durchgeharkt, sodann mit einem Holzbrettchen in Bewegung gehalten und ununterbrochen durchgearbeitet, so daß weder Zusammenballungen noch größere Klümpchen entstehen. Hierbei tritt eine allmähliche Durchfeuchtung des Ganzen mit dem Alkohol ein, so daß die Masse in einen feuchten und locker zusammenhaftenden, aber nicht teigigen Zustand kommt. Es ist wesentlich und kennzeichnend für das Verfahren, daß sorgfältig die Entstehung eines Breies oder Teiges nach der Überbrausung mit Alkohol verhindert wird, so daß geradezu die Erhaltung eines lockeren Zustandes als die Grundlage der Fabrikation anzusprechen ist. Die Folge dieses Verfahrens ist, daß die Abtrocknung des Alkohols schnell fortschreitet und schon nach wenigen Minuten der Bearbeitung ein Zusammenbacken und Kleben der Masse nicht mehr eintritt. Die Masse wird ständig weiter in leichter Bewegung erhalten und umgerührt, wobei sie schnell abtrocknet und ein grießförmiges Korn entsteht. Die einzelnen Körnchen liegen teils locker, teils ballen sie sich bis zur Erbsengröße zusammen; die Zusammenballungen sind ebenfalls locker und lassen sich leicht zu kleinen Körnchen zerdrücken. Sobald die Masse nicht mehr Neigung zum Zusammenbacken zeigt, ist die Bearbeitung fertig und der Stoff gelangt in den Trockenraum, in dem er auf den Blechen 6 bis 8 Stunden lang verbleibt.

Man erhält also unmittelbar aus der Rohmischung in einfacher, rascher und billiger Weise ein fertiges Produkt; die Herstellung ist erheblich gefahrloser als mechanische Körnung, weil bei dem vorliegenden Verfahren der Sprengstoff nur im feuchten Zustande bearbeitet wird; sobald Trocknung eingetreten ist, hört die Bearbeitung auf. Außerdem tritt bei mechanischer Bearbeitung in Misch- und Körnmaschinen ein unangenehm teigartiger Zustand auf; das Trocknen eines solchen Teiges ist zeitraubend, das Brechen und Körnen des getrockneten Teiges bei der Natur des Chloratpulvers gefährlich.

Der nach dem vorstehend geschilderten Kriewalder Verfahren hergestellte Sprengstoff ist nicht gleichförmig; es befinden sich darin neben feinen Körnern von etwa Grießgröße auch gröbere, in einzelnen Fällen bis zu Erbsengröße zusammengeballte Klümpchen; trotzdem soll die Sprengwirkung eine gleichmäßige sein.

Über Transportgefährlichkeit des Sprengstoffes Silesia im Vergleich zu Cheddit Typ 60 alter und neuer Art hat Prof. Dr. Lenze folgendes Gutachten (vom 6. März 1907) abgegeben:

Auf Ansuchen des Reichseisenbahnamtes sind im Militärversuchsamt im Jahre 1904 eingehende Versuche durchgeführt worden zur Klärung der Frage, ob die Chloratsprengstoffe Cheddit und Silesia beim Transport auf Eisenbahnen nach § XXXV a der Anlage B zur Eisenbahnverkehrsordnung wie Dynamite oder nach XXXV c derselben Anlage wie Ammoniaksalpetersprengstoffe zu behandeln seien. Auf Grund dieser Versuche, bei denen Cheddit Typ 41 und Typ 60 alter Art und Silesia mit 85% und 75% Kaliumchlorat neben Gelatinedynamit und dem Ammoniaksalpetersprengstoff Donarit vergleichend geprüft wurden, hat sich das Militärversuchsamt in seinem Gutachten vom 4. März 1905 wie folgt geäußert: „Die Chloratsprengstoffe stehen in bezug auf Gefährlichkeit zwischen den Dynamiten und den Ammoniaksalpetersprengstoffen, nähern sich aber mehr den ersteren. Sie können daher nicht unter denselben Bedingungen wie die ungefährlichen Ammoniaksalpetersprengstoffe zum Eisenbahntransport zugelassen werden. Auf Grund des etwas günstigeren Verhaltens der Chloratsprengstoffe gegenüber den Dynamiten könnte man indes die Bedingungen für den Transport der ersteren etwas erleichtern.[1] — Bei den damals vorgenommenen Versuchen sind besonders eingehend geprüft worden die Empfindlichkeit gegen mechanische Einwirkungen (Schlag und Reibung), sowie die Entzündlichkeit und Explosionsfähigkeit bei Einwirkung von Wärme und offenem Feuer, da diese Eigenschaften der Sprengstoffe für den Transport von besonderer Bedeutung sind. Diese Versuche sind mit den Sprengstoffen Cheddit Typ 60 und Silesia (75%ig) im Vergleich zu Gelatinedynamit und Donarit auch in größerem Maßstabe durchgeführt worden. — Was das Verhalten der beiden Chloratsprengstoffe im Vergleich zueinander betrifft, so hat sich hierbei gezeigt, daß ein wesentlicher Unterschied in dem Verhalten von Cheddit Typ 60 und dem Silesiasprengstoff mit 75% Kaliumchlorat gegen Stoß und Schlag sowie bei Einwirkung eines Feuers nicht besteht; besonders ist ein Unterschied bei den vorschriftsmäßig verpackten Sprengstoffen nicht hervorgetreten. Bei den mittels Fallhammer durchgeführten Empfindlichkeitsbestimmungen an kleinen Proben hat sich der Silesiasprengstoff (75%ig) allerdings ein wenig empfindlicher gezeigt als Cheddit Typ 60, dagegen wurde bei Prüfung fertiger Patronen

[1] Es ist dies durch die neue Eisenbahnverkehrsordnung vom 23. Dezember 1908 geschehen.

unter einem 10 kg schweren Fallgewicht das umgekehrte Verhalten beobachtet. Bei Einwirkung von Reibung war zwischen beiden Sprengstoffen ein Unterschied nicht zu konstatieren; dasselbe gilt im allgemeinen bezüglich der Beschußprobe, bei welcher die in Holzkisten lose und in Patronen verpackten Sprengstoffe mit einem Infanteriegewehr beschossen und so auf Explosionsfähigkeit geprüft wurden. — Auch in bezug auf die Fähigkeit, die an einer Stelle (etwa durch Schlag) eingeleitete Detonation fortzupflanzen, haben sich die fraglichen beiden Sprengstoffe gleichwertig verhalten."

Was die Menge und Zusammensetzung der Explosionsgase betrifft, so geben nach Mitteilung von Dr. Ponndorf in Kriewald 1000 g Silesia 22 (aus 70% Kaliumchlorat, 8% Harz und 22% Kochsalz bestehend) bei der Explosion 254·8 Liter Gase (einschließlich Wasser als Dampf), berechnet für 15° C und 760 mm Druck. Die prozentuale Zusammensetzung dieser Schwaden ist 49·01% Kohlensäure, 14·23% Sauerstoff und 36·76% Wasserdampf.

Bei einer Prüfung von Silesiapulver auf Zündsicherheit gegenüber Kohlenstaub wurden in der Versuchsstrecke Beuthen im April 1909 folgende Resultate erzielt:

Silesia IV (Ersatz 20) (71% Kaliumchlorat, 9% Harz, 20% Kochsalz). Bei 500 und 600 g erfolgte in einigen Fällen Zündung des Kohlenstaubes.

Silesia IV (Ersatz 22) (70% Kaliumchlorat, 8% Harz, 22% Kochsalz). Auch bei 700 g erfolgte keine Kohlenstaubzündung.

Silesia IV (Ersatz 21) 72% Kaliumchlorat, 10% Harz, 18% Kochsalz). Bei 600 g angewandtem Sprengstoff erfolgte keine Zündung, bei 700 g erfolgte Zündung des Kohlenstaubes.

Bezüglich Verwendung des Sprengstoffes Silesia besagt ein Prospekt der Firma u. a. folgendes:

Allgemeines. Der Sprengstoff Silesia wird in zwei Arten hergestellt, und zwar

a) Silesia I und IV für Sprengungen im Gestein,

b) Kohlensilesia 22 für Sprengungen in der Kohle.

Silesia IV und Kohlensilesia 22 können in Mengen bis zu 200 kg als Stückgut befördert werden. Die Nachschwaden von Silesia 22 enthalten 14% freien Sauerstoff, dagegen keine schädlichen oder brennbaren Gase (CO, H).

Anwendung. Zur Zündung ist Sprengkapsel 8 zu verwenden; die Schlagpatrone wird zuletzt eingeführt. Das Laden erfolgt mit einem hölzernen Ladestock; im übrigen sind die Bestimmungen der Bergpolizeiverordnungen zu befolgen. Die Patronen müssen ohne Schwierigkeit in die Bohrlöcher einzuführen sein, es darf sich aber kein Hohlraum bilden, weil dieser die Wirkung beeinträchtigt. Der gewöhnliche Durchmesser der Silesiapatronen beträgt 30, 32 und 35 mm. In nassen Bohrlöchern sind paraffinierte Patronen zu verwenden.

Versand. Der Versand erfolgt in Kisten von 25 kg Inhalt und in paraffinierten Paketen von 1 und 2·5 kg Gewicht; die einzelnen Patronen bzw. Pakete sind (wie bei allen brisanten Sprengstoffen) mit Nummern versehen.

2. Pyrodialyt.

In Frankreich hatte die Société d'Electrochimie im Jahre 1899 bei der staatlichen Behörde beantragt, einen Sprengstoff Pyrodialyt herstellen zu dürfen; der Explosivstoffkommission wurden am 14. Februar 1900 zwei Proben übergeben, die sich nur durch verschiedene Korngrößen unterschieden und beide die Zusammensetzung hatten: 85 % chlorsaures Kali und 15 % Harz; letzteres war mittels 2 % Alkohol dem Chlorat einverleibt. Die Versuche der Kommission mit diesem Sprengstoff bezogen sich auf Arbeitsleistung, Empfindlichkeit und Brisanz; folgendes wurde darüber berichtet:[1]

Bei der Prüfung im geschlossenen Raum ergaben die beiden Proben ungefähr den gleichen Druck (etwa 1·74, wenn man die Kraft des Schwarzpulvers = 1 setzt); unter denselben Bedingungen ergaben Chloratpulver Street etwa eine Leistung von 1·9. — Im Bohrloch wurde die Wirkung von Pyrodialyt als etwas schwächer befunden wie die der Cheddite Nr. 41 und 60.

An freier Luft kamen die Sprengstoffe durch eine Sprengkapsel mit 1·5 g Knallquecksilber zur vollständigen Detonation; erfolgte dieselbe auf einer Bleiunterlage, so hinterblieb eine deutliche, wenn auch wenig tiefe Furche; auf einer eisernen Platte dagegen (über Eisenbahnschienen gelegt) war keine Einbiegung wahrzunehmen, während Cheddit 60 unter denselben Bedingungen eine Furche von ca. 15 mm hervorrief.

Die Fallhammerversuche zur Prüfung der Empfindlichkeit gegen Schlag und Stoß wurden mit einem 40 kg schweren zylindrischen Fallhammer von 15 mm Durchmesser ausgeführt, der aus 4·5 m Höhe herabfiel. Es erfolgte hierbei eine unvollständige Detonation, die sich jedoch — ähnlich wie bei dem Sprengstoff Street 60 — auch auf die nicht direkt getroffenen Teile des Sprengstoffes fortsetzte.

Verbrennungsversuche an freier Luft ergaben, daß Pyrodialyt nicht brennt, auch dann nicht, wenn man es mit kleinen Mengen Schießbaumwolle vermischt, um die Entflammung zu erleichtern; fein pulverisiert verbrennt der Sprengstoff, aber nur schwierig, ähnlich wie Street Nr. 41. Pyrodialyt ist überhaupt in seinen Eigenschaften den Sprengstoffen Street sehr ähnlich; die theoretische Kraftleistung ist ungefähr gleich; dagegen ist die Brisanz bei Pyrodialyt ausgesprochen geringer als bei den Streetsprengstoffen.

[1] Mém. Poudr. Salp. XI, 53.

3. Steelit.[1]

Zusammensetzung:

Kaliumchlorat . . .	72·5 bis 75·5%,
oxydiertes Harz . . .	23·5 bis 26·5%,
Kastoröl	0·5 bis 1·5%.

Steelit wird von der Steelite Explosives Limited in Penrhyndeudraeth (Grafschaft Mérioneth) hergestellt und ist auch auf die Liste der für Kohlenbergwerke in England zugelassenen Sprengstoffe (Permitted Explosives) gesetzt worden.

4. Sebomit.

Über Sprengstoffe aus Kaliumchlorat und tierischen Fetten wurden auf Veranlassung von Eugène Louis Versuche von der französischen Explosivstoffkommission angestellt;[2] es wurden untersucht:

Sebomit I (93% Kaliumchlorat, 7% Talg) und

Sebomit II (90% Kaliumchlorat, 5% Talg, 5% Nitrotoluol).

Nach der von Louis gewählten Formel für Talg (nach Angabe von Chevreul) würde vollständige Ausnutzung des Sauerstoffs (zu CO_2) erreicht werden bei einer Zusammensetzung von 11·50% Talg auf 88·50% Kaliumchlorat, während dies bei der angegebenen Zusammensetzung nicht der Fall ist. Die Herstellung der Sebomite ist gemäß der Patentschrift folgende:

Das gepulverte Kaliumchlorat wird in einem Kessel auf 70° angewärmt, um es vollständig trocken zu machen. Der Talg wird ebenfalls durch Erhitzen auf 110° wasserfrei gemacht. Entsprechend der Vorschrift werden Kohlenstoffträger, Chlorat und Talg in einem auf die Schmelztemperatur des Talgs angewärmten Mischwerk gemischt. Bei Sprengstoffmischungen der ersten Klasse beträgt diese Temperatur 47°, bei solchen der zweiten und dritten Klasse 70°. Vollständig erkaltet bildet der Sprengstoff eine harte Masse, welche sehr unempfindlich und nur schwer zur vollen Explosion zu bringen ist; vor dem Patronieren muß dieselbe daher in einer leichten Mühle zerrieben werden. — Diese Herstellungsweise ist etwas verschieden von derjenigen der Cheddite, hat jedoch keine besonderen Schwierigkeiten. — Die Kommission hält

---

[1] Kürzlich erhielt Everard Steele in Paris das D.R.P. 224153 (vom 14. Aug. 1902 ab). Patentanspruch: Die Herstellung eines für die Verwendung zu Sicherheitssprengstoffen geeigneten Nitroproduktes aus Harz, dadurch gekennzeichnet, daß man das Harz in inniger Mischung mit Cerealien- bzw. Stärkemehl in Salpetersäure ohne Anwendung von Schwefelsäure nitriert. — Die Mischung von feinst gepulvertem Harz und Mehl in schwankenden Verhältnissen wird in Salpetersäure eingetragen; es entsteht ein gelb bis orange gefärbter, auf der Säure schwimmender Kuchen, der unter dem Mikroskop als homogene Masse erscheint. Harz allein läßt sich nicht gleichmäßig nitrieren, da es hierbei zu größeren Tropfen zusammensintert.

[2] Mém. Poudr. Salp. XIII, 280.

die Gefahren bei der Herstellung nicht für bedeutend, wenn die Proben an freier Luft nur langsam brennen und die Detonation durch Stoß und Schlag nur schlecht übertragen. Die Sebomite wurden deshalb einem Brandversuche in einer Metallrinne und Fallversuchen mit dem 30-kg-Fallhammer bei 4·5 m Fallhöhe unterworfen. Das Ergebnis war etwa dieselbe Empfindlichkeit wie die Cheddite und eine genügende Fabrikationssicherheit. — Zur Ermittelung der Gebrauchssicherheit dienten folgende Versuche:

1. Detonationsversuche an freier Luft mit Knallquecksilber.
2. Übertragungsversuche mit hintereinanderliegenden Patronen.
3. Stauchversuche auf Bleizylindern (an freier Luft).
4. Ausbauchung im Bleiblock.
5. Detonationsversuche im Bohrloch.
6. Verbrennung in Bomben.

Die Versuche ergaben, daß die beiden Sebomite sich in bezug auf Initiierungsfähigkeit durch Knallquecksilber und Detonationsübertragung fast so gut verhielten wie die Cheddite. Aber diese Sprengstoffe erwiesen sich sowohl bei der Stauchprobe als auch der Bleiblockprobe und im Bohrloch weniger sprengkräftig. Auch bei der Verbrennung in der Bombe waren sie geringwertiger als die Cheddite. Demzufolge war die Kommission der Ansicht, daß die Fabrikation der Sprengstoffe von Louis genügend sicher erschien, daß aber diese Sprengstoffe wegen ihrer bedeutend geringeren Sprengkraft gegenüber den Chedditen kein besonderes Interesse bieten.

Neunter Abschnitt.

Sprengstoffe mit Kaliumperchlorat.

A. Permonite.

Seit dem Jahre 1904 stellt die Sprengstoff-A.-G. Carbonit in Hamburg auf ihrer Fabrik in Schlebusch bei Köln Sprengstoffe her, die auf Basis von Ammonsalpeter und Kaliumperchlorat aufgebaut sind. Voraussetzung einer wirtschaftlich vorteilhaften Herstellung solcher Sprengstoffe ist ein nicht zu hoher Preis des Perchlorats, da sonst letzteres als Sprengstoffkomponente bei Massenfabrikation kaum Verwendung finden könnte. — Die Fabrik liefert drei Typen, nämlich

Permonit I oder Gesteinspermonit,
Permonit A und
Permonit II oder Wetterpermonit.

Diese Sprengstoffe sind zur Beförderung als Stückgut bis zu einer Höchstmenge von 200 kg auf deutschen Eisenbahnen zugelassen; nach der Eisenbahn-Verkehrsordnung ist die Zusammensetzung der drei Typen folgende:

Gesteinspermonit (Permonit I), Gemenge von höchstens 32·5 % Kaliumperchlorat, von Ammoniaksalpeter, höchstens 7 % Natronsalpeter, höchstens 20 % Trinitrotoluol, ferner von Mehl, Holzmehl und Melan;

Permonit A, Gemenge von höchstens 54 % Kaliumperchlorat, von Ammoniaksalpeter, von neutralen nitrierten Kohlenwasserstoffen — darunter höchstens 20 % Trinitrotoluol —, von Holzmehl und von höchstens 4 % gelatiniertem Nitroglyzerin.

Diese beiden Sprengstoffe sollen hauptsächlich beim Kalibergbau, sowie für Steinbrüche zur Verwendung kommen. — Als Sicherheitssprengstoff für Kohlenbergbau wird hergestellt:

Wetterpermonit (Permonit II), Gemenge von höchstens 34 % Kaliumperchlorat, von Ammoniaksalpeter, Kochsalz, höchstens 7 % Trinitrotoluol, von Holzmehl, Mehl und Melan.[1]

Letzterer Sprengstoff wird besonders nach Belgien exportiert und zwar in der Zusammensetzung 24·5 % Kaliumperchlorat, 29·5 % Ammonsalpeter, 25 % Kochsalz, 7 % Trinitrotoluol, 3 % Holzmehl, 4 % Getreidemehl, 6 % Nitroglyzerin und 1 % Glyzeringelatineleim. — Der Sprengstoff steht auf der belgischen Liste der Explosifs S. G. P. (sicher gegen schlagende Wetter und Kohlenstaub) an erster Stelle mit einer höchsten Lademenge von 900 g (entsprechend 577 g Dynamit Nr. 1.) — Auf der Liste der in England für den Kohlenbergbau zugelassenen Sprengstoffe (Permitted Explosives) steht ein Permonit folgender Zusammensetzung:

31	bis	34	%	Kaliumperchlorat,
3	bis	4	%	Nitroglyzerin,
0·1	bis	0·5	%	Kollodiumwolle,
39	bis	43	%	Ammonsalpeter,
11	bis	13	%	Trinitrotoluol,
5	bis	9	%	Stärke (bei 100° getrocknet),
1·5	bis	3·5	%	Holzmehl (bei 100° getrocknet).

Prof. Dr. Eschweiler in Hannover hat bei Erstattung von Gutachten über Permonit I im Jahre 1905 folgende Untersuchungen angestellt:

I. Betreffs Ungefährlichkeit des Transportes und der Lagerung.

Es wurde ein Permonit I folgender Zusammensetzung geprüft: 32·5 % Kaliumperchlorat, 34·5 % Ammonsalpeter, 15 % Kochsalz,

[1] Melan ist eine Auflösung von Leim in Glyzerin.

7 % Trinitrotoluol, 4 % Getreidemehl, 3 % Holzmehl, 3 % Nitroglyzerin, 1 % Leimgelatine (aus 1 Tl. Leim und 7 Tln. Glyzerin). — Die Herstellung des Versuchssprengstoffes geschah in der Weise, daß die festen Bestandteile (Trinitrotoluol, Perchlorat, Kochsalz, Ammonsalpeter, Mehl und Holzmehl) als feine, trockene Pulver gemischt und zur Erzielung einer größeren Gleichmäßigkeit durch ein Sieb geschlagen wurden. Hierauf wurde die Mischung im Dampfbad eine halbe Stunde lang auf 70 bis 80° erwärmt, nach Abstellung des Dampfes längere Zeit mit einem Pistill gerieben und dann dem noch warmen Pulver das Nitroglyzerin und die Leimgelatine zugesetzt; zur Erzielung einer homogenen Masse wurde nun nochmals in der Reibschale sorgfältig gemischt. Die fabrikmäßige Herstellung geschieht in ganz analoger Weise; dabei wird zur Mischung die bekannte Mischmaschine von Werner-Pfleiderer benutzt. Solcher in der Fabrik hergestellter und fertig patronierter Sprengstoff wurde zu Parallelversuchen herangezogen, bei der Trauzlschen Bleiblockprobe wurde die gleiche Ausbauchung erhalten. Beide Sorten Patronen, mit Sprengkapsel Nr. 6 montiert, explodierten freiliegend vollständig und übertrugen die Explosion auch auf eine zweite, darangelegte Patrone.

Ausschwitzen von Nitroglyzerin. Da das Nitroglyzerin mit Leimgelatine verdickt ist, da ferner eine im Vergleich zum Sprengöl sehr große Menge Zumischpulver beigemengt ist, so ist eine Entmischung und Ausschwitzungsgefahr ausgeschlossen.

Verhalten gegen höhere Temperatur und Feuer. Bringt man eine Probe des Sprengstoffes auf ein dünnes Eisenblech und erhitzt mit einer daruntergestellten Bunsenflamme, so tritt zunächst Schwelgen und Schmelzen ein, dann Glimmen einzelner Partikelchen und weiter ruhiges Brennen. Die Erscheinungen sind natürlich abhängig von dem Grad und der Schnelligkeit des Erhitzens, jedoch gelingt es, den Sprengstoff zu schmelzen, ohne ihn zur Entzündung zu bringen. Trägt man den Sprengstoff auf ein bereits zum Glühen erhitztes Eisenblech auf, so treten dieselben Erscheinungen ein, nur folgen sie schneller aufeinander und enden mit einfacher Verbrennung. Bei zahlreichen Wiederholungen solcher Versuche unter vielfach abgeänderten Bedingungen trat niemals eine Explosion ein. Ganz analoge Versuche wurden in größerem Maßstabe auf einem Schmiedefeuer wiederholt. Auf ein großes Eisenblech wurde Sprengstoff in verschiedenen Mengen als Pulver oder auch in Form fertiger Patronen aufgelegt und dann das Blech auf dem Schmiedefeuer mit wechselnder Schnelligkeit bis zum lebhaftesten Glühen erhitzt. Es trat auch hier niemals eine Explosion des Sprengstoffes ein, die Erscheinungen blieben die bereits erwähnten und endeten mit Verbrennung des Sprengstoffes ohne Explosion. Eine solche trat auch nicht ein, wenn derselbe auf das bereits zum lebhaftesten Glühen erhitzte Eisenblech in wechselnden Mengen aufgeworfen wurde.

Durch direkte Berührung mit einer Flamme erfolgt die Entzündung des Sprengstoffes nicht leicht; so macht es z. B. Schwierigkeit, denselben durch ein brennendes Streichholz zur Entzündung zu bringen. Wurde eine Bickfordsche Pulverzündschnur in eine Patrone eingeführt und entzündet, so brannte dieselbe aus, ohne daß die Stichflamme der Pulverseele den Sprengstoff zur Entzündung brachte. Auch die Fortpflanzung des Brennens ist in dem einmal entzündeten Sprengstoff nur eine langsame. Eine Patrone von 30 mm Durchmesser, 100 g Sprengstoff enthaltend, an dem einen Ende entzündet, gebrauchte zur Fortpflanzung des Brennens bis zum anderen Ende an einem zugfreien Orte im Durchschnitt 3 Minuten 20 Sekunden. Sowohl pulverförmiger Sprengstoff wie auch fertige Patronen wurden wiederholt in kleineren und in großen Mengen (bis 1 kg auf einmal) in das zum lebhaftesten Brennen angeblasene Schmiedefeuer eingetragen. Der Sprengstoff brannte dabei lebhaft, jedoch gebrauchte er auch unter diesen Verhältnissen relativ lange Zeit zum Verbrennen. Wurde eine Patrone, deren äußerste Schicht schon längere Zeit gebrannt hatte, aus dem Feuer herausgenommen, so zeigte sich, daß im Innern noch völlig unveränderter Sprengstoff vorhanden war, die Fortpflanzung des Brennens in der Masse also nur langsam erfolgte.

Es ist bei den sehr zahlreichen und vielfach abgeänderten Versuchen niemals gelungen, den Sprengstoff durch höhere Temperatur oder direktes Feuer zur Explosion zu bringen.

Verhalten gegen Schlag, Druck und Reibung. Der Sprengstoff wurde in einer rauhen Reibschale mit Sand zusammengerieben; hierbei trat weder Explosion ein, noch zeigte sich sonst eine Zersetzung oder Veränderung des Sprengstoffes. — Bei Fallhammerversuchen ergab sich eine geringere Empfindlichkeit als die der Pikrinsäure. Bearbeitet man den Sprengstoff auf dem Amboß mit kräftigen Hammerschlägen, so gelingt es gelegentlich, ganz geringfügige Zersetzungen herbeizuführen, welche sich durch ein schwaches, klatschendes Geräusch anzeigen; eine Fortpflanzung oder Übertragung dieser geringfügigen Zersetzung ließ sich auch durch die kräftigsten Hammerschläge nicht erreichen. Das Verhalten entspricht also dem einer Reihe gebräuchlicher Ammonsalpetersprengstoffe. — Mit einem deutschen Militärgewehr (Modell 98) wurden unter Verwendung von Originalmunition einzelne Permonitpatronen und Pakete von solchen Patronen in Längs- und Querrichtung auf Entfernung von 20 Schritt wiederholt durchschossen; Explosion oder sonst bemerkbare Zersetzung trat in keinem Falle ein. — Um die Unempfindlichkeit gegen Druck zu prüfen, wurde der Sprengstoff als Pulver für sich oder gemengt mit reibenden Zusätzen (Sand, Steinchen, Schlacke usw.) und in Form von Patronen auf dem Gleis einer kleinen Bahn mit einem Wagen im Gewicht von 40 Zentnern wiederholt überfahren; Explosion oder Zersetzung des Sprengstoffes wurde dadurch nicht herbeigeführt.

Löschen des Sprengstoffes. Da der Sprengstoff brennbar ist, so interessiert es, zu prüfen, ob derselbe, einmal in Brand geraten, durch die üblichen und allgemein zugänglichen Mittel leicht und sicher genug gelöscht werden kann. Zur Prüfung dieser Frage wurden 2 kg Sprengstoff in einer Pappschachtel mit Hilfe eines Holzfeuers in Brand gesetzt und, wenn das Brennen möglichst lebhaft geworden war, die Löschversuche vorgenommen. Bespritzen mit Wasser, welches mit Hilfe eines Handbesens vorgenommen wurde, reicht aus, um den Sprengstoff sofort zu löschen.

II. Besondere Prüfung auf Verhalten gegen Einflüsse, welche für den Eisenbahntransport in Frage kommen.

Geprüft wurden Permonite, deren Zusammensetzung sich zwischen folgenden beiden Grenzmischungen bewegte:

	1	2
Kaliumperchlorat . .	37·5 %	30 %
Ammoniaksalpeter . .	37·5 „	30 „
Natronsalpeter . . .	7·0 „	7 „
Trinitrotoluol . . .	10·0 „	25 „
Getreidemehl	4·0 „	4 „
Holzmehl	3·0 „	3 „
Leimglyzeringelatine .	1·0 „	1 „
(1 Leim : 3·5 Glyzerin)		

Die fabrikmäßige Herstellung dieser Sprengstoffe geschieht in der Weise, daß Trinitrotoluol, Ammonsalpeter, Natronsalpeter, Getreidemehl und Holzmehl als feine Pulver auf einem mit Dampf heizbaren Tellerapparat bei 80° C $^3/_4$ Stunden lang gemischt werden, worauf man der Masse in der Werner-Pfleidererschen Mischmaschine das feingepulverte Kaliumperchlorat und die Leimglyzeringelatine beimengt; nach dieser Bearbeitung ist die Mischung homogen und stellt ein beim Drücken etwas plastisches Pulver dar.

Verhalten gegen höhere Temperatur und Feuer. Wurden die fertigen Sprengstoffmischungen 12 Stunden lang auf 90° erwärmt, so trat keinerlei Zersetzung ein. Erhitzt man Proben der Sprengstoffe auf einem Eisenblech mit daruntergestellter Bunsenflamme, so tritt zunächst Schmelzen und Schwelen, dann Entzündung ein; das Brennen erfolgt verhältnismäßig ruhig. Bringt man die Sprengstoffe auf ein bereits zum Glühen erhitztes Eisenblech, so treten in schnellerer Aufeinanderfolge dieselben Erscheinungen ein und enden mit einfacher Verbrennung ohne Explosion. Derartige Versuche wurden mit wechselnden Mengen und unter vielfach abgeänderten Verhältnissen oft wiederholt, ohne daß dabei jemals eine Explosion oder explosionsartige Erscheinungen eintraten. Um bei noch höheren Temperaturen und mit größeren Mengen operieren zu können, wurden eine Reihe Versuche auf einem zum lebhaftesten Brennen angeblasenen Schmiedefeuer ausgeführt. In ein solches wurden die Sprengstoffe als Pulver in wechselnden Mengen, bis zu erheblichen Quantitäten, eingeworfen, auch wurden versandfertige Patronen einzeln und zu mehreren in das Feuer eingelegt. Dabei brannten die Sprengstoffe lebhaft, jedoch verbrauchten sie zur Verbrennung eine relativ lange Zeit und niemals trat eine Explosion ein. Als Mengen von 2 $^1/_2$ kg des pulverförmigen und des patronierten Sprengstoffes auf einmal auf dem Schmiedefeuer in Brand gesetzt wurden, trat ebenfalls nur lebhaftes Brennen ein und dabei war die Fortpflanzung des Brennens in der Masse verhältnismäßig langsam. Auch konnten die Sprengstoffe auf einem Eisenblech im Schmiedefeuer erhitzt werden, ohne daß Explosion erfolgte, und ebensowenig trat eine solche ein, wenn die Sprengstoffe auf ein zum hellsten Glühen erhitztes Blech aufgeworfen wurden. Patronen von 30 mm Durchmesser und 10 bis 11 cm Länge, an dem einen Ende entzündet, gebrauchten an einem zugfreien Orte zur Fortpflanzung des Brennens von einem Ende zum andern bei Mischung 1 drei bis vier Minuten und bei Mischung 2 vier bis fünf Minuten. Bei zahlreichen und vielfach abgeänderten Versuchen ist es nicht gelungen, diese Sprengstoffe durch höhere Temperatur oder direktes Feuer zur Explosion zu bringen.

Fallhammerversuche. Das Fallgewicht schlug mit einem Stift in eine muldenförmige Vertiefung einer Stahlunterlage ein. Es wurden vergleichende Versuche ausgeführt mit Permonit I Nr. 1 (mit 10 % Trinitrotoluol), mit Permonit I Nr. 2 (mit 25 % Trinitrotoluol), mit Gelatinedynamit (63·5 % Nitroglyzerin, 1·5 % Kollodiumwolle, 27 % Natronsalpeter, 8 % Holzmehl) und mit Ammonkarbonit (82 % Ammonsalpeter, 10 % Kalisalpeter, 4 % Mehl, 4 % gelatiniertes Nitroglyzerin); hierbei ergaben sich folgende Resultate:

Sprengstoff	Fallgewicht	Fallhöhe cm	Ergebnis
Permonit mit 10 % Trinitrotoluol	2 kg	100	beim 2. Schlag geringe Zersetzg.
" " " "	2 "	50	beim 2. Schlag geringe Zersetzg.
" " " "	2 "	30	bei 5 Schlägen keine Zersetzung
" " " "	2 "	20	bei 5 Schlägen keine Zersetzung
Permonit mit 25 % Trinitrotoluol	2 "	100	beim 1. Schlag geringe Zersetzg.
" " " "	2 "	30	beim 1. Schlag Spur zersetzt
" " " "	2 "	30	beim 1. Schlag Spur zersetzt
" " " "	2 "	20	bei 5 Schlägen keine Zersetzung
Gelatinedynamit (zum Vergleich)	2 "	10	beim 2. Schlag unvollständ. Expl.
" " "	2 "	10	beim 3. Schlag vollständ. Expl.
" " "	2 "	5	beim 2. Schlag kräftige Expl.
Ammonkarbonit (zum Vergleich)	2 "	50	beim 1. Schlag Spur zersetzt
" " "	2 "	40	bei 5 Schlägen keine Zersetzung
" " "	2 "	30	bei 5 Schlägen keine Zersetzung
Permonit mit 10 % Trinitrotoluol	1 "	100	beim 2. Schlag geringe Zersetzg.
" " " "	1 "	80	bei 5 Schlägen keine Zersetzung
" " " "	1 "	80	beim 2. Schlag geringe Zersetzg.
" " " "	1 "	60	bei 5 Schlägen keine Zersetzung
Permonit mit 25 % Trinitrotoluol	1 "	70	beim 1. Schlag teilweise Expl.
" " " "	1 "	60	beim 2. Schlag Spur zersetzt
" " " "	1 "	50	bei 5 Schlägen keine Zersetzung
Gelatinedynamit (zum Vergleich)	1 "	5	beim 1. Schlag kräftige Expl.
Ammonkarbonit (zum Vergleich)	1 "	130	beim 1. Schlag teilweise Expl.
" " "	1 "	120	bei 5 Schlägen keine Explosion
" " "	1 "	110	bei 5 Schlägen keine Zersetzung
Permonit mit 10 % Trinitrotoluol	100 g	200	bei 5 Schlägen keine Zersetzung
Permonit mit 25 % Trinitrotoluol	100 g	200	bei 5 Schlägen keine Zersetzung
Gelatinedynamit (zum Vergleich)	100 g	20	beim 1. Schlag kräftige Expl.

Die Empfindlichkeit gegen Schlag ist also bei den Permoniten größer als bei Ammonkarbonit, jedoch weit geringer als beim Gelatinedynamit; gegenüber letzterem ist auch besonders die Fähigkeit zur Fortpflanzung und Übertragung der Detonation geringer.

Die Sprengstoff-A.-G. Carbonit hat über ihre Permonite in nachstehender Übersicht nähere Angaben zusammengestellt:

	Permonit I oder Gesteins-permonit	Permonit II oder Wetter-permonit	Permonite (auf der Liste der Permitted Explos. in England)
1. Eigenschaften	stellt ein gelbes Pulver dar	stellt ein grüngelbes Pulver dar	stellt ein schwachgelbes Pulver dar
2. Vollkommene Detonation freiliegend bei	23-mm-Patronen mit Kapsel Nr: 1 35-mm-Patronen mit Kapsel Nr. 1	23-mm-Patronen mit Kapsel Nr. 1 35-mm-Patronen mit Kapsel Nr. 1	23-mm-Patronen mit Kapsel Nr. 1 35-mm-Patronen mit Kapsel Nr. 1
3. Übertragung der Detonation	mit Kapsel Nr. 8 in 30-mm-Patronen auf ebener Erde auf 70 mm von einer Patrone zur andern	mit Kapsel Nr. 8 in 30-mm-Patronen auf ebener Erde auf 100 mm von einer Patrone zur andern	mit Kapsel Nr. 8 in 30-mm-Patronen auf ebener Erde auf 80 mm von einer Patrone zur andern
4. Bleiblock-Normal-Ausbauchung	10 g im Bleizylind. 320 ccm netto-normal	10 g im Bleizylind. 205 ccm netto-normal	10 g im Bleizylind. 365 ccm netto-normal
5. Detonationsgeschwindigkeit	3470 m pro Sek.	2326 m pro Sek.	—
6. Fallhammerversuche	2 kg bei 70 cm keine Explosion 10 kg bei 5 cm keine Explosion	2 kg bei 80 cm keine Explosion 10 kg bei 10 cm keine Explosion	2 kg bei 20 cm keine Explosion
7. Bemerkungen	Handhabungssicherer Sprengstoff f. Kalibergbau u. Erzgruben.	Von der belgischen Versuchsstrecke in Framerie als wettersicherer Sprengstoff empfohlen.	In England als Sicherheitssprengstoff anerkannt.

B. Alkalsite.

Die Dynamit-Aktiengesellschaft vorm. Alfred Nobel & Co. stellt Alkalsite in zwei Sorten her:

a) Alkalsit I, Gemenge aus etwa gleichen Teilen Kaliumperchlorat, Ammonsalpeter und Natronsalpeter; der Rest — ca. 25 % — besteht aus Nitrokohlenwasserstoffen und Kohlehydraten.

b) Alkalsit A, ein stärkerer Sprengstoff mit über 30 % Nitrokohlenwasserstoffen, während der Rest vorwiegend aus Kaliumperchlorat und nur zu einem geringen Teil aus Ammonsalpeter besteht.

a) Gutachten über einen Sprengstoff Alkalsit I folgender Zusammensetzung

Kaliumperchlorat .	28 %	Mehl (Kartoffel-) . .	2·5 %
Natronsalpeter . .	30 %	Harz	2·5 %
Ammonsalpeter . .	25 %	Paraffinöl	0·5 %
Nitronaphtalin . .	11·5 %		

Die einzelnen Bestandteile dieses Sprengstoffes wurden von den Gutachtern in dem oben angegebenen Mengenverhältnis zu dem Sprengstoff verarbeitet.

Der Sprengstoff hat eine grünlichgelbe Farbe, backt etwas und reagiert gegen Lackmuspapier ganz schwach sauer. Er wurde im Vergleich mit Cheddit Typ 60, das gleichfalls von den Gutachtern in dem bekannten Verhältnis von

79 % Kaliumchlorat,	1 % Nitronaphtalin,
15 % Dinitrotoluol,	5 % Rizinusöl

hergestellt wurde, untersucht. Die Prüfung erfolgte in der üblichen Weise auf

1. Lagerbeständigkeit bei 75—80°,
2. Empfindlichkeit gegen mechanische Einwirkungen,
3. Entzündlichkeit bei Einwirkung des Feuerstrahles einer Bickfordschen Zündschnur,
4. Explosionsfähigkeit
   a) beim Einwerfen von 5-g-Proben in glühende Eisenschalen,
   b) bei fortschreitender Erhitzung von 0,5-g-Proben in Reagenzgläsern,
   c) beim Einbringen von mit größeren Sprengstoffproben (ca. 650—700 g) gefüllten Eisenblechkästchen in ein offenes Holzfeuer.

1. Lagerbeständigkeit bei 75—80°. Die Ergebnisse der Untersuchung auf Lagerbeständigkeit sind nachstehend unter I zusammengestellt. Das aus den getrockneten Bestandteilen hergestellte Alkalsit enthielt nur geringe Mengen Feuchtigkeit, wie der Gewichtsverlust nach 2 Tagen zeigt. Der Vergleichssprengstoff Cheddit war völlig trocken. Der Gewichtsverlust bei längerer Lagerung bei 75° ist bei dem Alkalsit größer als bei dem Cheddit, er betrug nach etwa 4 Wochen bei ersterem 1·1—1·2 %, bei letzterem nur 0·06 %. Das Alkalsit färbte sich bei der Lagerung allmählich dunkler, die Gläschen zeigten im Innern einen weißen Beschlag und Kristallblumen. Der Gewichtsverlust ist hiernach zum Teil auf eine Verflüchtung geringfügiger Mengen einzelner Bestandteile zurückzuführen. Zersetzungserscheinungen wurden innerhalb 4 Wochen nicht beobachtet.

Die Lagerbeständigkeit des Sprengstoffes (Widerstandsfähigkeit gegen höhere Wärmegrade) ist danach ausreichend.

2. Empfindlichkeit gegen mechanische Einwirkungen. Die Empfindlichkeit des Alkalsites gegen Schlag ist wesentlich ge-

ringer als die des Cheddites. Es zeigt sich dieses bei den Versuchen mit dem 10-kg- und dem 2-kg-Fallgewicht.

Auch gegenüber Reibung (in unglasierten Porzellanmörser) verhält sich Alkalsit erheblich günstiger als Cheddit.

Die Einzelergebnisse dieser Versuche finden sich unter II der Prüfungsergebnisse.

3. und 4. Entzündlichkeit und Explosionsfähigkeit. Durch Bickfordsche Zündschnur wurden die in Reagenzgläsern befindlichen Sprengstoffproben von Alkalsit und Cheddit nicht entzündet.

Beim Einwerfen von 5-g-Proben in glühende Eisenschalen brannte Alkalsit langsamer ab als Cheddit (25 Sekunden gegenüber 11 Sekunden). Bei letzterem zeigten sich starke Stichflammen und das Abbrennen ging lebhaft vonstatten, bei ersterem war die Flammenbildung infolge des Ammonsalpetergehaltes schwächer. Explosionsartige Erscheinungen wurden nicht beobachtet.

Wurden die Sprengstoffproben (0·5 g) in Reagenzgläsern im Woodschen Metallbad erhitzt, so erfolgte beim Alkalsit die Entzündung bei 215—219°, beim Cheddit bei 238—240°. Ersteres brannte langsam sich zersetzend aus, während Cheddit lebhaft verbrannte. Im übrigen war das Verhalten bei beiden nur wenig verschieden.

Die Versuche, deren Einzelergebnisse unter III zusammengestellt sind, zeigen somit, daß sich Alkalsit in bezug auf Entzündlichkeit und Explosionsfähigkeit günstiger verhält als der Vergleichssprengstoff Cheddit.

Das gleiche Resultat wurde erhalten bei der Einwirkung eines kräftigen Holzfeuers auf die mit ca. 600—700 g Sprengstoff gefüllten Eisenblechkästchen, die zwecks besseren Zusammenhaltens mit Eisendraht umwickelt waren; vgl. Prüfung unter IV. — Alkalsit gebrauchte zum Abbrennen annähernd 5 Minuten, Cheddit nur etwa 1 Minute. Während letzteres mit großen gelben Stichflammen aus den Fugen der Kästchen unter lokaler Verpuffung ausbrannte, so daß der Deckel der Kästchen abgerissen wurde, ging die Verbrennung beim Alkalsit unter geringerer Flammenbildung langsamer vor sich; Verpuffungen traten nicht ein.

Mit Rücksicht auf dieses günstige Verhalten des Alkalsites ist von Brandversuchen mit größeren Sprengstoffmengen (Originalkisten mit 25 kg Inhalt) abgesehen worden. Es ist auf Grund der Zusammensetzung des Alkalsites zu erwarten, daß es sich hierbei nicht ungünstiger verhalten wird als das von uns vor einigen Monaten geprüfte Permonit, das gleichfalls ein gemischter Perchlorat-Ammoniaksalpetersprengstoff ist.

Das Alkalsit von der auf S. 155/56 angegebenen Zusammensetzung besitzt somit genügende Lagerbeständigkeit und ist ungefährlicher als Cheddit Typ 60. Es kann mithin unter den gleichen Bedingungen wie dieses zum Stückgutverkehr auf Eisenbahnen in beschränkten Mengen zugelassen werden.

Das gleiche gilt von analogen Sprengstoffen, die als Basis Kaliumperchlorat und Ammoniaksalpeter in etwa gleichen Mengen neben anderen Salpeterarten enthalten.

Auf Grund dieser Ausführungen geben wir unser Gutachten dahin ab, daß Alkalsit, das als Basis Kaliumperchlorat und Ammoniaksalpeter (in etwa den gleichen Mengen) neben anderen Salpeterarten und außerdem nitrierte Kohlenwasserstoffe, Kohlenwasserstoffe oder Kohlenhydrate und Harz enthält, zum Stückgutverkehr auf Eisenbahnen in Mengen bis zu 200 kg zugelassen werden kann.

Prüfungsergebnisse.

I. Lagerbeständigkeit von Alkalsit I im Vergleich zu Cheddit Typ 60 bei 75—80°.

Sprengstoff	Gewichtsverlust in Proz. nach Tagen				Verhalten	Bemerkungen
	2	4	12	26		
Alkalsit	(0·27)	0·05	0·67	1·11	Nach 2 Tagen: Etwas zusammengesintert, an der Oberfläche dunkler gefärbt. Nach 4 Tagen: Überall dunkler gefärbt. Nach 12 Tagen: Am GlaseKristallblumen und weißer Beschlag. Nach 25 Tagen: Wie vor, stärker.	Der nach 2 Tagen eingetretene Gewichtsverlust ist bei der weiteren Lagerung in Abzug gebracht, weil angenommen wird, daß er auf das Entweichen der natürlichen Feuchtigkeit zurückzuführen ist.
	(0·18)	0·17	0·72	1·21		
Cheddit Typ 60	(0·00)	0·01	0·02	0·06	Nach 12 Tagen: Schmutzigrötl. verfärbt.	
	(0·00)	0·01	0·03	0·06		

II. Empfindlichkeit von Alkalsit I gegen mechanische Einwirkungen (Schlag und Reibung) im Vergleich zu Cheddit Typ 60.

Sprengstoff	Art der Einwirkung	Schlagempfindlichkeit unter einem Fallhammer von 10 kg Gewicht bei einer Fallhöhe von								von 2 kg Gewicht bei einer Fallhöhe von							Reibungsempfindlichkeit
		4	6	8	10	12	16	20	24	10	15	20	30	40	50	60	
Alkalsit	Keine		6	6	6	5	5	5	2			6	6	6	5	5	Keine Einwirkung
	Schwache														1		
	Detonation					1	1	1	4							1	
Desgl. besond. getrock.	Keine			6	6	5	4	3	3								—
	Schwache					1	1	1	1								
	Detonation						1	2	2								
Cheddit Typ 60	Keine	6	6	5	4	5	3			6	6	6	4	2	3	3	Stark. Knistern (lok. Detonation) leicht auftret.
	Schwache													1			
	Detonation			1	2	1	3						2	3	3	3	
Desgl. besond. getrock.	Keine	6	5	5	4	3	4	1									—
	Schwache																
	Detonation		1	1	2	3	2	5	6								

III. Entzündlichkeit und Explosionsfähigkeit von Alkalsit I im Vergleich zu Cheddit Typ 60.

Sprengstoff	Verhalten der Sprengstoffe							
	gegen Schwarzpulverzündschnur	beim Einwerfen in glühende Eisenschale					bei der Verpuffung	
		Art des Anbrennens	Art des Abbrennens	Zeit des Abbrennens	Flamme	Rauch	Verhalten	Art
Alkalsit	3 mal keine Zündung	sofort	Unter Schmelzen, Brodeln und Zischen	20 Sek. 26 „ 27 „	Gelb, erst klein, dann größer werdend, manchmal erlöschend	Grau	130° schwach. weiß. Dämpfe 175—180° gelber Beschlag in Tröpfchen 200° stärkere Dämpfe	215° 216° 219° } langsam brodelnd, ausgebrannt
Cheddit Typ 60	desgl.	desgl.	Unter starkem Zischen	11 Sek. 11 „ 12 „	Erst gelbe Stichflammen, dann groß. grell. Flam.	Stark weiß	140° schwacher weißer Beschlag 235° gelber Beschlag	238° 238° 243° } heftig ausgebrannt

IV. Explosionsfähigkeit von Alkalsit I im Vergleich zu Cheddit Typ 60 in Blechkästchen am offenen Feuer.

Sprengstoff	Menge	Verhalten der Sprengstoffe					Verhalten des Blechkästchens
		Zeit des Abbrennens	Art des Abbrennens	Flammen-Erscheinung	Rauch-Erscheinung	Explosion	
Alkalsit	640 g	Nach 2 Min. 4½ „	Brodelndes und zischendes Geräusch. Verbrannt.	Gelbe Stichflamme	Weiß	Keine	Große Löcher ausgebrannt
	640 g	2 Min. 2¾ „ 2¾ „	Angebrannt. Schwaches zischendes Geräusch. Verbrannt.	desgl.	desgl.	desgl.	Unversehrt
Cheddit Typ 60	710 g	1 Min. 1¼ „	Starkes brausendes Geräusch. Verpuffung, Sprengstoff z. T. unverbrannt umhergestreut.	Groß grell	Stark weiß	Verpuffung	Deckel des Kästchens abgerissen, Kästchen selbst an einer Kante aufgerissen
	730 g	¾ Min. 1 „	Starkes zischendes Geräusch. Verpuffung wie vor.	desgl.	desgl.	desgl.	Deckel des Kästchens abgerissen, Kästchen selbst aufgetrieben

Bei der Zulassung zum Eisenbahnverkehr (Stückguttransport bis 200 kg) ist die Zusammensetzung von Alkalsit I folgendermaßen angegeben: Gemenge von höchstens 27 % Kaliumchlorat, von Ammoniaksalpeter, höchstens 24 % Natronsalpeter, höchstens 8 % Trinitrotoluol, sowie von Holzmehl, Mehl und Nitronaphtalin.

b) Alkalsit A. (Gemenge von höchstens 55 % Kaliumperchlorat, Ammoniaksalpeter, höchstens 31 % Trinitrotoluol und höchstens 5 % flüssigem Trinitrotoluol.) Hierüber liegen folgende Versuchsresultate vor:

Chemische Zusammensetzung, äußere Beschaffenheit und Verhalten gegenüber Lackmuspapier.

Bezeichnung	Chem. Zusammensetzung in Hundertteilen				Äußere Beschaffenheit	Verhalten gegenüber Lackmuspapier
	Bestandteile	Angabe	Analyse	Bemerkung		
Alkalsit A	Kaliumperchlorat Ammonsalpeter Trinitrotoluol flüssiges Trinitrotoluol	55 9 31 5	54·8 9·1 30·7 5·2	Die Analyse ergab die Richtigkeit der angegebenen Zusammensetzung	Weiches gelbliches Pulver oder Körner	Reagiert vollkommen neutral

Lagerung bei 75° (im Thermostaten).

Bezeichnung	Prozentuale Gewichtsveränderung, trocken in verschlossenen Wägegläschen gelagert		
	nach 24 Std.	nach 48 Std.	Befund nach der Lagerung
Alkalsit A	— 0·22	— 0·21	Nach dem Entweichen von Feuchtigkeitsspuren tritt kein weiterer Gewichtsverlust mehr ein. Zersetzungserscheinungen oder Änderungen im Verhalten des Sprengstoffes sind nicht eingetreten

Lagerung abwechselnd an feuchter und trockener Luft.

Bezeichnung	Probe	Prozentuale Gewichtsveränderung bei Lagerung in offenen Wägegläschen								
		1. Periode			2. Periode			3. Periode		
		48 Stunden feucht	48 Stunden trocken	Verhalten	48 Stunden feucht	48 Stunden trocken	Verhalten	48 Stunden feucht	48 Stunden trocken	Verhalten
Alkalsit A	1	+0·76	−0·01	Die Probe verändert sich nicht wesentl.	+0·74	0·00	Keine Veränderung	+0·81	0·00	Keine Veränderung
	2	+0·80	−0·02		+0·82	−0·01		+0·85	+0·02	

Die in feuchter Luft aufgenommene Feuchtigkeit ist somit unbeträchtlich und wird in trockener Luft wieder abgegeben. Der feuchte Sprengstoff ist weniger empfindlich.

Entmischbarkeit.

Bezeichnung	Beschaffenheit des Sprengstoffes nach dem Rüttelversuch	Verhalten beim Rütteln	Verhalten bei Wasserzusatz
Alkalsit A	Es findet keine Änderung in der Beschaffenheit und dem Verhalten des Sprengstoffes statt	Besondere Erscheinungen treten nicht auf	—

Explosionsfähigkeit (Zündversuche).

Bezeichnung	Verhalten der Sprengstoffe				
	gegen Schwarzpulverzündschnur	beim Einwerfen in eine glühende Eisenschale		bei der Verpuffungsprobe	beim Einlegen von mit dem Sprengstoff gefüllten Eisenblechkästchen in ein Holzfeuer
		Art des An- und Abbrennens	Zeitdauer vom Einwerfen bis zum Erlöschen		
Alkalsit A	keine Zündung	Zuerst Rauchentwicklung, dann stark ruß. Flamme und hierauf eigentl. Abbrennen des Sprengstoffes ohne Explos. od. Verpuffg.	Proben von 5 g 7″	teilweise Zersetzung, bei 241° Verpuffung	Dauer bis zum Entzünden 1′ 30″ lebh. Brennen 40″ } 1′ langs. Nachbrennen 20″ } Deckel u. Bänder angeschmolzen. Keine Explosion

Empfindlichkeit gegen Schlag und Reibung.

Sprengstoff	Art der Einwirkung	Schlagempfindlichkeit unter einem Fallhammer von 2 kg Gew. bei einer Fallhöhe von cm						von 10 kg Gew.						Reibungsempfindlichkeit	Bemerkungen
		60	70	80	92	104	120	12	14	16	20	25	30		
Alkalsit A	keine	5	4	1	1	4	1	6	6	5	4	1	2	Knistert erst auf stärkeres Reiben schwach	—
	Zersetzung ohne deutlichen Knall	1	2	4	3	1	1				1	2			
	schwache Detonation			1	2	1	3			1	1	1	3		
	starke Detonation						1					1	1		

Im Frühjahr 1910 wurden auf der Fabrik Krümmel in Gegenwart einer Ministerialkommission sowohl mit Alkalsit I als mit Alkalsit A Brandversuche vorgenommen, um festzustellen, wie sich diese Sprengstoffe bei eventuellen Bränden größerer Quantitäten verhalten würden. Zu diesen Brandversuchen wurden je 200 kg Alkalsit I und je 200 kg Alkalsit A in Kisten verpackt und diese Kisten wieder in einer Überkiste fest eingeschlossen; die Kisten wurden mit Petroleum übergossen und dann in Brand gesetzt. Alle Verbrennungsversuche sind verlaufen, ohne daß irgendwelche Erscheinungen aufgetreten wären, welche eine eventuelle Explosion hätten befürchten lassen können, sondern die Sprengstoffe sind, ohne daß eine Explosion eingetreten wäre, ruhig abgebrannt. Es ist besonders auf Grund dieser Versuche die Zulassung des Alkalsit A in die Klasse 2 der Anlage C der Eisenbahnverkehrsordnung erfolgt.

Zehnter Abschnitt.

Ammonperchloratsprengstoffe.

1. Eine belgische Fabrik, die Société anonyme de la Poudrerie de Ben-Ahin in Lüttich bringt unter der Bezeichnung Yonckite Sprengstoffe mit 25 bzw. 20 und 15 % Ammonperchlorat auf den Markt.

In Belgien ist unter die Explosifs S. G. P. (Sprengstoffe, die gegen schlagende Wetter [grisou] und Kohlenstaub [poussière] sicher sind) aufgenommen:

Yonckite Nr. 10, bestehend aus:

Ammonperchlorat . . .	25 %
Ammonsalpeter	30 %
Natronsalpeter	15 %
Trinitrotoluol	10 %
Kochsalz	20 %

In Deutschland sind zum Eisenbahnverkehr zugelassen (Stückgut bis 200 kg):

Yonckit I (Gemenge von höchstens 20 % Ammoniumperchlorat, von Ammoniaksalpeter und von höchstens 27 % Natronsalpeter, auch mit Barytsalpeter — höchstens 6 % — und mit höchstens 20 % Trinitrotoluol).

Yonckit II (Gemenge von höchstens 15 % Ammoniumperchlorat, von Ammoniaksalpeter und von höchstens 30 % Natronsalpeter, auch mit Barytsalpeter — höchstens 10 % — und mit höchstens 22·5 % Trinitrotoluol und Kochsalz).

2. Die Société anonyme de Vilvorde in Vilvorde bei Brüssel stellt unter der Bezeichnung Amasite einen Sprengstoff folgender Zusammensetzung her:

Ammonperchlorat . .	32 bis 36 %
Natronsalpeter . . .	29 bis 33 %
Myrobalanen	30 bis 36 %
Agar-Agar	0·15 bis 0·5 %

Dieser Sprengstoff ist in England auf die Liste der „Permitted explosives" gesetzt.

3. Cheddite mit Ammonperchlorat. Die Firma Bergès Corbin & Co., welche Cheddite mit Kaliumchlorat bzw. Natriumchlorat herstellt, hat sich auch bemüht, ähnliche Sprengstoffe mit Ammonperchlorat auf den Markt zu bringen; nachstehend geben wir den Bericht darüber auf Grund der Untersuchungen der französischen Explosivstoffkommission (Ingenieur Dautriche):[1]

Die zwei der Prüfung unterworfenen Sprengstoffmischungen hatten folgende Zusammensetzung:

Bestandteile	I	II
Ammonperchlorat	82 %	50 %
Dinitrotoluol	13 „	15 „
Rizinusöl	5 „	5 „
Natriumnitrat	—	30 „

[1] Mém. Poudr. Salp. XIV, p. 192 und 206; deutsch bearbeitet von Dr. E. Burkard, Ztschr. Schieß-Sprengstoffe 1909, S. 204.

Die vorgelegten Sprengstoffe waren in Form paraffinierter Patronen, in Paketen zu 2·5 kg (ebenfalls paraffiniert) und schließlich in Kisten zu 20 kg verpackt.

Das Studium der beiden Sprengstoffe wurde nach folgenden Richtungen hin vorgenommen: 1. Fabrikationssicherheit; 2. Lagerung; 3. Explosionsgase; 4. Messung der Sprengkraft in der Bombe; 5. Detonationsgeschwindigkeit; 6. Empfindlichkeit gegen Initiieren mit Knallquecksilber; 7. Erhärtung; 8. Sprengwirkungen unter verschiedenen Bedingungen.

I. Fabrikationssicherheit. Die Kommission vertrat bisher die Ansicht, daß die Fabrikationsgefahr der Chloratsprengstoffe nicht zu groß sei, wenn das fertige Produkt, an freier Luft entzündet, langsam abbrannte und bei Stoß und Schlag die Detonation nur schlecht übertrug. Dieses Kriterium wurde auch auf die neuen Cheddite angewendet, die sich von den alten im wesentlichen nur durch den Ersatz des Kaliumchlorats durch Ammoniumperchlorat unterschieden. Die Prüfung nach dieser Richtung ergab folgendes:

a) Abbrennen in einer Metallrinne. Wie bei früheren Versuchen wurde eine Metallrinne von 1 mm Wandstärke und 18 mm Durchmesser verwendet.

Versuch vom 15. Dezember 1906 (Temperatur + 2°):

Sprengstoff I (nur mit Ammonperchlorat). Er entzündet sich leicht, verbrennt lebhaft unter Entwicklung eines weißen, salzsäurehaltigen Rauches. 41 cm Sprengstoff verbrenneh in 92 Sekunden, entsprechend einer Verbrennungsgeschwindigkeit von 4·5 mm pro Sekunde. Vergleichsweise wurde ein Cheddit Typ 60, in Sévran 1899 fabriziert, mitgeprüft; er war ziemlich leicht zündlich, die Verbrennung war jedoch unregelmäßig, ohne aber vollständig zu erlöschen. Der Rauch war im allgemeinen schwarz, bisweilen weiß. 29 cm verbrannten in 10 Minuten = 0·5 mm pro Sekunde.

Versuch vom 8. Februar 1907 (Temperatur — 9°):

Sprengstoff II (mit Ammonperchlorat und Natriumnitrat). Der Sprengstoff ist fast nicht zündlich und erlischt rasch wieder. — Eine Vergleichsprobe von Cheddit 60 (aus Sévran, 1899) in einer Länge von 45 cm ausgelegt, verbrannte in 22 Minuten, entsprechend einer Verbrennungsgeschwindigkeit von ungefähr 0·4 mm pro Sekunde.

Versuch vom 13. Mai 1907 (Temperatur + 17°):

Sprengstoff I. Wird sofort gezündet und verbrennt sehr schnell; 1 m verbrennt in 8 Sekunden = 125 mm pro Sekunde.

Sprengstoff II. Der Sprengstoff brennt nur sehr schwer an und erlischt rasch wieder. Eine Wiederholung des Versuchs mit Sprengstoff, der in trockener Luft aufbewahrt wurde, hatte dasselbe negative Resultat.

Versuch vom 27. November 1907 (Temperatur + 7°):

Sprengstoff I. Er brennt sofort an und verbrennt sehr schnell; 1 m brennt in 9 bis 10 Sekunden, d. i. mit einer Schnelligkeit von 100 mm pro Sekunde. Es ist interessant, diese Zahlen mit solchen vergleichen zu können, welche früher mit anderen Chedditen aus Kalium- oder Natriumchlorat gewonnen wurden:

Bezeichnung des Sprengstoffs	Verbrennungsgeschwindigkeit	Bemerkungen
	(mm : Sek.)	
Sprengstoff Street Nr. 20 mit Stärke . .	117·0 mm	
„ „ Nr. 25 „ Pikrinsäure	150·0 „	
Type 41, Fabrikation Corbin-Street . . .	4·5 „	
„ 60, „ „ „ . . .	0·5 „	
„ 41, „ Sévran 1899 . . .	1·4 „	Häufiges Erlöschen des brennenden Sprengstoffes
„ 60, „ „ „ . . .	1·4 „	
Pulver B F	40·0 „	
Typ 60bis, Fabrikation Sévran 1902 . . .	0·0 „	
„ „ modifiz. (Dinitrotoluol Schmp. 66°)	5·0 „	
„ „ „ („ Schmp. 60.5°)	5·0 „	Ebenso
„ 60 N (Natriumchlorat)	5·0 „	Ebenso
Sprengstoff I	4·5 „	
„ I	125·0 „	
„ I	100·0 „	
„ II	100·0 „	Ebenso
„ II	100·0 „	Ebenso

Der Sprengstoff II hat also niemals die Entzündung fortgepflanzt. Sprengstoff I wurde immer leicht gezündet; seine Verbrennungsgeschwindigkeit wurde mit 4·5 mm beim ersten Versuch, mit 125 und 100 mm beim 2. und 3. Versuch ermittelt. Diese Zahlen sind größer als die der Verbrennungsgeschwindigkeit von BF-Pulver, und ungefähr gleich den im Jahre 1898 für die beiden Streetschen Sprengstoffe Nr. 20 und 25 gefundenen. Die Untersuchung der letzten beiden Sprengstoffe ist nicht fortgesetzt worden.

b) Detonation durch Stoß. Im Vergleich mit den beiden neuen Chedditen wurde ein im Jahre 1899 in Sévran fabrizierter Cheddit 60 durch Stoß und Schlag geprüft. Nachstehende Tabelle enthält die Resultate.

Explosionsversuche mit einem 30 kg schweren Fallhammer bei einer Fallhöhe von 4·50 m.

Bezeichnung des Sprengstoffes	Zum Fallversuch verwendete Sprengstoffmenge	Anzahl der Versuche	Zurückgewonnene Sprengstoffmenge		Verbrannte Sprengstoffmenge
			im Mittel	Mittl. Abweichung	
	g		g	g	g
Sprengstoff I	100	5	83	9	17
„ II	100	5	87	3	13
Vergleichs-Cheddit (von Sévran 1899)	100	5	73	17	27

Der Sprengstoff wurde in einem Rechteck von 35×10 cm ausgebreitet. Die Auftrefffläche des Fallhammers betrug 16 qcm. Die Temperatur war $+ 2^{0}$ (am 10. Dezember 1906). In bezug auf die Detonationsübertragung beim Stoß bieten die neuen Sprengstoffe eine größere Sicherheit als der Vergleichssprengstoff.

c) Besondere Gefährlichkeit des Ammonperchlorats. Über die besondere Gefährlichkeit des Ammonperchlorats gaben folgende Versuche Aufschluß: Stofflappen wurden mit gesättigten Lösungen von Kaliumchlorat und von Ammonperchlorat getränkt und nach dem Trocknen verbrannt. Die mit Ammonperchlorat getränkten verbrannten merklich lebhafter als die mit Kalichlorat getränkten Lappen. Eine Erklärung hierfür bietet die Konstitution der beiden Salze, insofern das Perchloratsalz einen verbrennlichen Teil (NH_3) enthält. Doch dürfte dieser Unterschied in der Gefahrlichkeit kein Hindernis sein für die Fabrikation der Cheddite mit Perchlorat; denn Stofflappen, welche mit Natriumchloratlösung getränkt und dann getrocknet wurden, verbrannten noch lebhafter als die mit Ammonperchlorat getränkten, und doch hat die in Vonges bestehende Fabrik von Cheddit 60 N (mit Natriumchlorat) gezeigt, daß diese Schwierigkeit überwunden werden kann.

Andererseits aber ist aus der Zersetzungsgleichung des Ammonperchlorats: $2\,NH_4ClO_4 = 2\,HCl + 2\,N + 3\,H_2O + 5\,O$ zu erkennen, daß es ein kräftiger Sprengstoff ist. Seine sprengtechnischen Eigenschaften sind folgende:

Spezifisches Gasvolumen	1651 Liter
Explosionstemperatur	1084^{0}
Kraft des Sprengstoffs	6624
Explosionswärme (H_2O als Dampf) .	538 Kal.

Eine Prüfung der explosiven Eigenschaften von Ammonperchlorat hat folgendes ergeben: In einer Metallrinne von 18 mm Durchmesser entzündet sich das Salz leicht bei Berührung mit einer Kerze; es verbrennt lebhaft unter Entwicklung weißen salzsäurehaltigen Rauches, doch erlöscht die Flamme sofort, wenn man die Kerze wegnimmt. Nur wenn etwas geschmolzenes Kerzenfett in das Salz getropft ist, scheint sich die Flamme einige Augenblicke zu halten.

Die Stoßempfindlichkeit von Ammonperchlorat wurde mit einem 5 Kilo-Fallhammer im Zentrallaboratorium der Sprengstoffkommission geprüft und ungefähr gleich derjenigen von Pikrinsäure gefunden; die Fallhöhe für die Explosionswahrscheinlichkeit $^1/_2$ betrug ungefähr 50 cm.

Eine Patrone Ammonperchlorat von 16 cm Länge und 26 mm Durchmesser, deren Dichte etwa 1·10 betrug, wurde mit einer Zündpatrone gleichen Durchmessers, aus 25 g pulverisierter Pikrinsäure, Dichte ungefähr 0·95, versehen und letztere detoniert. Die Perchloratpatrone detonierte hierbei nur in einer Länge von 2 cm und hinterließ auf der als Unterlage dienenden Bleiplatte nur einen schwachen Eindruck. Mit einer Initialpatrone von 75 g Pikrinsäure detonierten 35 mm der Perchloratpatrone, doch wurde auch hier nur ein schwacher Eindruck auf der Platte erhalten. — Daraus folgt, daß Ammonperchlorat ein Sprengstoff von großer Explosionssicherheit ist. Da zwischen Ammonperchlorat und Kalium- bzw. Natriumchlorat gefährliche chemische Umsetzungen eintreten können, wie auch von Bergès, Corbin & Cie. hervorgehoben wurde, so ist die Fabrikation der neuen Sprengstoffe vollständig getrennt von derjenigen der Chlorat-Cheddite auszuführen.

II. Lagerung. Versuch bei 110°. In einem auf 110° angeheizten Trockenschrank (des Zentrallaboratoriums) wurde elektrolytisch hergestelltes, gepulvertes Ammonperchlorat vom 12. Januar bis 12. November 1906 gelagert und der hierbei stattfindende Gewichtsverlust von Zeit zu Zeit festgestellt. Derselbe ist aus nachstehendem Diagramm (Fig. 6) ersichtlich. Hiernach wird bei fortgesetzter Lage-

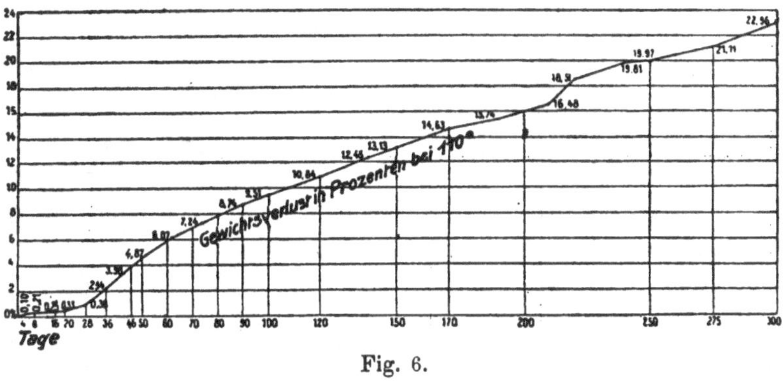

Fig. 6.

rung die Zersetzung energischer; nach 300 Tagen betrug die Gewichtsabnahme 23 %. Eine Probe in Pastillen gepreßtes Ammonnitrat verlor bei 20tägiger gleichartiger Erhitzung auf 110° 3·57 % an Gewicht.

Versuch bei 40°. In einem auf ungefähr 40° angewärmten Trockenschrank (der Pulverfabrik Sévran) wurden Proben von je 10 g Ammonperchlorat Bergès, Sprengstoff I und II 7 Monate lang aufbewahrt. Die Gewichtsverluste sind im Diagramm (Fig. 7) dargestellt. Das Perchlorat verlor am 1. Tag 0·17 % Feuchtigkeit; bei der weiteren Lagerung blieb es unverändert. Die Kurve für Sprengstoff I ist während der ersten vier Monate gleichmäßig ansteigend; der Verlust wird sodann geringer und im 7. Monat verläuft die Kurve fast wagrecht. Wenn man die Feuchtigkeit abzieht (0·7 % ungefähr), so verbleibt ein Gesamtgewichtsverlust von 13·58 %, entsprechend dem Dinitrotoluolgehalt des Sprengstoffs. — Der Gewichtsverlust des Sprengstoffs II folgt einer ähnlichen Gesetzmäßigkeit und entspricht nach Abzug der (0·1 bis 0·2 %) Feuchtigkeit dem Dinitrotoluolgehalt.

Nach vorstehendem erleidet das elektrolytische Perchlorat bei 110° eine tiefgreifende Dissoziation, welche aber in den ersten 20 Tagen doch noch geringer ist als bei Ammonnitrat. Bei 40° wurde eine Zersetzung bei 7 monatlicher Lagerung nicht wahrgenommen. Ebenso zeigten die in den Magazinen der Pulverfabrik Sévran aufbewahrten

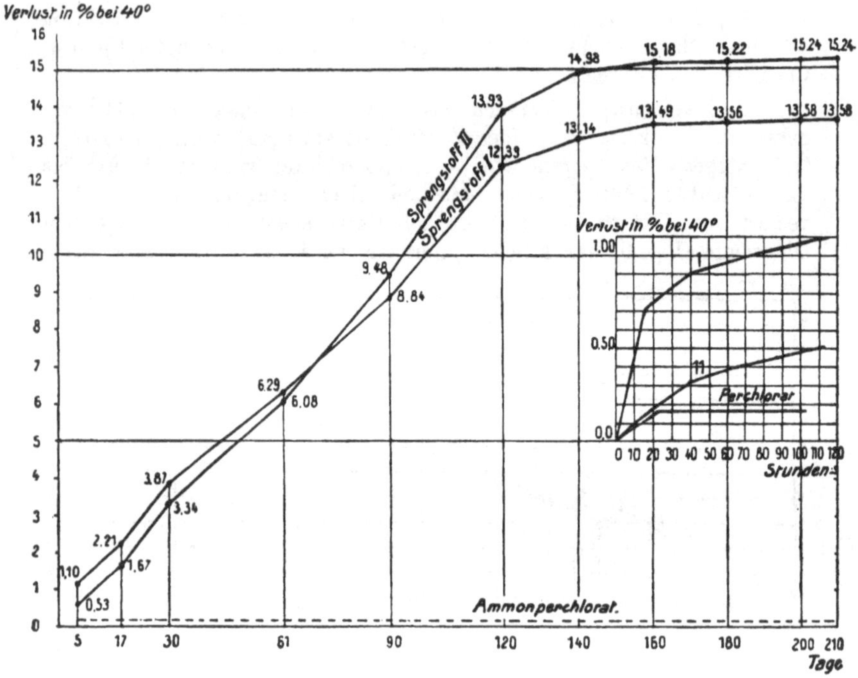

Fig. 7.

Proben der beiden Sprengstofftypen nach 14 Monaten keinerlei Änderung. Demnach scheinen gefährliche chemische Zersetzungen bei Lagerung von Perchloratsprengstoffen nicht zu befürchten zu sein.

III. Explosionsgase. Nach den theoretischen Zersetzungsgleichungen der beiden Sprengstoffe I und II

$$\text{I: } 120\,ClO_4NH_4 + 12\,C_7H_6(NO_2)_2 + C_3H_5(C_{18}H_{33}O_2)_3 = 120\,HCl + 141\,CO_2 + 252\,H_2O + 16\,H_2 + 72\,N_2;$$

$$\text{II: } 72\,ClO_4NH_4 + 60\,NO_3Na + 14\,C_7H_6(NO_2)_2 + C_3H_5(C_{18}H_{33}O_2)_3 = 60\,NaCl + 12\,HCl + 155\,CO_2 + 220\,H_2O + 80\,N_2$$

würden pro Kilo Sprengstoff I 156 Liter, „ II 16 „ } gasförmige Salzsäure

entwickelt werden. Diese Annahme wurde durch den praktischen Versuch bestätigt. In der Versuchsgrube der Pulverfabrik wurden nacheinander 2 Patronen Sprengstoff I je mit einer 1·5 g-Sprengkapsel zur Detonation gebracht. Die Grube wurde entlüftet. Nach jeder Detonation waren sehr unangenehme Schwaden vorhanden, welche zu Husten reizten und auch die Augenschleimhäute angegriffen. Beim 2. Versuch wurde im Innern der Grube ein zur Hälfte angefeuchtetes blaues Lackmuspapier aufgehängt; nach der Detonation war der untere Teil des Papiers dunkelrot und das ganze Papier hatte rote Flecken.

Der Sprengstoff II wurde in gleicher Weise geprüft. Die Schwaden waren etwas unangenehm und reizten ebenfalls die Augen. Der angefeuchtete Teil des Lackmuspapiers trug rote Flecken. — Der Ersatz von 30 % Ammonperchlorat durch Natriumnitrat hat zwar die Salzsäurebildung in den Schwaden erheblich vermindert, doch nicht vollkommen beseitigt. Letzteres würde vermutlich der Fall sein bei Verwendung der beiden Salze im Verhältnis von ClO_4NH_4Na = 46 % Ammonperchlorat auf 34 % Natriumnitrat.

IV. Messung der Sprengkraft in der Bombe. Versuche in der Druckbombe ergaben folgendes:

Sprengstoff I

Bombe von 22 ccm Inhalt. Stempel von je 1 qcm Querschnitt, 60 g schwer.

Ladedichte	Höhe des gestauchten Zylinders	Druck	
	mm	kg	
0·10	12·05 12·11	999 953	975
0·20	9·23 9·33	2569 2523	2546
0·25	8·14 8·05	3099 3147	3123

Aus diesen 3 Gruppen ergeben sich als Werte für das Kovolumen die Zahlen 1·96, 1·27 und 0·41, deren Mittelwert $\alpha = 0{\cdot}94$ ist. Die geringe Übereinstimmung der einzelnen Zahlen mit dem Mittelwert α dürfte größtenteils auf unvollständige Explosion bei der geringeren Ladedichte zurückgeführt werden. Der theoretische Wert für das Kovolumen, berechnet aus obenstehender Zersetzungsformel, ist 0·78; dieser Wert ist unabhängig von der Verteilung des Sauerstoffs auf CO_2, CO, H_2O und H. Da erfahrungsgemäß der Wert des experimentell ermittelten Kovolumens im allgemeinen etwas größer ist, als derjenige des theoretischen, so wurde der Wert $\alpha = 0{\cdot}94$ angenommen, der mit dem Mittelwert der gefundenen Zahlen übereinstimmt. Die Kraft des Sprengstoffs I ist demnach

$$f = \frac{8834 + 10337 + 9556}{3} = 9576.$$

Sprengstoff II.

Bombe von 22 ccm Inhalt, Stempel von 1 qcm Querschnitt, 60 g schwer.

Ladedichte	Höhe des gestauchten Zylinders	Druck	
	mm	kg	
0·10	12·49	660	652
	12·51	644	
0·20	10·48	1973	1942
	10·60	1912	
0·25	9·51	2439	2426
	9·57	2412	

Die aus diesen 3 Gruppen erhältlichen Werte des Kovolumens mit 1·69, 1·80 und 2·03 stimmen unter sich gut überein, doch ist ihr Mittelwert 1·84 unzulässig. Zum Teil kann unvollständige Explosion bei den geringen Drucken daran schuld sein. Der aus obenstehender Zersetzungsgleichung abzuleitende theoretische Wert des Kovolumens beträgt 0·72, es erscheint aber angemessen, einen etwas höheren Wert, und zwar $\alpha = 0{\cdot}8$ dafür einzusetzen. Die Kraft des Sprengstoffs II ist sodann

$$f = \frac{5998 + 7166 + 7763}{3} = 6975.$$

V. Detonationsgeschwindigkeit. Die Detonationsgeschwindigkeit wurde nach einer im Jahre 1906 von uns ausgearbeiteten Methode bestimmt in der Weise, daß die Detonationsgeschwindigkeit des fraglichen Sprengstoffs mit einer detonierenden Zündschnur aus Melinit, deren Detonationsgeschwindigkeit gleichmäßig unbekannt war, verglichen wurde.

Als Vergleichsmuster wurde Nr. 1 der detonierenden Zündschnur 1907 gewählt, welche sich als sehr gleichmäßig erwiesen hatte; nach Bestimmung mit dem Chronographen Schültz betrug ihre Detonationsgeschwindigkeit 6880 m/s.

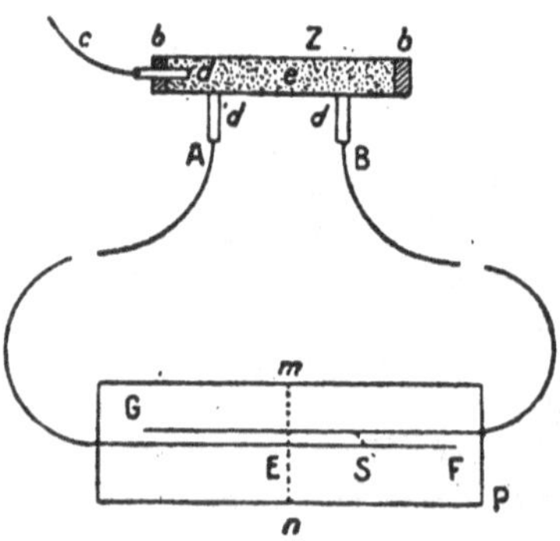

Fig. 8.

Der Sprengstoff wurde in einer Röhre *z* (Fig. 8) zu einer bestimmten Dichte gepreßt und an einem Ende mit einer 1·5-g-Sprengkapsel versehen. Zwei andere Sprengkapseln, welche in einem Abstand von etwa 10 cm voneinander mit ihrem Boden an der Längsseite der Röhre anliegen, übertragen die Detonation auf zwei detonierende Schnüre *AF* und *BG* von 1·0 und 0·8 m Länge. Die Enden dieser beiden Schnüre laufen in einer Länge von etwa 20 cm (*GF*) nebeneinander her und sind auf einer Bleiplatte *P* befestigt. Auf der

Platte zieht man in halber Länge zwischen F und G eine Linie. Bei der Detonation des Sprengstoffs markiert sich auf der Bleiplatte die Stelle (s), an welcher beide Zündschnüre gleichzeitig detonieren. Die Detonationsgeschwindigkeit ist

$$V = 6880\,\mathrm{m} \times \frac{AB}{200 + 2 \times ES} ES$$

wobei AB und ES in Millimetern auszudrücken sind.

Es wurde festgestellt, daß die Detonationsgeschwindigkeit in hohem Grade abhängig ist von der Dichte des Sprengstoffs. Es ist aber nicht immer leicht, die Dichte eines Sprengstoffs zu bestimmen. Bei Patronen von 20 bis 30 mm Durchmesser bedeutet ein Fehler von 0·5 mm im Durchmesser eine Differenz von 3 bis 5 % in der Dichte. Wenn die Patrone nicht genau zylindrisch ist, muß sehr sorgfältig der mittlere Durchmesser ermittelt werden. — Für die Versuche wurden Zinkröhren Nr. 12 von 17 bis 18 cm Länge verwendet; die lichte Weite, ungefähr 20 mm, wurde immer für die Berechnungen der Dichte zugrunde gelegt. Die Versuchsresultate gibt nachstehende Tabelle wieder:

Datum des Versuchs	Temperatur Grad	Röhrendurchmesser mm	Dichte des Sprengstoffs	AB in mm	ES in mm	Detonationsgeschwindigkeit m/s	Bemerkungen
Sprengstoff I							
25. 3. 07	13	20	0·69	110·5	+ 36	2795 m	
17. 4. 07	11	20	0·66	92	+ 4	3043	In allen Fällen wurde an trockener Luft aufbewahrtes Material verwendet
			0·85	116	+ 11	3595	
			0·94	116	— 5	3801	
			1·04	111	— 5	4020	
			1·16	119	+ 3	3974	
			1·25	92	— 16	3768	
			1·34	90	—	—	Die Detonation erstreckte sich nur auf 5 cm Länge
Sprengstoff II							
18. 4. 07	10	20	0·72	88	+ 14	2655	In allen Fällen wurde an trockener Luft aufbewahrtes Material verwendet
			0·94	89	— 2	3124	
			1·04	106·5	+ 9	3361	
			1·17	98·5	+ 1	3355	
			1·23	99·5	+ 4	3291	
			1·34	93·5	+ 7	3006	
			1·38	87·5	+ 77	1701	Mißlungen. Die Röhre detonierte nur etwa 45 mm (bis A), trotzdem detonierte auch die Sprengkapsel B und ergab die ermittelte Geschwindigkeit

Die Versuchsresultate sind im Diagramm (Fig. 9) graphisch dargestellt. In die Abszisse sind die Dichten, in die Ordinate die Geschwindigkeiten V eingetragen.

Andererseits wurde am 5. Januar 1907 die Detonationsgeschwindigkeit von 9 Patronen Sprengstoff I, welche der Probesendung von Bergès, Corbin & Cie. entnommen waren, gemessen. Die für den Versuch verwendeten detonierenden Zündschnüre entstammten der laufenden Fabrikation von Sévran. Unter Annahme einer Geschwindigkeit von 6880 m wurden für die neun Patronen gefunden: 3344, 3010, 3191, 3258, 3010, 3126, 3068, 3224, 3191 = im Mittel 3160 m.

VI. Empfindlichkeit gegen Initiierung mit Knallquecksilber. Die vollständige Prüfung nach dieser Richtung wurde nur mit Sprengstoff I vorgenommen, da die erhaltenen Resultate auch Schlußfolgerungen auf das Verhalten des Sprengstoffs II zuließen. Es wurden wieder Zinkröhren Nr. 12 von 20 mm Durchmesser und 17 cm Länge verwendet. Sprengstoff I wurde darin auf verschiedene Dichten gepreßt; für jede derselben wurde die zur vollen Detonation des Sprengstoffs nötige Knallquecksilbermenge ermittelt. Die Röhren lagen auf Bleiplatten; an der Länge der auf der Bleiplatte hervorgerufenen Furche war die Fortpflanzung der Detonation erkennbar. Die Resultate sind in nachstehender Tabelle enthalten.

Empfindlichkeit des Sprengstoffs I gegen Initiierung durch Knallquecksilber.

Der Sprengstoff befand sich in Zinkröhren von 20 mm Durchmesser und etwa 17 cm Länge.

Datum des Versuchs	Temperatur	Dichte	Knallquecksilber in der Sprengkapsel g	Ergebnis	Bemerkungen
18. 12. 06	+ 2°	1·34	1·50	Unvollkommene Detonation	Detoniert in 13 cm Länge
9. 1. 07	+ 4°	1·30	1·25	do.	do. in 6 cm Länge
		1·30	1·50	Vollkommene Detonation	
		1·35	1·50	Unvollkomm. Detonation	„ „ 7 „ „
		1·39	2·00		„ „ 7 „ „
		1·46	3·00		Detoniert in Länge der Sprengkapsel
11. 4. 07	+ 13°	0·54	0·20	Versager	Detoniert nur die Sprengkapsel
		0·66	0·30	Vollkommene Detonation	
		0·88	0·30		
		0·90	0·30		
		1·13	0·50		
		1·05	0·30	Versager	

Datum des Versuchs	Temperatur	Dichte	Knallquecksilber in der Sprengkapsel g	Ergebnis	Bemerkungen
17. 4. 07	+ 12°	1·08	0·40	Vollkommene Detonation	
		1·15	0·40		
		1·18	0·40		
		1·23	0·50	Unvollkommene Detonation	Detoniert in 1 cm Länge
		1·26	0·75	Vollkommene Detonation	
		1·15	0·30	Unvollkommene Detonation	Sehr schwache Detonation

Zu diesen 18 Detonationsversuchen kommen noch die 8 Versuche vom 26. März und 17 April 1907 (mit 1·5-g-Sprengkapsel), mit welchen die Detonationsgeschwindigkeit bestimmt wurde.

Alle diese Resultate sind im Diagramm (Fig. 10) graphisch dargestellt; die Dichten sind als Abszisse, die Knallquecksilbermengen als Ordinate eingetragen. Die vollkommene Detonation ist bezeichnet

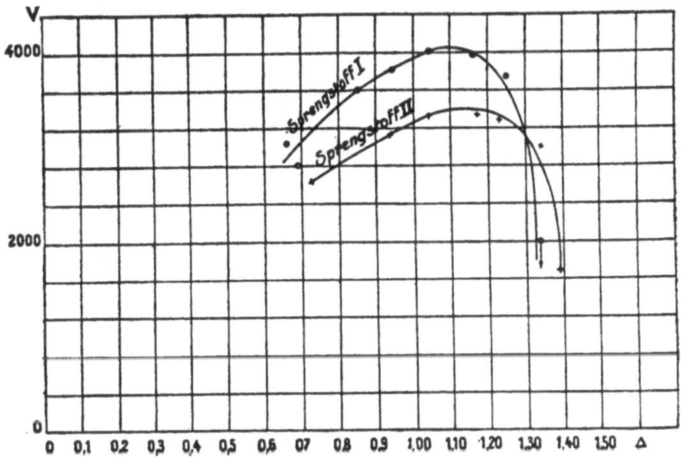

Fig. 9.

durch ⊙, die unvollkommene durch +. Man erhält so eine Empfindlichkeitskurve, welche das Feld in zwei Regionen teilt: eine solche, bei welcher der Sprengstoff in der Zinkröhre vollkommen detoniert, und eine solche, bei welcher er nur unvollkommen oder gar nicht detoniert. Die Kurve gleicht einer Hyperbel, deren beide Asymptoten den Achsen der Koordinaten parallel laufen. Die genaue Lage hängt ab von der Länge des Rohres; eine Verlängerung der Patrone verursacht eine leichte Veränderung des Vertikalastes der Kurve.

In das gleiche Diagramm wurde ferner die Kurve V, Δ der Detonationsgeschwindigkeiten eingetragen. Die Beziehungen zwischen den beiden Kurven sind deutlich erkennbar. Im aufsteigenden Ast der Kurve V, Δ ist die Empfindlichkeit des Sprengstoffes gegen Knallquecksilber ungefähr die gleiche, bei der höchsten Detonationsgeschwindigkeit fängt die Empfindlichkeit an, geringer zu werden, bis sie endlich im absteigenden Ast der Kurve V, Δ sehr stark abnimmt.

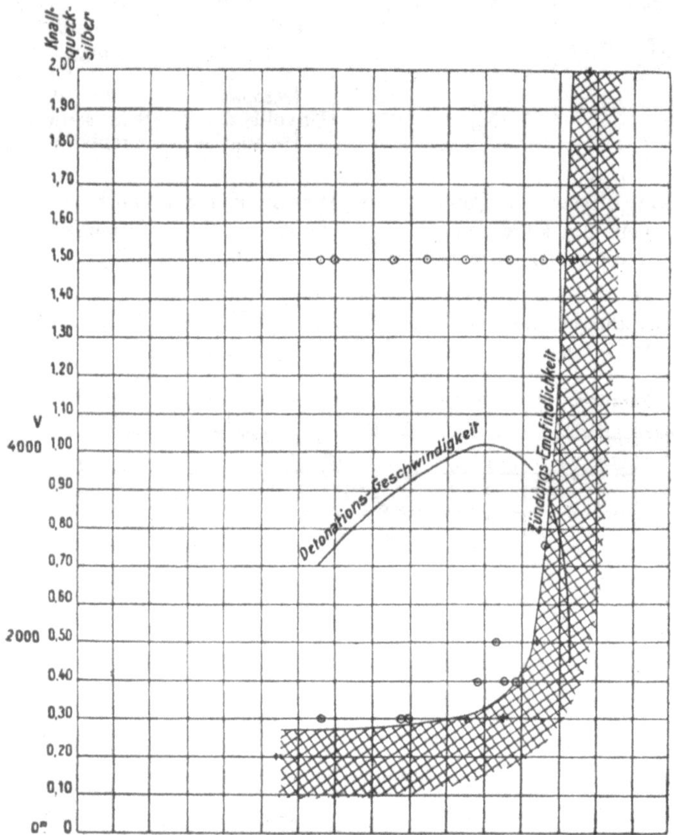

Fig. 10.

Ähnlich wie an freier Luft verhält sich auch die Empfindlichkeit gegen Initiierung im Bohrloch, wie später noch gezeigt wird. Der absteigende Ast der Kurve (V, Δ) beschränkt also die Länge der Verdämmung im Bohrloch; das ist die Gesetzmäßigkeit, welche man unmittelbar verallgemeinern kann.

Einige Initiierversuche wurden auch mit Patronen von Bergès-Corbin ausgeführt. Sie haben nachstehende Resultate ergeben:

Datum des Versuchs	Temperatur	Knallquecksilbersprengkapsel g	Ergebnis
		Sprengstoff I	
7. I. 07	+ 3°	0·40	Sehr schwache Detonation unmittelbar um die Sprengkapsel
		0·50	
		0·60	Detonation $^1/_4$ der Patronenlänge (zwei Versuche)
		0·75	Vollkommene Detonation (zwei Versuche)
7. II. 07	– 2° (Schnee)	1·25	Detonation $^1/_4$ der Patronenlänge
		1·50	Vollkommene Detonation
		1·50	Detonation der halben Patronenlänge
		2·00	
		3·00	Vollkommene Detonation
2. XII. 07	+ 7°	1·50	Detonation in $^1/_4$ der Patronenlänge
		2·00	„ in etwa 5 cm Länge
		Sprengstoff II	
7. II. 07	– 2° (Schnee)	0·50	Versager
		1·00	Detonation $^1/_4$ der Patronenlänge
		1·25	
		1·50	„ $^1/_3$ „ „
		2·00	
		3·00	„ $^2/_3$ „ „
		3·00	„ $^1/_2$ „ „

Die Abnahme der Empfindlichkeit gegen Initiierung bei der Lagerung steht im Zusammenhang mit dem Zusammenschrumpfen des Sprengstoffes; es muß erwähnt werden, daß die Dichte der Patronen nicht immer die gleiche ist und daß man deshalb mitunter widersprechende Resultate erhalten kann.

Einige bei der Lagerung hart gewordene Patronen wurden durch Kneten in der Hand wieder zerkleinert. Der Sprengstoff I war im Dezember 1907 noch nicht sehr hart, so daß sich diese Operation sehr leicht ausführen ließ; schwieriger war sie bei Sprengstoff II, dessen Patronen zuerst mit einem Stück Holz weichgeklopft werden mußten. Sodann wurden die gröberen Stücke noch zwischen den Fingern zerdrückt. Nach dieser Bearbeitung füllte das Pulver die Patronenhülse wieder aus und war infolge der geringeren Dichte empfindlicher geworden gegen Knallquecksilber. — Dieses Kneten der Patronen von Hand ist jedoch eine heikle Operation; der Sprengstoff muß zerkleinert werden, ohne daß dabei der Durchmesser der Patrone wesentlich verändert wird. Die Patronenhülse erleidet stets mehr oder weniger eine Deformierung, bisweilen bricht sie auf oder zerreißt an der Seite, so daß Sprengstoff herausfällt.

Die Versuchsergebnisse sind folgende:

Datum des Versuchs	Temperatur	Knallquecksilbersprengkapsel g	Ergebnis
			Sprengstoff I (Patronen sorgfältig geknetet)
2. XII. 07	+ 7°	1·50	Vollkommene Detonation
		1·00	Vollkommene Detonation
		0·75	Vollkommene Detonation
		0·50	Detoniert $^1/_8$ der Patronenlänge
		0·50	„ nur unmittelbar um die Sprengkapsel herum
			Sprengstoff II (Patronen sorgfältig geknetet)
2. XII. 07	+ 7°	1·50	Detoniert zur Hälfte
		2·00	Vollkommene Detonation
		1·50	Vollkommene Detonation
		1·25	Vollkommene Detonation
		1·00	Detoniert zur Hälfte
		1·00	„ $^3/_4$ der Patrone

Der Feuchtigkeitsgehalt der für diese Versuche verwendeten Sprengstoffe — durch Gewichtsverlust an trockener Luft ermittelt — betrug

für Sprengstoff I . . 0·63 $^0/_0$
für „ II . . 0·43 $^0/_0$.

Diese Resultate zeigen deutlich, daß die Verpackungweise der an die Pulverfabrik Sévran gesandten Proben genügend gegen Feuchtigkeit schützt.

VII. Hartwerden. In einem Schreiben vom 27. Oktober 1906 unterscheidet die Firma Bergès-Corbin & Cie. unter Hartwerden zwei verschiedene Vorgänge: das eigentliche Hartwerden der Masse und das Zusammenschrumpfen derselben. Nicht immer finden beide entsprechend gleich statt; gewisse Cheddite mit Kaliumchlorat erhärten stark, während sie nur wenig zusammenschrumpfen. Die Firma glaubt, daß das Schrumpfen nicht verursacht wird durch eine Verharzung des Rizinusöls. Die in dem Schreiben angegebenen Versuche lassen jedoch einen derartigen Schluß nicht zu. Man kann vielmehr nur sagen, 1. daß das Chlorat ohne Einfluß ist auf das Rizinusöl, und 2. daß, wenn das Öl sich unter dem Einfluß der Luft verharzt, die Verharzung nicht Ursache der Schrumpfung ist. — In Sévran ausgeführte Versuche scheinen ebenfalls diese Schlußfolgerungen zu bestätigen. Sie zeigen ferner, daß Rizinusöl dickflüssiger wird, wenn es mit einem feinen Körper verarbeitet wurde, so daß Luft in die Masse eindringen konnte. — Die Austropfgeschwindigkeit der Öle wurde mit dem Viskosimeter der Pulverfabrik Sévran bestimmt. Die Öle wurden sodann in einem auf etwa 60° angewärmten Trockenschrank 738 Stunden lang erwärmt und von neuem auf Viskosität geprüft. Ferner wurden die gleichen Öle mit 85 $^0/_0$ Kaliumchlorat oder 75 $^0/_0$ Kieselerde gemischt und in gleicher Weise warm eingelagert. Nach beendigter Lagerung wurden die Öle mit Äther extrahiert und nach freiwilligem

Verdunsten fast des gesamten Äthers 12 Stunden lang auf 40° erwärmt. Sodann wurde abermals die Viskosität bestimmt. Auf diese Weise wurden zwei Sorten Rizinusöl geprüft. Muster 1 war ein gelbes Öl; es entstammte einer Lieferung von Bergès-Corbin und hatte seit 1904 im Magazin in Sévran gelagert; Muster 2 war ein fast farbloses Öl.

Ölmuster		Im Trockenschrank von 60°	Viskosität		Ausgeflossene Menge pro Stde. ccm	Temperatur °C
			ccm in Stdn. u. Min.			
		Stunden				
Ölmuster 1		0	10 10	0·30 0·30	20·0	19
„	ohne Zusatz erwärmt	738	10 10	35 34	17·5	18·5
„	15 Tle. mit 85 Tln. Chlorat	738	10 10	5·08 4·59	2·0	18
„	25 % mit 75 % Kieselerde	738	10	6·53	1·4	15·5
Ölmuster 2		0	10 10	27 28	22·0	19
„	ohne Zusatz erwärmt	738	10 10	31 29	20·0	18
„	15 % mit 85 % Chlorat	738	10 10	5·39 6·21	1·7	17·5
„	25 % mit 75 % Kieselerde	738	4	4·02	1·0	15

Die mit Chlorat oder Kieselerde erwärmten Öle färbten sich dunkler als die nicht ohne Zusatz erwärmten Öle. Die Steigerung der Zähflüssigkeit der mit Chlorat oder Kieselerde erhitzten Öle wurde durch das Viskosimeter sehr scharf angezeigt, während ein Vergleich durch Augenschein nur einen geringen Unterschied erkennen ließ.

Das Zusammenschrumpfen der Patronen läßt sich jedoch durch die Verharzung des Rizinusöls nicht erklären. Andererseits bewirkt das Hartwerden der Patronen eine Verminderung der Explosionsempfindlichkeit und die in diesem Sinne gewonnenen Ergebnisse lassen sich hinreichend deuten, wenn man sich allein an die Vermehrung der Dichte des Sprengstoffes hält. Es ist deshalb verständlich, das Hartwerden der Cheddite mit Ammonperchlorat als ein rein mechanisches Zusammensintern anzusehen, wie es auch die Antragsteller tun.

Von den am 3. September 1906 erhaltenen Proben wurden zu verschiedenen Zeiten, zuletzt im November 1907, also nach 14 monatlicher Lagerung, Proben entnommen. Im September 1906 war der Befund der Patronen folgender:

	Sprengstoff I		Sprengstoff II	
Mittleres Patronengewicht	91 g	(3 Versuche)	105 g	(3 Versuche)
Mittlerer Durchmesser .	28·2 mm	(„)	28·5 mm	(„)
Dichte	1·23	(„)	1·40	(„)

im Februar 1907 folgender:

	Sprengstoff I	Sprengstoff II
Mittlerer Durchmesser . .	27·8 mm (2 Versuche)	28·5 mm (1 Versuch)
Dichte	1·27 („)	1·39 („)

im November 1907 folgender:

	Sprengstoff I	Sprengstoff II
Mittlerer Durchmesser .	27 mm (2 Versuche)	28·1 mm (2 Versuche)
Dichte	1·44 $\frac{1 \cdot 44 + 1 \cdot 43}{2}$	1·62 $\left(\frac{1 \cdot 53 + 1 \cdot 70}{2}\right)$.

Die Verminderung der Länge der Patronen betrug zuletzt 5—7 mm bei Sprengstoff I, und 6—8 mm bei Sprengstoff II, deren ursprüngliche Patronenlänge 120 mm betragen hatte. Auch die Dichte der Patronen war seit der Einlieferung größer geworden, als der maximalen Detonationsgeschwindigkeit entspricht. Sie waren in dem Stadium, wo die Empfindlichkeit gegen Initiierung rasch abnimmt; nach Ablauf eines Jahres war die Schrumpfung derart, daß mit der 1·5-g-Sprengkapsel unvollkommene Detonationen zu erwarten waren. — Um solchen Fällen vorzubeugen, ist von den Antragstellern vorgeschlagen worden, die Patronen vor dem Gebrauch zwischen den Händen zu kneten, eine Operation, die bereits als gefährlich und mit verschiedenen Nachteilen behaftet, gekennzeichnet wurde. Die Sprengstoffmasse muß also zerkleinert und auf ihr ursprüngliches Volumen gebracht werden. Es ist leicht, die ursprüngliche Länge wiederzuerhalten, nicht aber den früheren Patronendurchmesser. Bei der Knetung zwischen den Fingern wird die Patrone gedrückt und verliert ihre gleichmäßige Form; bei sehr leicht komprimierbaren Massen verringert sich natürlich hierbei der Durchmesser. Die Zweckmäßigkeit dieses Verfahrens hängt also von der Komprimierbarkeit des Sprengstoffs ab. Als Maß hierfür kann die höchste Dichte gelten, welche die Patronen bei den verschiedenen Stößen, denen sie (beim Transport usw.) vor dem Gebrauch ausgesetzt sind, annehmen. Zur Prüfung der Komprimierbarkeit wurden Hülsen aus 1 mm starkem Kupferblech und 20 bzw. 40 mm Durchmesser mit Sprengstoff gefüllt und etwa 10mal mäßig auf den Tisch gestoßen. Sodann wurde die Dichte bestimmt; als größte Dichte wurde erhalten bei

	Sprengstoff I	Sprengstoff II
Patrone von 20 mm Durchmesser:	1·17	1·20
„ „ 40 „ „	1·21	1·20
im Mittel:	1·19	1·20

Die so ermittelte Dichte beider Sprengstoffe ist geringer als diejenige, welche der höchsten Detonationsgeschwindigkeit entspricht. Dies ist nicht bei allen Sprengstoffen der Fall, z. B. dichtet sich Cheddit 60 N hierbei so stark, daß er mit der 1·5-g-Kapsel nicht mehr voll detoniert. Die Komprimierbarkeit der Sprengstoffe I und II ist also nicht übermäßig groß und es ist nach vorstehenden Versuchen anzunehmen, daß die gelagerten Patronen durch Drücken in der Hand wieder genügend empfindlich gemacht werden können.

Nach oben angeführtem Versuche trifft dies für Sprengstoff I zu, nicht aber für Sprengstoff II: sorgfältig von Hand geknetete Patronen detonierten im Dezember 1907 mit 1·g-Sprengkapseln niemals vollkommen und selbst mit 1·5-g-Kapseln kamen Teilexplosionen vor. Dieses Resultat kann der großen Dichte zugeschrieben werden, welche der Sprengstoff II beim Patronieren erhielt und welche nach den Versuchen vom September 1906 1·40 betrug. Wenn die Patronierung mit geringerer Dichte erfolgt wäre, z. B. 1·25 bis 1·30, hätte sich der Sprengstoff in der größeren Hülse mehr ausbreiten können und das Drücken der harten Patronen würde vermutlich Erfolg gehabt haben.

Im Schreiben vom 27. Oktober 1906 bemerken die Fabrikanten, daß, wenn die Patronen von Anfang an stark genug komprimiert wurden, das Schrumpfen nicht stattfindet. Dieses Verfahren hat jedoch keine praktische Bedeutung, da solche Patronen von Anfang an für die üblichen Sprengkapseln unempfindlich sein würden.

VIII. Verschiedene Sprengwirkungen. a) Detonation an freier Luft auf Bleizylindern. Auf Bleizylindern von 36 mm Durchmesser und 72 mm Höhe wurden Sprengstoffmengen von 29 g in zylindrischen Zinkbüchsen von gleichem Durchmesser wie die Bleizylinder mit Hilfe von 1·5-g-Sprengkapseln, welche durch Zündschnur gezündet wurden, detoniert. Das Versuchsergebnis und die annähernde Dichte des Sprengstoffs ist in nachstehender Tabelle angegeben:

Datum des Versuchs	Sprengstoff	Temperatur Grad	Dichte des Sprengstoffs	Stauchung mm
2. Februar 1907	I	— 3 (Schnee)	0·88	9·0
			1·06	10·5
			1·26	10·5
19. November 1907	II	+ 3	0·93	13·0
			1·16	14·0
22. „ „	I	+ 1	0·93	15·0
			1·15	17·0

Die Versuche vom 2. Februar und 22. November stimmen nicht überein. Vielleicht war der Sprengstoff vom 2. Februar besonders feucht; die Feuchtigkeit des Sprengstoffs ist damals nicht bestimmt worden. Der am 22. November geprüfte Sprengstoff dagegen war in trockener Luft aufbewahrt. Jedenfalls stimmen die Resultate vom 22. November mit denen anderer Sprengstoffe besser überein und dürften deshalb als allein maßgebend gelten. — Die Resultate beweisen, daß die Dichte des Sprengstoffs auf die Stauchung der Bleiblöcke von Einfluß ist.

b) Sprengwirkung im Abelschen Bleiblock mit schwachem Besatz. In einem Bleizylinder von 250 mm Durchmesser und 280 mm Höhe, mit einem Bohrloch von 28 mm Durchmesser und 180 mm Tiefe wurden 10 g Sprengstoff II mit einer 2-g-Sprengkapsel detoniert. Zur Verdämmung diente Wasser, welches durch einen paraffinierten Korken vom Sprengstoff getrennt wurde. Die Bohrlochausweitung betrug 226 ccm = 22·6 ccm pro g Sprengstoff. In Bleiblöcken aus demselben Guß ergab Dynamit Nr. 1 von Cugny die Werte 25·6 und 26·3. Die Ausbauchung von Sprengstoff I konnte nicht ermittelt werden, da bei 2 Versuchen die Zündung mangelhaft war.

c) Versuche im Bohrloch. Die beiden Sprengstoffe wurden mit der 1·5-g-Sprengkapsel in Bohrlöchern, welche in gewachsenen Boden getrieben waren, detoniert. Die Versuche wurden an verschiedenen Tagen in demselben Boden ausgeführt. Die Versuchsergebnisse sind nachstehend mitgeteilt:

Datum des Versuchs	Bezeichnung des Sprengstoffs	Tiefe des Bohrlochs	Sprengstoffmenge	Sprengwirkung Durchmesser	Sprengwirkung Tiefe	Sprengwirkung Verhältnis $\frac{V}{P}$	Bemerkungen
		m	g	m	m	Lit/g	
19. Februar 1907	Sprengstoff I	1·0	94·5	0·85	0·55	0·85	Patronen Bergès Corbin
	„ II	1·0	105·0	0·515	0·56	0·74	
	Dynamit I Cugny 1896	1·0	97·2	0·48	0·51	0·63	Patronen von Cugny Umpatroniert $\Delta = 0{\cdot}92$
		1·0	100·0	0·465	0·54	0·61	
	Cheddite 60, 4. Formel, gelief. von Bergès Corbin am 13. IX. 1906	1·0	100·0	0·50	0·57	0·75	Patronen Bergès Corbin
	Pikrinsäure v. Esquerdes	0·9	100·0	0·46	0·49	0·54	$\Delta = 0{\cdot}93$
28. März 1907	Sprengstoff I	1·0	100·0	0·54	0·565	0·86	Umpatroniert $\Delta = 1{\cdot}35$ Patronendurchmesser 24 mm
	„ II	1·0	100·0	0·505	0·525	0·70	Umpatroniert $\Delta = 1{\cdot}40$. Patronendurchmesser 24 mm
	Dynamit I Cugny 1896	1·0	100·0	0·505	0·585	0·78	$\Delta = 1{\cdot}68$
	Dynamit II Cugny 1907	1·0	100·0	0·53	0·585	0·86	$\Delta = 1{\cdot}62$
	Cheddit 60 N. Vonges 1907	1·0	100·0	0·44	0·57	0·57	$\Delta = 1{\cdot}55$. Unvollkommene Detonation

Vorstehende Versuche sind nicht zahlreich genug, um die Sprengstoffe nach ihrer Sprengwirkung zu klassifizieren; die Resultate variieren sehr stark bei verschiedenen Sprengungen, entsprechend der Bodenbeschaffenheit. Die vorstehenden Zahlen geben nur einen Anhalt und können durch die Praxis widerlegt werden. Sie bestätigen aber die bereits gemachte Beobachtung, daß in weichem Boden die Cheddite mit Kaliumchlorat bessere Wirkung geben als manche Sprengstoffe, deren Kraft größer ist, z. B. Pikrinsäure. Es scheint andererseits daraus hervorzugehen, daß im gleichen Boden Cheddite mit Ammonperchlorat ähnliche, jedoch verhältnismäßig weniger markante Vorteile bieten.

Mit Bezug auf die Bezeichnung der Empfindlichkeit im Bohrloch stimmen die Versuche gut überein mit den aus den Detonationsversuchen an freier Luft gezogenen Schlußfolgerungen. Die Patronen detonierten vollkommen beim Versuch am 19. Februar 1907 und die ermittelten Dichten betrugen für Sprengstoff I 1·27 und für Sprengstoff II 1·39

Eine Patrone Sprengstoff I von der Dichte 1·35 ist beim Versuch am 28. März im Bohrloch vollkommen detoniert; diese Dichte liegt etwas oberhalb der durch die Kurve (V, Δ) gegebenen Grenze (ca. 1·33). Doch ist der Unterschied gering und der Patronendurchmesser (24 mm) größer als derjenige der für die Messung der Detonationsgeschwindigkeit verwendeten Zinkröhren. Eine Vergrößerung des Patronendurchmessers aber erleichtert die Detonationsübertragung. Außerdem war die Patrone nur 12 cm lang, während die Zinkröhren 17 cm lang waren.

Eine Patrone Sprengstoff II von der Dichte 1·40 und dem Durchmesser von 24 mm ist ebenfalls vollkommen detoniert. Die äußerste Dichte nach der Kurve (V, Δ) betrug 1·38. Es treffen hier also die gleichen Erwägungen wie bei Sprengstoff I zu.

Weiterhin wurden noch Versuche über die Empfindlichkeit gegen Knallquecksilber-Initiierung im Bohrloch zum Vergleich mit der an freier Luft (Kapitel VII) ausgeführt. Die Versuchsergebnisse sind in nachstehender Tabelle zusammengestellt:

Datum des Versuchs	Bezeichnung des Sprengstoffs	Tiefe des Bohrlochs	Sprengstoffmenge	Sprengwirkung: Durchmesser	Sprengwirkung: Tiefe	Sprengwirkung: Verhältnis $\frac{V}{P}$	Bemerkungen
		m	g	m	m	Liter pro g	
3. Dezember 1907	Sprengstoff I[1] (Patron. nicht geknetet)	1·0	2 Patron. von 91 g	0·39	0·43	0·19 (2 Patr.) 0·38 (1 Patr.)	P = 132 g P = 91 g
	Sprengstoff II[2] (Patronen sorgfältig geknetet)	1·0	2 Patron. von 105 g	0·42	0·46	0·20 (2 Patr.) 0·40 (1 Patr.)	P = 210 g P = 105 g
	Sprengstoff II[3] (Patronen sorgfältig geknetet)	0·97	2 Patron. von 105 g	0·59	0·76	0·66 (2 Patr.)	P = 210 g

[1] Das Bohrloch von etwa 28 mm Durchmesser wurde so stark ausgeweitet, daß die Patronen leicht auf den Grund fielen und unter sich genügend in Berührung waren. Nach Abgabe des Schusses wurde unver-

Einen Vergleich vorstehender Versuche mit den Explosionsversuchen an freier Luft (VII) vom 2. Dezember 1907 gestattet folgende Nebeneinanderstellung:

Sprengstoff I

an freier Luft:	im Bohrloch:
Eine nicht geknetete Patrone detonierte bei Initiierung mit einer 2-g-Sprengkapsel in einer Länge von 5 cm.	**Eine nicht geknetete Patrone detonierte bei Initiierung mit einer 2-g-Sprengkapsel in einer Länge von ungefähr 6 cm.**

Sprengstoff II.

Die Detonationen der gekneteten Patronen sind immer unvollkommen mit der 1-g-Sprengkapsel; vollkommene Detonation wird erhalten mit Sprengkapseln von 1·25, 1·50 und 2-g-Knallsatz, doch kam einmal vor, daß eine Patrone mit 1·5-g-Kapsel nur auf 6 cm detonierte.	**Bei einem Versuch erstreckte sich die durch eine 1·5-g-Sprengkapsel hervorgerufene Detonation auf zwei geknetete Patronen, also 24 cm Patronenlänge.** **Bei einem anderen Versuch mit 1·5-g-Kapsel jedoch erstreckte sich die Detonation nur auf ungefähr 8 cm.**

Demnach scheint also die Empfindlichkeit der Sprengstoffe gegen Initiierung im Bohrloch die gleiche zu sein, wie an freier Luft.

Aus vorstehend angeführten Versuchen ergeben sich nachstehende Schlußfolgerungen:

1. Betreff Herstellung. Sprengstoff I leitet die Entzündung außerordentlich leicht weiter und ist daher nicht genügend sicher; Sprengstoff II dagegen scheint genügend sicher. — Zu beachten ist bei allen Ammonperchloratsprengstoff-Fabriken, daß eine räumliche Trennung von der Herstellung von Kalium- und Natriumchloratsprengstoffen einzuhalten ist, auch das Reinigen der Arbeiterkleider und Utensilien getrennt vorgenommen werden muß. — Die Rohmaterialien zu den neuen Sprengstoffen müssen

brannte Substanz an den Wandungen haftend vorgefunden. Die erste Patrone war nur teilweise, die zweite Patrone gar nicht detoniert. Nach dem Wert des Verhältnisses $\frac{V}{P}$ konnte die erste Patrone nur zur Hälfte detoniert sein. Die Initiierung erfolgte mit einer 2-g-Sprengkapsel.

[2] Das Bohrloch wurde nicht ausgeweitet. Infolge Reibung der Patronen an der Bohrlochwandung war die tadellose Berührung der Patronen unter sich nicht sicher. Unverbrannte Substanz befand sich an den Wandungen der Bohrlocherweiterung. Die erste Patrone war nur teilweise, die zweite nicht detoniert. Nach dem Verhältniswert $\frac{V}{P}$ konnte die erste Patrone zu $^2/_3$ detoniert sein. Die Initiierung geschah mit einer 1·5-g-Kapsel.

[3] Das Bohrloch wurde ausgeweitet, so daß die Patronen leicht hineinfielen. Unverbrannte Sprengstoffreste wurden nicht vorgefunden, die Detonation war vollkommen.

sorgfältig gelagert werden, denn Ammonperchlorat ist zwar ziemlich ungefährlich, aber doch schon an sich ein explosiver Körper.

2. Betreff Lagerung. Es scheint nicht, daß gefährliche chemische Selbstzersetzungen bei den beiden untersuchten Sprengstoffen zu befürchten sind; der eine Bestandteil Rizinusöl unterliegt zwar unter dem Einfluß der Luft einer leichten Verharzung aber es scheinen sich daraus praktisch nur sekundäre Übelstände zu ergeben. Sollte der Staat die Herstellung der neuen Sprengstoffe in die Hand nehmen, so wäre es notwendig, die Studien über Verhalten beim Lagern fortzusetzen; eine Probe Ammonperchlorat hat tatsächlich bei 110° eine beträchtliche Zersetzung gezeigt. Bei Sprengstoff II sind infolge der hygroskopischen Eigenschaften des Natriumnitrats dichte Hüllen notwendig, ähnlich wie bei den Ammonsalpetersprengstoffen.

3. Betreff Gebrauch. Die beiden Sprengstoffe zeigen verschiedene Vorteile und Nachteile. Der Sprengstoff I zeigt große Sprengkraft und läßt sich in bezug auf Stärke mit Sprenggelatine vergleichen; er entwickelt aber bei der Detonation große Mengen Salzsäure und darf daher nur bei Außenarbeiten verwendet werden. Bezüglich Erhärtung ergeben sich ähnliche Mißstände wie bei den Chlorat-Chedditen; in weniger als einem Jahr waren die vorgelegten Patronen so weit erhärtet, daß dieselben mit 1·5-g-Knallquecksilber-Sprengkapsel nur unvollkommen detonierten; durch Kneten mit der Hand kurz vor Gebrauch konnte man den Patronen wieder eine genügende Empfindlichkeit geben. — Der Sprengstoff II zeigt, je nach der Menge des zugesetzten Natronsalpeters, eine geringere Stärke; der durch den Zusatz des Nitrates beabsichtigte Zweck, die Entwicklung von Salzsäure hintanzuhalten, ist — im Gegensatz zu den Angaben der Antragsteller — nicht vollständig erreicht, so daß man also im Innern von Bergwerken den Sprengstoff nicht gut verwenden könnte. Auch Sprengstoff II erhärtet allmählich, die vorgelegten Proben waren sogar noch unempfindlicher gegen Sprengkapsel wie die von Sprengstoff I; das Kneten mit der Hand ist auch schwieriger, weil der Sprengstoff eine sehr große Härte besitzt; es ist daher eine sehr sorgfältige Behandlung nötig und auch dann noch sind die Resultate nicht befriedigend. Es wäre vielleicht zweckmäßig mit Rücksicht auf Erhärtung und notwendiges Kneten den Sprengstoff in geringerer Dichte zu patronieren. — Gegen Stoß scheinen beide Sprengstoffe genügend unempfindlich zu sein, so daß sich für die Verbraucher keine besonderen Gefahren ergeben.

4. Vom wirtschaftlichen Gesichtspunkt aus ist zu beachten, daß Ammonperchlorat per Kilo 1·25 Fr. kostet; für

Sprengstoff I kann man dies etwas teure Rohmaterial vorteilhaft verwenden, bei Sprengstoff II scheint die Anwendung weniger vorteilhaft zu sein. Im ganzen ist Sprengstoff I ein Sprengmittel von großer Kraft, dessen Gebrauch ökonomisch erscheint und der bei Außenarbeiten, wo die Salzsäure keine Übelstände veranlaßt, verwendet werden kann; die Patronen erhärten nicht übermäßig. Diese Vorteile sind jedoch nicht groß genug gegenüber den Gefahren bei Herstellung des Sprengstoffs. — Die Beseitigung der Salzsäuredämpfe, welche dann im Sprengstoff II durch Zusatz von Natronsalpeter versucht wurde, ließ sich nicht vollständig erreichen; Sprengstoff II bietet beträchtliche Übelstände durch seine Erhärtung; in bezug auf Kostenpreis ist er den gegenwärtig erzeugten Sprengstoffen nicht überlegen.

Die Kommission glaubt daher, daß es nicht im Interesse des Staates liegt, die Herstellung der beiden Sprengstoffe aus Ammoniumperchlorat zu übernehmen, die von den Herren Bergès-Corbin & Co. vorgeschlagen wurden.

Elfter Abschnitt.

Vorschriften der deutschen Eisenbahnverwaltung betreffs Transportzulassung und Verpackung.

Die Chlorat- und Perchloratsprengstoffe gehören nicht zur ersten Gruppe der Sprengmittel, den sogenannten handhabungssicheren Sprengstoffen, welche in unbeschränkten Mengen als Stückgut befördert werden dürfen; vielmehr sind die Chlorat- und Perchloratsprengstoffe teils der zweiten, teils der dritten Gruppe der Sprengmittel zugeteilt.

2. Gruppe. Sprengstoffe, die nur in Mengen bis zu 200 kg als Stückgut befördert werden dürfen, bei Aufgabe in größeren Mengen aber wie die Sprengstoffe der 3. Gruppe zu befördern sind. Hierher gehören:

Chlorat- und Perchloratsprengstoffe (Gemenge von Chloraten oder Perchloraten der Alkalien oder alkalischen Erden mit kohlenstoffreichen Verbindungen, wie Kohle, Kohlenwasserstoffe, Harze, Öle, nitrierte aromatische Kohlenwasserstoffe, Pflanzenmehle, anorganische Salze und ähnliche). Chloratmischungen dürfen keine Ammoniaksalze enthalten. Unter dem Einfluß von Stoß, Reibung und Entzündung dürfen sich die Sprengstoffe nicht gefährlicher erweisen als Cheddit von folgender Zusammensetzung: 79 % Kaliumchlorat, 1 % Nitronaphtalin, 15 % Dinitrotoluol, 5 % Rizinusöl.

Diese Sprengstoffe sind:

Alkalsit I (Gemenge von höchstens 27 % Kaliumperchlorat, von Ammoniaksalpeter, höchstens 24 % Natronsalpeter, höchstens 8 % Trinitrotoluol, sowie von Holzmehl, Mehl und Nitronaphtalin.

Alkalsit A (Gemenge von höchstens 55 % Kaliumperchlorat, Ammoniaksalpeter, höchstens 31 % Dinitrotoluol und höchstens 5 % eines flüssigen neutralen Gemisches nitrierter Toluole).

Cheddit (Gemenge von höchstens 80 % Kaliumchlorat oder höchstens 75 % Natriumchlorat mit Nitronaphtalin, Tinitrotoluol und mindestens 5 % Rizinusöl, auch mit Zusatz von Paraffin).

Gesteinspermonit, Permonit I (Gemenge von höchstens 32·5 % Kaliumperchlorat, Ammoniaksalpeter, höchstens 7 % Natronsalpeter, höchstens 20 % Trinitrotoluol, ferner von Mehl, Holzmehl und von Melan-Gemisch von 1 Tl. Glyzerin und 3·5 Tln. Leim).

Wetterpermonit, Permonit II (Gemenge von höchstens 34 % Kaliumperchlorat, von Ammoniaksalpeter, Kochsalz, höchstens 7 % Trinitrotoluol, von Mehl, Holzmehl, Melan-Gemisch von 1 Tl. Glyzerin und 3·5 Tln. Leim), sowie von höchstens 6 % Nitroglyzerin).

Permonit A (Gemenge von höchstens 54 % Kaliumperchlorat, von Ammoniaksalpeter, von neutralen nitrierten Kohlenwasserstoffen — darunter höchstens 20 % Trinitrotoluol —, von Holzmehl und von höchstens 4 % gelatiniertem Nitroglyzerin).

Persalit (Gemenge von höchstens 77 % Perchloraten der Alkalien oder alkalischen Erden, von Kohlenstoffträgern wie Kohlenwasserstoffen, Harzen, Ölen, Pflanzenmehlen und nitrierten aromatischen Kohlenwasserstoffen — mit der Beschränkung, daß bei einem Perchloratgehalt von über 70 % höchstens 10 % Trinitrotoluol vorhanden sein dürfen — und von mindestens 4 % Ammonsalpeter; ein Zusatz von Natronsalpeter und von solchen anorganischen Salzen, welche die Gefahr nicht erhöhen, ist zulässig).

Silesia (Gemenge von höchstens 80 % Kaliumchlorat und von Harz, von dem höchstens 4 % nitriert sein dürfen. Auch Gemenge von höchstens 75 % Kaliumchlorat, mindestens 8 % Harz und mindestens 10 % Kochsalz; letzteres muß durch Paraffinöl [1/4 % seines Gewichts] denaturiert sein; das Harz muß einen Schmelzpunkt von etwa 70° haben).

Yonckit I (Gemenge von höchstens 20 % Ammoniumperchlorat, von Ammoniaksalpeter und von höchstens 27 % Natronsalpeter, auch mit Barytsalpeter — höchstens 6 % — und mit höchstens 20 % Dinitrotoluol).

Yonckit II (Gemenge von höchstens 15 % Ammoniumperchlorat, von Ammoniaksalpeter und von höchstens 30 % Natronsalpeter, auch mit Barytsalpeter — höchstens 10 % — und mit höchstens 22·5 % Trinitrotoluol und Kochsalz).

3. Gruppe. Sprengstoffe, die nur in Wagenladungen befördert werden dürfen. Hierher gehören Chlorat- und Perchloratsprengstoffe, die den Bedingungen der 2. Gruppe nicht entsprechen, aber nicht gefährlicher sind als Silesia folgender Zusammensetzung: 85 % Kaliumchlorat und 15 % Kolophonium.

Bisher sind in diese Gruppe aufgenommen:

Alkalsite (Gemenge von höchstens 80 % Kalium- oder Natriumchlorat oder 80 % Kalium-, Natrium- oder Ammoniumperchlorat mit Nitrokohlenwasserstoffen der aromatischen Reihe und Zellulosenitraten — Gesamtmenge der organischen Bestandteile 19 % —, Kohle, Kohlenwasserstoffen oder Kohlehydraten, in Verbindung mit allen Salpeterarten, Chloratmischungen dürfen keine Ammoniaksalze enthalten).

Cheddit I (Gemenge von höchstens 80 % Kalium- oder Natriumchlorat, Dinitrotoluol, Nitronaphtalin und Rizinusöl, auch mit Zusatz von Paraffin).

Kinetit (ein durch Nitrozellulose gelatiniertes Nitrobenzol, in das ein Gemenge von salpetersaurem und chlorsaurem Kali eingeknetet ist).

Permonite (Gemenge von je höchstens 30 bis 40 % Ammoniaksalpeter und Kaliumperchlorat unter Zusatz von Leimgelatine, Natronsalpeter, Pflanzenmehl und höchstens 20 % Dinitrotoluol).

Silesia I (Gemenge von höchstens 85 % Kaliumchlorat und reinem oder nitriertem Harze, auch mit Zusatz von nitriertem Pflanzenmehl).

Bezüglich Verpackung der bei deutschen Eisenbahnen zur Versendung gelangenden Chlorat- und Perchloratsprengstoffe der 2. und 3. Gruppe gelten folgende Bestimmungen:

1. Die Sprengstoffe müssen patroniert sein. Die Patronen müssen mit Paraffin oder Zeresin überzogen oder in paraffiniertes oder zeresiniertes Papier eingeschlagen und durch eine feste Umhüllung von Papier zu Paketen bis 2 ½ kg Gewicht vereinigt sein. Die Pakete müssen in starke, dichte, sicher verschlossene Holzbehälter fest verpackt sein. In dem Behälter etwa leer bleibende Räume müssen mit geeigneten Verpackungsstoffen derart ausgefüllt werden, daß sich die Pakete nicht bewegen können.

Zum Zusammenfügen der Wände der Behälter verwendete eiserne Nägel müssen verzinkt sein.

2. Der Inhalt eines Behälters darf höchstens 25 kg betragen.

3. Die Behälter müssen eine den Inhalt deutlich kennzeichnende Aufschrift „Chloratsprengstoff (Name)“ oder „Perchloratsprengstoff (Name)“ der „2. Gruppe“ bzw. der „3. Gruppe“ tragen.

Zwölfter Abschnitt.

Prüfungsvorschriften der deutschen Eisenbahnverwaltung.

Die Prüfung muß sich erstrecken auf

1. Chemische Analyse, besonders Herstellung der gleichmäßigen Zusammensetzung.
2. Verhalten gegenüber Lackmuspapier.
3. Verhalten bei Warmlagerung.
4. Verhalten bei Lagerung in feuchter und trockner Luft.
5. Verhalten bei längerem Rütteln (Entmischbarkeit).
6. Verhalten bei Zündung.
7. Verhalten gegen mechanische Einwirkung.

Der zu prüfende Sprengstoff wird mit einem sogenannten Vergleichssprengstoff untersucht; als Vergleichssprengstoff für die Chlorat- und Perchloratsprengstoffe der 2. Gruppe dient Cheddit von der Zusammensetzung 79 % Kaliumchlorat, 1 % Nitronaphtalin, 15 % Dinitrotoluol und 5 % Rizinusöl; zur Herstellung desselben werden das Nitronaphtalin, das Dinitrotoluol und das Rizinusöl im Wasserbade zusammengeschmolzen, dann wird das trockene, fein gepulverte, chemisch reine Kaliumchlorat in der Schmelze gleichmäßig durchgeknetet. Die Gleichmäßigkeit der Mischung wird an besonderen Proben durch chemische Analyse festgestellt. — Als Vergleichssprengstoff für die Chlorat- und Perchloratsprengstoffe der 3. Gruppe dient Silesia I von der Zusammensetzung 85 % Kaliumchlorat und 15 % Kolophonium, hergestellt durch innige Mischung der fein gepulverten, gesiebten, trockenen Bestandteile.

1. Chemische Analyse. Besondere Bemerkungen hierzu sind in den Eisenbahn-Prüfungsvorschriften nicht gemacht.

2. Verhalten gegenüber Lackmuspapier. 1 g des Sprengstoffs wird mit 2 ccm destilliertem Wasser angerieben und die Mischung mit empfindlichem, blauem Lackmuspapier geprüft. Diese Prüfung wird vergleichsweise vor und nach der Lagerung

bei 75° (vgl. unter 3) ausgeführt; eine wesentliche Verstärkung der etwaigen sauren Reaktion infolge der Lagerung darf dabei nicht eintreten. Cheddit und Silesia I reagieren nicht sauer.

3. Lagerung der Sprengstoffe bei 75° C. Zwei Proben von je 10 g des nicht vorgetrockneten Sprengstoffs sind in lose verschlossenen Wägegläschen von 35 mm Durchmesser und 50 mm Höhe unterzubringen. Die Wägegläschen sind 48 Stunden lang in einem auf 75° C erwärmten Trockenschrank zu lagern. Darauf ist festzustellen, ob Beschaffenheit (Aussehen, Reaktion, Geruch) oder Gewicht der Proben verändert ist. Cheddit und Silesia I verändern sich nicht wesentlich.

4. Lagerung der Sprengstoffe abwechselnd in feuchter und in trockener Luft. Zwei Proben von je 100 g werden abwechselnd 48 Stunden feucht (unter Glasglocke mit Wasser) und dann 84 Stunden in trockener Luft (im Exsikkator) gelagert. Dieses Verfahren wird zweimal wiederholt. Hierauf werden Stoß- und Reibungsempfindlichkeit sowie Verhalten gegen Flamme geprüft. Cheddit und Silesia I bleiben unverändert.

5. Rüttelversuch auf Entmischbarkeit. 100 g des Sprengstoffs werden in einer trockenen, weithalsigen Flasche von 150 ccm Rauminhalt 5 Stunden lang auf einem sich etwa 150 mal in der Minute wagrecht hin und her bewegenden Apparate gerüttelt. Sodann wird festgestellt, ob Entmischung stattgefunden hat. Zutreffenden Falles ist Stoß- und Reibungsempfindlichkeit, sowie Verhalten bei der Zündung zu prüfen. Cheddit und Silesia I ändern sich nicht.

6. Verhalten bei Zündung.

a) Zündversuch mit Schwarzpulverzündschnur. 3 g des pulverförmigen Sprengstoffs werden in ein gewöhnliches Reagenzglas gefüllt, durch leichtes Aufstoßen wird eine ebene Oberfläche hergestellt. Auf die Mitte der Probe wird dann eine 20 cm lange, langsam (1 m in 100 Sek.) brennende Schwarzpulverzündschnur lose aufgesetzt und entzündet. Dieser Versuch wird mit jedem Sprengstoff zweimal ausgeführt. Cheddit und Silesia I entzünden sich nicht.

b) Einwerfen von Proben des Sprengstoffes in rotglühende Eisenschalen. (Der Versuch soll nur unter Sicherheitsmaßnahmen ausgeführt werden; insbesondere wird Arbeiten unter einem Abzug hinter einer doppelten Schutzwand aus starkwandigem Spiegelglas sowie Tragen einer Schutzbrille empfohlen.) Eine halbkugelförmige Schale aus 1 mm starkem Eisenblech mit 12 cm Durchmesser wird durch einen glutbrennenden Dreibrenner auf einem Stativring zur Rotglut erhitzt. Man beginnt mit dem

Einwerfen kleiner Proben (0·5 g) und erhöht die Menge, wenn keine Detonation erfolgt, bis zu 5 g, die auf einmal einzuwerfen sind. Der Versuch wird zweimal wiederholt. Cheddit und Silesia I verbrennen rasch, explodieren aber nicht.

c) Erhitzen kleiner, in Reagenzgläsern untergebrachter Proben im Woodschen Metallbad bis zum Zersetzungs- (Verpuffungspunkt). (Dieser Versuch wird zweckmäßig hinter einer Schutzwand ausgeführt.) Eine eiserne Schale von 14 cm Durchmesser und 7 cm Höhe wird bis 2 cm unter den Rand mit Woodschem Metalle gefüllt. In die Mitte des Bades wird ein in ganze Grade eingeteiltes und gegen Explosionswirkung geschütztes Thermometer (0 bis 360°) 50 mm tief eingetaucht. Rings um das Thermometer sind in Abständen von 50 mm drei Reagenzgläser von 15 mm lichter Weite und 120 mm Länge 20 mm tief in das Bad eingetaucht. Jedes Reagenzglas wird mit 0·2 bis 0·5 g der Probe beschickt und bei 100° in das Metallbad eingesetzt. Die Temperatur des Bades wird dann in der Minute um 20° gesteigert, bis Verpuffung erfolgt oder die Temperatur von 320° erreicht ist. Cheddit und Silesia I verpuffen nicht unter 200°.

d. Abbrennen größerer, in Eisenblechkästen untergebrachter Proben im Holzfeuer. (Diese Versuche müssen entweder auf freiem Felde — mindestens 100 m von bewohnten Gebäuden entfernt — oder an einem Orte, der gegen Sprengstoffe schützt, ausgeführt werden.) Würfelförmige Kästchen aus 1 mm starkem Eisenblech von 8·5 mm innerer Weite, vernietet, mit nach außen umgebörtelten 8 bis 9 mm breiten Rändern und aufschiebbarem Deckel werden mit der Probe gefüllt (Inhalt 0·5 bis 1 kg). Darauf wird der Deckel aufgeschoben und durch kreuzweises Umbinden des Kästchens mit Eisendraht befestigt. Das Kästchen wird dann in ein lebhaft brennendes Holzfeuer eingesetzt und darin mindestens 10 Minuten lang belassen. Das Einsetzen muß mit Vorsicht geschehen, etwa derart, daß das Kästchen in geeigneter Vorrichtung vom Sicherheitsstand aus auf den Holzstoß herabgelassen wird. Bei weniger gefährlichen Sprengstoffen kann man, wenn der Sicherheitsstand in der Nähe ist, die Kästchen mit der Hand auflegen; dann sind sie zuvor gut in Packpapier einzuschlagen, damit eine zu rasche Zündung der Sprengstoffe durch die Lücken der Blechbüchse vermieden wird. — Cheddit verbrennt rasch mit schwachen Verpuffungen, Silesia verpufft lebhaft.

7. Verhalten gegen mechanische Einwirkung.

a) Gegen Stoß und Schlag unter dem Fallhammer.

Vorbereitung der Sprengstoffe. Die Proben müssen fein zerteilt sein und — höchstens 1 cm hoch geschichtet — im Vakuumexsikkator über Chlorcalcium 24 Stunden lang vorgetrocknet werden. Die Fallhammervorrichtung besteht aus einem Fallgewicht mit Aufhängevorrichtung, zwei Schienen zur Führung des fallenden Gewichts und einem Amboß aus gehärtetem Stahl, der in eine gußeiserne, in solidem Mauerwerk verankerte Unterlage eingelassen ist. Etwa 0·05 bis 0·1 g des Sprengstoffs werden in dünner Schicht auf dem Amboß ausgebreitet und mit einem kurzen, gehärteten Stahlstempel bedeckt. Anstatt den Sprengstoff lose auf den Amboß zu legen, kann man sich auch des Stempelapparates[1] bedienen. Jeder Sprengstoff muß mit einem 2-Kilo- und mit einem 10-Kilo-Fallhammer geprüft werden. Bei jeder Fallhöhe sind 6 Versuche (jedesmal mit einer neuen Probe) auszuführen, bei jedem Versuch darf jedes Gewicht nur einmal auffallen. Die Versuchstemperatur muß 15 bis 20° betragen. Diejenige Fallhöhe, bei welcher die Probe anfängt, regelmäßig (unter 6 Versuchen einmal) zu detonieren (deutlicher Knall oder vollständige Verpuffung), ist für den Empfindlichkeitsgrad maßgebend. Vor jedem Versuch sind Amboß und Stempel sorgfältig zu reinigen.

b) Gegen Reibung im unglasierten Porzellanmörser.

Vorbereitung der Sprengstoffe wie bei a.

Versuchsanordnung: Unglasierter Porzellanmörser von 10 cm innerem Durchmesser und 6 cm Höhe, mit unglasiertem Pistill, der Mörser ist vor dem Versuche sorgfältig zu reinigen. Die Reibprobe wird mit je 0·05 g Substanz bei gewöhnlicher Temperatur ausgeführt. Der Versuch ist zweimal zu wiederholen. Cheddit und Silesia I knistern stark (nur örtliche Explosionen).

Ein Zusatz von Ammonsalpeter zu Chloratsprengstoffen ist zu vermeiden, da die beiden Salze unter deutlich nachweisbarer Abspaltung von Chlorsäuren bzw. Chlor, vielleicht auch unter Bildung einer geringen Menge des leicht zersetzlichen Ammoniumchlorats aufeinander einwirken. Ebenso sind bei den Chloratsprengstoffen Zusätze zu vermeiden, welche freie Schwefelsäure enthalten oder abspalten oder das Chlorat zu reduzieren vermögen. Gleichfalls zersetzend wirken Pikrinsäure und Trinitrokresol und deren Ammoniumsalze auf Kaliumchlorat ein.

Anhang: In England gilt für Chloratsprengstoffe die Vorschrift, daß sie nicht durch gleitenden Stoß mit einem Besenstiele aus weichem Holz zur Detonation gebracht werden sollen.

[1] Vgl. Ztschr. Schieß-Sprengstoffwesen 1906, Bd. I, S. 289. — Post, Chem.-techn. Analyse. 3. Aufl., Bd. II, S. 1015.

Dreizehnter Abschnitt.

Allgemeines.

Für die Frage der Verwendung der Chlorate und Perchlorate ist es nach einem Vortrage von Geh. Reg.-Rat Prof. Dr. O. N. Witt[1] von Interesse, die für die Sprengstoffindustrie in Betracht kommenden Salze nach ihrem Sauerstoffgehalt zu ordnen und danach sowie nach dem Marktpreis der Salze zu berechnen, wie hoch sich der Sauerstoffpreis pro Kilogramm stellt; dabei ist noch der reziproke Aschengehalt der Substanzen in Prozenten anzugeben. Allerdings läßt sich Ammonsalpeter nicht zwanglos in die Tabelle einreihen; doch steht hier dem relativ sehr hohen Sauerstoffpreis als besonderer Vorteil die vollständige Vergasung gegenüber.

Vergleichende Zusammenstellung einiger oxydierend wirkender Salze.

	Sauerstoffgehalt in %	Rezip. Aschengehalt in %	Marktpreis für 100 kg	Sauerstoffpreis für 1 kg
Natriumnitrat . .	56·5	43·5	43 M.	0·76 M.
Natriumperchlorat .	52·2	47·8	70 „	1·34 „
Kaliumnitrat . . .	47·5	52·5	47 „	1·00 „
Kaliumperchlorat .	46·2	53·8	80 „	1·73 „
Natriumchlorat . .	45·0	55·0	66 „	1·47 „
Kaliumpermanganat	40·5	59·5	78 „	1·92 „
Kaliumchlorat . .	39·3	60·7	66 „	1·68 „
Kaliumbichromat .	38·0	62·0	70 „	1·84 „

Danach erscheinen als die einzigen ernsthaften Konkurrenten der Nitrate die Alkalichlorate und Perchlorate. — Witt sagt weiter, daß wir schon über Chloratsprengstoffe verfügen, welche gegen Schlag-, Stoß- und Reibungsangriffe als sehr wenig empfindlich bezeichnet werden können, während über ihr Verhalten gegen Feuer weiteres Studium angezeigt erscheint.

In der Diskussion über den Wittschen Vortrag hat sich der Chef der Zentralstelle Neubabelsberg Geh.-Rat Prof. Dr. Will folgendermaßen geäußert:

„Was die Chlorate anbelangt, so möchte ich doch ein Wort der Warnung sagen, gerade aus dem Grunde, weil die Einführung der Chlorate in die Sprengtechnik sich so rasch vollzogen hat und weil die neuen Sprengstoffe in ihren Eigenschaften manches Gute ergeben

[1] „Moderne Entwicklung in der Sprengstoff-Industrie". Zeitschrift des Vereins zur Beförderung des Gewerbefleißes. 1910. S. 60ff.

haben. Die Aufnahme der Chloratsprengstoffe in den Eisenbahnverkehr zu erleichterten Bedingungen zeigt zwar, daß diese Sprengstoffe in bezug auf ihre Sicherheit beim Transport geprüft wurden und daß man die Bedenken, die man anfangs aus der Zusammensetzung haben mußte, hierfür als überwunden angesehen hat. Nun ist aus der Aufnahme dieser Sprengstoffe in den Stückgutverkehr vereinzelt in der Industrie gefolgert worden, daß sie ebenso unempfindlich seien wie die im Handel befindlichen handhabungssicheren Sprengstoffe, so daß man also mit den Chloratsprengstoffen unter Außerachtlassung der weitgehendsten Versichtsmaßregeln arbeiten könnte. Diese Ansicht, die leider dem Irrtum entsprang, daß man die Gefahr des Verkehrs (auf welche die Eisenbahn allein Rücksicht nimmt) mit der Gefahr der Handhabung (z. B. des Einbringens in ein Bohrloch) verwechselt, hat zu Übelständen geführt. Es ist darauf aufmerksam zu machen, daß die Zulassung der Sprengstoffe als Stückgut in den Transport nicht so aufgefaßt werden darf, als ob die Behörde der Meinung wäre, man könne die Chloratsprengstoffe auch als handhabungssicher bezeichnen. Vielmehr hat sich herausgestellt, daß auch die besten der Chloratsprengstoffe viel unsicherer gegen Reibung sind als die handhabungssicheren Ammoniak-Salpetersprengstoffe, und es hat sich gezeigt, daß wenn man solche Patronen in ein Bohrloch mit Gewalt einführt, z. B. wenn man sie etwa hineingestoßen hat oder sogar zum Hineinschieben ein eisernes Werkzeug benützte, die Chloratsprengstoffe zu sehr unangenehmen Detonationen geführt haben. Die Frage der Chloratsprengstoffe kann also noch nicht als ein gelöstes Problem aufgefaßt werden. — Im besonderen muß noch darauf hingewiesen werden, daß zur Vermeidung der Bildung von Ammoniumchlorat, welches in Mischung mit organischer Substanz außerordentlich gefährlich ist, Zusätze von Ammoniaksalzen zu Chloratsprengstoffen absolut unzulässig sind. —

Die Perchloratsprengstoffe kommen in bezug auf Unempfindlichkeit den Ammonik-Salpetersprengstoffen näher, ohne letztere aber ganz zu erreichen, namentlich nicht in bezug auf Haltbarkeit bei höherer Temperatur, wenn Mischungen von Perchlorat mit Ammoniaksalpeter oder anderen Ammoniaksalzen vorliegen.

Prof. Dr. ing. A. Frank hat bei gleicher Gelegenheit darauf aufmerksam gemacht, daß die eigentümliche Unsicherheit der Chloratsprengstoffe sich besonders in der fatalen Erscheinung zeigt, daß aus den Chloratpulvern, wenn sie (was ja im Bergwerks- und Steinbruchsbetriebe kaum vermeidbar ist) abwechselnd feuchter und trockener Luft ausgesetzt sind, das chlorsaure Kali in mikroskopisch feinsten Nadeln herausblüht und daß gerade diese atomfeinen Kriställchen gegen Schlag und Druck äußerst empfindlich sind. Dagegen findet bei den Perchloraten dieses Ausblühen nicht statt. Letztere finden daher schon in bedeutenden Mengen

Verwendung; namentlich fangen die Bergwerksbetriebe in Südafrika an, sich für die Perchlorate lebhaft zu interessieren, da die dort vorhandenen und teilweise bereits im Ausbau begriffenen großen Wasserkräfte (z. B. des Viktoriafalles), sowie die verhältnismäßig einfache und billige Herstellung der Perchlorate für deren Erzeugung im Lande selbst weitgehende Aussichten eröffnen. Beim Goldbergbau sind die goldführenden Quarzflöze (reefs) von verhältnismäßig geringer Mächtigkeit, und um nicht zu viel taubes Gestein abzubauen, werden die Strecken möglichst niedrig und flach vorgetrieben; da nun die Ammoniumperchloratsprengstoffe beim Abbrennen freies Chlor und Salzsäure liefern, welche die Wetter in den niedrigen Strecken sehr verschlechtern und damit die Arbeit erschweren, setzt man Kali- oder Natronsalpeter zur Bindung der schädlichen Gase dem Ammonperchlorat zu; das Chlor wird dann an das Alkali gebunden.[1]

Es sei hier noch hingewiesen auf einige Angaben, die Alvisi auf dem fünften internationalen Kongreß für angewandte Chemie in Berlin im Jahre 1903 gemacht hat.[2] Alvisi stellte einen schwarzpulverähnlichen, direkten Sprengstoff her aus Ammonperchlorat, Schwefel und Cannelkohle, den er Manlianit nannte; ferner einen indirekten, durch Sprengkapsel zu detonierenden Sprengstoff Cannel-Coal-Powder. Über praktische Anwendung dieser Sprengstoffe ist Nichts bekannt geworden.

Anhangsweise bringen wir hier noch einige Angaben, die Berthelot[3] über Wärme-, Gas- und Druckentwicklung von Chloraten und Perchloraten gemacht hat.

a) Kaliumchlorat.

Bei der Zersetzung von Kaliumchlorat nach der Gleichung $KClO_3 = KCl + O_3$ werden, auf gewöhnliche Temperatur bezogen, von einem Molekül Chlorat + 11 Kalorien Wärme entwickelt bei konstantem Druck, bzw. + 11·8 Kalorien bei konstantem Volumen; von einem Kilogramm $KClO_3$ werden daher entwickelt

+ 81·6 Kalorien (bei konstantem Druck),
+ 87·4 „ (bei konstantem Volumen).

Die Gasentwicklung beträgt (auf 0^0 und 760 mm reduziert) vom Molekül 33·48 Liter, von einem Kilogramm 273·1 Liter.

Der permanente Druck nach Abkühlung — unter Berücksichtigung des gebildeten Chlorkaliums (304 ccm per Kilogramm) —

[1] Vgl. franz. Pat. 370813 (Bergès Corbin), wonach auf 45—55 Teile Perchlorat 40—30 Teile Nitrat kommen.

[2] Kongreß-Bericht. Bd. II. S. 467.

[3] Sur la force des matières explosives d'après la thermochimie. 1883. 178.

beträgt für die Ladedichte $\frac{1}{n} = \frac{273 \cdot 1}{n - 0 \cdot 304}$ Atm. oder $\frac{282 \cdot 2}{n - 0 \cdot 304}$ kg; daraus ergibt sich

$$n = 1 : 405 \text{ kg per Quadratzentimeter.}$$

Nimmt man an, daß Chlorat in seinem eigenen Volumen detoniert, so ist $n = \frac{1}{2 \cdot 33} = 0 \cdot 429$; der permanente Druck wäre also $2 \cdot 306$ kg.

Bei der Zersetzungstemperatur selbst — angenommen daß solche ohne Mitwirkung äußerer Erhitzung erfolgt — ist der theoretische Druck ungefähr der dreifache; wenn man die Ausdehnung des Chlorkaliums vernachlässigt, so ist derselbe

$$\frac{273 \cdot 1\left(1 + \frac{t}{273}\right)}{n - 0 \cdot 304} = \frac{855}{n - 0 \cdot 304} \text{ Atm.} = \frac{869 \text{ kg}}{n - 0 \cdot 304} \text{kg per Quadratzentimeter;}$$

dann ist $n = 1 : 1248$ kg.

b) Ammonperchlorat.

Bei der Zersetzung nach der Gleichung

$$NH_4 \cdot ClO_4 = N + Cl + O_2 + 2 H_2O$$

ergibt sich folgende Wärmeentwicklung:

für konstanten Druck:

+ 38·3 Kal. für das Molekül, H_2O gasförmig,
+ 58·3 „ „ „ „ } H_2O flüssig.
+ 4963 „ „ 1 kg „ }

für konstantes Volumen:

+ 40·7 Kal. für das Molekül, H_2O gasförmig,
+ 59·5 „ „ „ „ , H_2O flüssig.

Die Gasentwicklung beträgt (bei der Temperatur t):

$89 \cdot 3\left(1 + \frac{t}{273}\right)$ Liter für das Molekül } H_2O gasförmig,
$759 \cdot 2\left(1 + \frac{t}{273}\right)$ Liter für das kg }

bzw.

$44 \cdot 6\left(1 + \frac{t}{273}\right)$ Liter für das Molekül } H_2O flüssig.
$379 \cdot 6\left(1 + \frac{t}{273}\right)$ Liter für das kg }

Der permanente Druck bei 0^0 beträgt für die Ladedichte $\frac{1}{n} = \frac{379 \cdot 6}{n - 0 \cdot 307}$ Atm. oder $\frac{392}{n - 0 \cdot 307}$ kg. Diese Zahlen beziehen sich nur auf schwache Ladedichten; bei starken Ladedichten wird das Chlor verflüssigt und nimmt 227 ccm ein; das Volumen der permanenten

Gase ist also um $^1/_4$ verringert. Der permanente Druck wird dann $= \frac{294}{n - 0.534}$ kg, was ergibt

$$n = 1:631 \text{ kg per Quadratzentimeter.}$$

Da die theoretische Zersetzungstemperatur (bei konstantem Volumen) $\frac{40700}{24.9} = 1563^0$ beträgt, so ist hierbei (Wasser und Chlor gasförmig) der Druck

$$\frac{893\left(1 + \frac{1563}{273}\right)}{n} = \frac{6004}{n} \text{ Atmosphären oder } \frac{6204}{n} \text{ Kilogramm.}$$

Doch ist die für vorstehende Berechnungen angenommene Zersetzungsgleichung nicht die ausschließliche; etwas Perchlorat zersetzt sich nebenbei gleichzeitig unter Bildung von Salzsäure

$$2NH_4 \cdot ClO_4 = 2HCl + 3H_2O + N_2 + \tfrac{5}{2}O_2;$$

hiernach werden von einem Molekül entwickelt $+ 30.8$ Kalorien Wärme und $100.4 \left(1 + \frac{273}{t}\right)$ Liter Gas.

Vierzehnter Abschnitt.

Überchlorsäure-Ester.

Die Überchlorsäure $HClO_4$ ist die beständigste Oxydationsstufe des Chlors; die wasserfreie Säure ist allerdings selbstzersetzlich, dagegen sind die Hydrate stabil.

Zur Herstellung von Überchlorsäure geht man nach Kreider,[1] Treadwell[2] sowie Mathers[3] zweckmäßig nicht von Kaliumperchlorat, sondern von Natriumperchlorat aus, man braucht dann nicht unter vermindertem Druck zu destillieren. Festes trockenes Natriumperchlorat wird mit konzentrierter Salzsäure im Überschuß behandelt, wobei Überchlorsäure in Lösung geht und festes Kochsalz zurückbleibt; auf je 20 g $NaClO_4$ verwendet man je 25 bis 30 ccm konz. HCl, filtriert über Asbestfilter und wäscht den NaCl-Rückstand mit 10 Portionen von je 1 ccm konzentrierter HCl nach. Filtrat und Waschwasser werden auf 135^0 erhitzt, die bei 119^0 siedende Salzsäure geht dann weg, während $HClO_4 + 2H_2O$ (Schmelzpunkt 203^0) zurückbleibt. — Eine verdünnte Überchlorsäure vom spez. Gew. 1·125 wird von Neustaßfurt

[1] Amer. Journ. of Sciences (3) 49, 443.
[2] Quantitative Chemie. Bd. II.
[3] Journ. Amer. Chem. Soc. 1910, S. 67.

in den Handel gebracht; nach K. A. Hofmann kann man durch Eindampfen in einer Porzellanschale auf 128° daraus eine konzentrierte Säure mit 62 bis 63·2 Gewichtsprozenten $HClO_4$ und vom spez. Gew. 1·72 gewinnen. — Die Überchlorsäure kommt an Stärke der Salpetersäure nahe, in vieler Hinsicht aber — besonders in der Hydratbildung — ähnelt sie der Schwefelsäure. — Auch die Überchlorsäureester besitzen eine außerordentlich große Affinität zum Wasser, sie sind daher gegen Wasser und Feuchtigkeit sehr unbeständig. K. A. Hofmann sagt darüber: Bei dem Chlorhydrinperchlorat erfolgt schon bei 17° binnen wenigen Stunden die Verseifung bis über die Hälfte, während das entsprechende Chlorhydrinnitrat nur Spuren von Säure abgibt. Das Glyzerintrinitrat ist unter Wasser lange Zeit beständig, während ein entsprechendes Triperchlorat oder ein der Zellulose entsprechendes Zelluloseperchlorat nicht dargestellt werden konnten, weil die Hydrolyse den Bildungsvorgang stets überwiegt.

Auf die Verwendung der Überchlorsäureester in der Explosivstofftechnik hat schon Berthelot[1] aufmerksam gemacht; er gibt für den Methylester eingehende Daten betreffs Wärmeentwicklung und Druck; letzterer kommt dem des Nitroglyzerins nahe. Eine noch stärkere Wirkung erhält man nach Berthelot, wenn man 3 Teile Methylperchlorat mit 1 Teil Äthylperchlorat vermengt, wobei die Verbrennung eine vollständigere ist.

Neuerdings hat sich Prof. Dr. K. A. Hofmann[2] eingehender mit den Überchlorsäureestern befaßt und folgende Verbindungen hergestellt:

Monochlormonoperchloratohydrin,

$$ClO_4 \cdot CH_2—CH \cdot OH—CH_2Cl.$$

Die Esterifizierung erfolgt in 3-Stellung, ebenso wie bei Anlagerung von Salzsäure und Schwefelsäure an Epichlorhydrin (vgl. Beilstein I, 244). Zur Herstellung wurden 10 ccm Epichlorhydrin in 40 ccm reinem Äther gelöst und bei 0° bis + 5° allmählich mit 16 g konzentrierter Überchlorsäure vermischt, so daß kein stärkeres Aufsieden eintritt. Nach 1 bis 2 Stunden wird mit 50 ccm Wasser durchgeschüttelt und die Ätherschicht über wasserfreier Soda getrocknet; die Ätherlösung hinterläßt beim Abdunsten im Vakuum das Perchlorat als farbloses schweres Öl von schwachem Geruch in einer Ausbeute von 11 g. Die Analyse ist eingehend beschrieben.

[1] Sur la force des matières explosives d'après la thermochimie 1883. Tome II, pag. 263.

[2] Berichte der Deutschen chem. Gesellschaft 1909, S. 4390.

Obwohl nur ein Überchlorsäurerest in dem Molekül enthalten ist, verbrennt der Ester, in Papier oder Asbest aufgesaugt, bei Berührung mit einer Flamme sehr schnell, ähnlich wie Schießbaumwolle; durch den Schlag mit dem Hammer explodiert das Öl leichter als Nitroglyzerin. Bringt man einige Milligramm in einem Kapillarröhrchen derart in die Bunsenflamme, daß das Öl gleichmäßig vorgewärmt und dann jäh erhitzt wird, so erfolgt eine Explosion, die fast noch betäubender wirkt als die von Sprengöl. Läßt man 0·3 g in einem kupfernen Röhrchen durch etwas Knallquecksilber auf einer Bleiplatte von 3 mm Dicke explodieren, so erfolgt eine starke Ausbauchung dieser Unterlage, obwohl sich ein Teil des Öles der Verbrennung entzieht. Gelatinen, die aus dem Perchlorat und Schießbaumwolle mittels Essigäther oder Aceton hergestellt wurden, brennen bei Berührung mit einer Flamme sehr heftig ab, während bekanntlich die aus Nitroglyzerin erhältlichen Sprenggelatinen, offen entzündet, ziemlich langsam abzischen. — Der dem Chlormonoperchloratohydrin entsprechende Salpetersäureester NO_3CH_2—CHOH—CH_2Cl [1] konnte nicht zur Detonation gebracht werden, woraus die große Überlegenheit der Überchlorsäure gegenüber der Salpetersäure hinsichtlich des Verbrennungseffektes hervorgeht.

Der größeren Wirkung steht aber die große Empfindlichkeit gegen Feuchtigkeit als Nachteil entgegen, so daß die praktische Verwendung wohl nicht möglich ist. Selbst die gelatinierten Präparate ziehen an der Luft Wasser an und lassen Überchlorsäure austreten. Gießt man das freie Öl in Wasser, so

[1] Dieser Salpetersäure-Ester wurde zum Vergleich mit dem Überchlorsäure-Ester in der Weise hergestellt, daß die Autoren auf 10 ccm Epichlorhydrin (in 40 ccm reinem Äther) eine Mischung von 7·5 g NO_3H mit 1·5 ccm Wasser einwirken ließen; es wurden 12·4 g reinen, nicht explodierbaren Öles erhalten; dasselbe enthielt 45·9 % NO_3H, während sich für Monochlormononitratohydrin 40·7 % NO_3H berechnen; das Öl enthält also auch Monochlordinitratohydrin (vgl. Henry, Ann. d. Chem. 155, 165). — Fast zum gleichen Resultat führte der Versuch mit einer Mischung von 7·5 g NO_3H und 5 ccm Wasser, während die Überchlorsäure bei so großem Wasserzusatz nicht einmal mehr das Monoperchlorat liefert. — Die Chlornitratohydrine sind gegen Wasser viel beständiger, so daß z. B. aus 12·4 g des Gemisches von Chlormono- und Dinitratohydrin in 100 cmm Wasser bei + 17° (wobei fast vollkommene Lösung eintritt), während 40 Stunden nur so viel Salpetersäure austritt, als 0·8 ccm $^1/_{10}$-normaler Kalilauge entspricht, also fast keine Verseifung erfolgt, während die Überchlorsäureverbindung unter denselben Bedingungen zur Hälfte hydrolysiert wird. Durch fünfstündiges Erhitzen mit $^1/_{10}$-normaler Kalilauge wird auch das Nitrat gespalten und liefert dann neben Glyzerin, Chlorkalium und Kaliumnitrat in der erwarteten Menge.

sinkt es zunächst unter, wird aber auch bei $+5^0$ sehr schnell verseift. Etwa 11 g des reinen Öles wurden bei $+17^0$ mit 100 ccm Wasser 40 Stunden lang unter öfterem Umschütteln behandelt; hierbei waren 2·51 g Überchlorsäure ausgetreten; ungelöst blieb ein nicht mehr explodierbares Öl, das wahrscheinlich ein durch Polymerisation infolge des Verseifungsprozesses entstandenes Polychlorhydrin enthält.

Diglykolmonoperchlorat,

$$ClO_4—CH_2—CH_2—O—C_2H_4OH.$$

Bei der Darstellung muß wegen der Flüchtigkeit des Äthylenoxyds jede Erwärmung vermieden werden; es wurden daher 3 g Überchlorsäure in 50 ccm reinem Äther gelöst und diese Lösung zu der von 2·5 g Äthylenoxyd in 50 ccm Äther bei 0^0 hinzugefügt. Weiterhin wurde in der früher angegebenen Weise verfahren.

Es wurden 1·35 g eines farblosen Öles neben 1·23 g unverbrauchter (bzw. durch das Waschwasser wieder abgespaltener) Überchlorsäure erhalten. Nach der Analyse ist das erhaltene Perchlorat ein halbseitiger Ester aus der Gruppe der Polyäthylenglykole. Erhitzt man das Öl in einer Kapillare in der Bunsenflamme, so erfolgt äußerst heftige Explosion; in Papier aufgesaugt brennt das Öl beim Entzünden ähnlich schnell ab wie Schießbaumwolle. Bei längerem Aufbewahren in offenen Schälchen zieht auch dieses Perchlorat Wasser an, färbt sich dunkel und wird langsam verseift, doch ist die Beständigkeit gegen Wasser größer als die des Chlorperchloratohydrins.

K. A. Hofmann betont besonders die geringe Empfindlichkeit der von ihm dargestellten Überchlorsäureester gegenüber Schlag und Stoß.

Anhangsweise sei hier noch auf das Hydrazinchlorat $N_2H_4 \cdot HClO_3$ und das Hydrazinperchlorat $N_2H_4 \cdot HClO_4$ hingewiesen, die von Salvadori[1] hergestellt und beschrieben wurden.

Verdünnte Lösung von Chlorsäure wird mit verdünnter Lösung von Hydrazinhydrat (Indikator: Lackmus) neutralisiert. Durch Verdampfen der Lösung im Vakuum und über H_2SO_4 und darauffolgendes schnelles Waschen mit absolutem Alkohol gelang es, das sehr hygroskopische Hydrazinchlorat $N_2H_4 \cdot HClO_3$ zu gewinnen. Weiße Blättchen, Schmelzpunkt gegen 80^0, nach dem Schmelzen sofort lebhaft explodierend. Hat dreimal so große Explosionskraft als Knallquecksilber. Zersetzt sich nach den Formeln:

---

[1] Gaz. chim. italiana 37, II, S. 32.

$$2\,HClO_3 \cdot N_2H_4 = 2\,HCl + 4\,H_2O + NO_2 + 3\,N\,,$$

$$2NO_2 + H_2O = HNO_3 + HNO_2.$$

Das Salz ist sehr leicht löslich in Wasser, sehr wenig löslich in Alkohol, unlöslich in Äther, Benzol und Chloroform, entwickelt mit HCl Chlor und explodiert mit H_2SO_4; die verdünnte wäßrige Lösung gibt mit H_2SO_4 einen weißen Niederschlag von Hydrazinsulfat und beim Erhitzen mit ammoniakalischem $AgNO_3$ einen Silberspiegel.

Hydrazinperchlorat $N_2H_4 \cdot HClO_4$ aus verdünnten Lösungen von Überchlorsäure und Hydrazin. (Indikator: Lackmus.) Lösungen können direkt auf dem Wasserbad verdampft werden. Lange Prismen (aus Alkohol), bei 131° bis 132° beim Erhitzen auf Platinblech schmelzend, bei höherer Temperatur ruhig verbrennend, beim Stoß explodierend. 1 Teil Salz bei 13° löslich in 34 Teilen Alkohol, bzw. in 1·48 Teilen Wasser. Das völlig trockene Salz nimmt an der Luft H_2O auf und bildet $2(N_2H_4 \cdot HClO_4) \cdot H_2O$ Rhomboeder, Schmelzp. 85°, unter 100° sich zersetzend.

Hydrazinperchlorat ist sehr beständig; 2 Jahre unter einer Glasglocke über wenig $CaCl_2$ aufbewahrt, zeigte es beim Schlag dieselbe Explosionswirkung wie vorher. Alkohollösungen des Perchlorates können längere Zeit unverändert gekocht werden, während Hydrazinchlorat schon bei gewöhnlicher Temperatur rasch zu Aldehyd und zu Essigester oxydiert. Das wasserfreie Perchlorat ist in wäßriger Lösung fast vollständig, in alkoholischer dagegen wenig dissoziiert.

Literatur.

K. W. Jurisch, Die Fabrikation von chlorsaurem Kali nnd anderen Chloraten. Berlin 1888.

John B. C. Kershaw, Die elektrolytische Chloratindustrie. Halle 1905.

F. Foerster, Elektrochemie wäßriger Lösungen. Leipzig 1905.

G. Lunge, Handbuch der Soda-Industrie und ihrer Nebenzweige. Bd. III. Braunschweig 1909.

Treadwell, Quantitative Analyse. Leipzig 1907.

G. Lunge und E. Berl, Taschenbuch für die anorganisch-chemische Großindustrie. Berlin 1907.

C. Haeussermann, Sprengstoffe und Zündwaren. Stuttgart 1894.

Fr. Böckmann, Die explosiven Stoffe. Wien 1895.

S. J. v. Romocki, Geschichte der Explosivstoffe. Bd. II. Hannover 1896.

Bericht des V. Internationalen Kongresses für angewandte Chemie. Berlin 1906.

W. Denker, Unfallverhütung bei Sprengarbeiten in Steinbrüchen. Berlin 1907.

H. Brunswig, Die Explosivstoffe. Einführung in die Chemie der explosiven Vorgänge. Leipzig 1907.

H. Brunswig, Explosivstoffe. Leipzig 1909.

H. Kast, Anleitung zur chemischen und physikalischen Untersuchung der Spreng- und Zündstoffe. Braunschweig 1909.

O. Guttmann, Zwanzig Jahre Fortschritte in Explosivstoffen. Berlin 1909.

Berthelot, Sur la force des matières explosives d'après thermochimie. Paris 1883.

Cundill-Désortiaux, Dictionnaire des Explosifs. Paris 1893.

J. P. Cundill, Dictionary of explosives. London 1895.

J. Daniel, Dictionnaire des matières explosives. Paris 1902.

L. Gody, Traité théorique et pratique des matières explosives. Namur 1907.

Monographies industrielles belgiques. — Fabrication des explosifs et Industries connexes. Bruxelles 1909.

Berichte der Deutschen chemischen Gesellschaft. Berlin.

Zeitschrift für angewandte Chemie. Leipzig.

Zeitschrift für physikalische Chemie. Leipzig.

Zeitschrift für Elektrochemie und angewandte physikalische Chemie. Halle a. S.

Die Chemische Industrie. Berlin.

Chemikerzeitung. Cöthen.
Zeitschrift für das gesamte Schieß- und Sprengstoffwesen. München.
Zeitschrift für Berg- Hütten- und Salinenwesen im preußischen Staate. Berlin.
Verhandlungen des Vereins zur Förderung des Gewerbefleißes. Berlin.
Monatsschrift der Steinbruch-Berufsgenossenschaft. Berlin.
Reichs-Gesetzblatt. Berlin.
Mémorial des Poudres et Salpêtres. Paris.
Moniteur scientifique du docteur Quesneville. Paris.
Annales des mines de Belgique. Bruxelles.

Patente.

Autorenregister.

Sachregister.

Metzger & Wittig in Leipzig.

FSC
www.fsc.org
MIX
Papier | Fördert gute Waldnutzung
FSC® C083411

Zeitfracht Medien GmbH
Ferdinand-Jühlke-Straße 7
99095 Erfurt, Deutschland
produktsicherheit@kolibri360.de